物联网通信技术 应用与开发

陈君华　梁颖　罗玉梅　黄建◎著

云南大学出版社
YUNNAN UNIVERSITY PRESS

图书在版编目（CIP）数据

物联网通信技术应用与开发 / 陈君华等著. —— 昆明:
云南大学出版社, 2022
ISBN 978-7-5482-4719-7

Ⅰ.①物… Ⅱ.①陈… Ⅲ.①物联网—通信技术—研
究 Ⅳ.①TP393.4②TP18

中国版本图书馆CIP数据核字(2022)第174263号

策划编辑：赵红梅
责任编辑：李晓舟
封面设计：王婳一

物联网通信技术应用与开发

陈君华　梁颖　罗玉梅　黄建◎著

出版发行：云南大学出版社
印　　装：昆明理煜印务有限公司
开　　本：787mm×1092mm 1/16
印　　张：23.75
字　　数：490千字
版　　次：2023年1月第1版
印　　次：2023年1月第1次印刷
书　　号：ISBN 978-7-5482-4719-7
定　　价：86.00元

社　　址：昆明市一二一大街182号（云南大学东陆校区英华园内）
邮　　编：650091
发行电话：0871-65033244 65031071
网　　址：http://www.ynup.com
E－mail：market@ynup.com

若发现本书有印装质量问题，请与印厂联系调换，联系电话：0871-64167045。

前　言

　　物联网工程是当前研究和应用的热点，是围绕"战略新兴产业"新设立的专业，是一个与产业启动与发展同步的新专业。而物联网的通信技术是物联网非常重要的环节，属于基础技术，所以对应的课程也显得非常重要。根据教育部《高等学校物联网工程专业规范(2020版)》指导意见，物联网通信是物联网工程的核心课程，对于物联网的学习起着不可替代的支撑作用，而本书就是针对物联网通信技术而撰写的。

　　本书以物联网短距通信系统作为开发平台，遵循"教中学、学中做、做中用"一体化的教学思路，提供大量笔者多年教学积累和项目开发经验的实例，全面、系统地介绍了物联网通信技术涉及的基本概念、原理、体系结构、实现技术和典型应用。

　　本书共分为10章。第1章主要介绍物联网通信的基础知识；第2章介绍串口通信基础知识；第3~7章详细讨论窄带物联网(NB-IoT)通信、射频识别(RFID)通信、紫蜂(ZigBee)通信、蓝牙(Bluetooth)通信、无线保真(WiFi)通信等物联网主流的短距离通信技术；第8章讲解基于Contiki操作系统的IPv6通信技术；第9~10章介绍基于IPv6的物联网应用开发技术和智云物联平台综合设计案例，供读者参考。

　　本书的第1~6章由陈君华撰写，第7章由梁颖撰写，第8~9章由罗玉梅撰写，第10章由黄建编写，全书由陈君华统稿审校，陈康悦、张亚等研究生参与了本书部分代码仿真与绘图。在本书准备和编写的过程中参考了诸多资料，吸取了多方面的宝贵意见和建议，在此对相关作者深表感谢。本书的出版得到了云南民族大学"双一流"学科建设项目、云南省教育厅高等教育本科教学成果培育项目的资助。同时，云南大学出版社的老师为本书的出版做了大量的工作，在此深表谢意。

　　本书涉及范围比较广泛，加之物联网是新生事物，书中不足之处在所难免，敬请读者批评指正。

目　录

第1章 物联网通信概述

物联网被誉为继"信息高速公路"后的又一次信息技术革命，是信息学科、通信学科及自动化学科的交叉融合。在物联网中，通信技术扮演着非常重要的角色。物联网中的信息是由通信网来承载的，这使物联网具有电信承载网络的特点。由于物联网是互联网的发展与延伸，因此物联网中所采用的通信技术以承载数据为主，具有数据通信的概念。物联网作为数据通信的承载网络具有非常丰富的技术内涵，包含了传输、交换、有线、无线、移动等通信技术的多个方面。

1.1 物联网通信技术基础

通信就是信息的传输与交换。信息包含在各种消息中，其载体可以是语音、文字、音乐、数据、图片或活动图像等。在传递这些消息时，人们更关心的是消息所包含的有意义的内容，也就是信息，通信的过程就是信息进行时空转移。

1.1.1 通信系统的一般模型

图 1.1 显示了通信系统的一般模型。其中信息源和发送设备可以合称为发送端，接收设备和受信者可以合称为接收端。

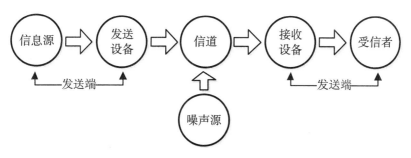

图 1.1 通信系统的一般模型

基本术语如下：

（1）信息源，一般指通过某种物质传出去的信息，即信息的发源地/来源地（包括信息资源生产地和发生地、源头、根据地），需把原始信息变换成原始电信号。

（2）信道，指通信的通道，是信号传输的媒介，传输信道的类型分有线信道（如电缆、光纤）和无线信道（如自由空间）两种。

（3）噪声源，分布于通信系统中其他各处的噪声的集中表示。

（4）模拟信号，代表消息信号参量，取值连续，例如麦克风输出电压。

（5）数字信号，代表消息信号参量，取值为有限个，例如电报信号、计算机输入输出信号。

（6）基带信号，信息源发出的没有经过调制（进行频谱搬移和变换）的原始电信号，其特点是频率较低，信号频谱从零频附近开始，具有低通形式。根据原始电信号的特征，基带信号可分为数字基带信号和模拟基带信号（相应地，信源也分为数字信源和模拟信源），其由信源决定。

（7）带通信号，在通信中，由于基带信号具有频率很低的频谱分量，出于抗干扰和提高传输率考虑，一般不宜直接传输，需要把基带信号变换成其频带适合在信道中传输的信号。变换后的信号就是带通信号，或者叫频带信号。

（8）信源编码，实现模拟信号的数字化传输即完成 A/D 变化，提高信号传输的有效性。即在保证一定传输质量的情况下，用尽可能少的数字脉冲来表示信源产生的信息。信源编码也称作频带压缩编码或数据压缩编码。

（9）信道编码，主要解决数字通信的可靠性问题，其原理是对传输的信息码元按一定的规则加入一些冗余码（监督码），形成新的码字，接收端按照约定好的规律进行检错甚至纠错。信道编码又称为差错控制编码、抗干扰编码、纠错编码。

（10）数字调制，把数字基带信号的频谱搬移到高频处，形成适合在信道中传输的频带信号，主要作用是提高信号在信道上传输的效率，达到信号远距离传输的目的，基本的数字调制方式包括振幅键控 ASK、频移键控 FSK、相移键控 PSK。

（11）同步，指通信系统的收、发双方具有统一的时间标准，使它们的工作"步调一致"，同步的作用对于数字通信是至关重要的。如果同步存在误差或失去同步，通信过程中就会出现大量的误码，导致整个通信系统失效。

信道中利用模拟信号来传递信息的通信系统称为模拟通信系统，利用数字信号来传递信息的通信系统称为数字通信系统，它包括将基带数字信号直接送往信道传输的数字基带传输和经载波调制后再送往信道传输的数字载波传输，如图 1.2 所示。

其中，信源编码与译码的目的是提高信息传输的有效性，完成模/数转换；同步目的是使收发两端的信号在时间上保持步调一致；加密与解密目的是保证所传信息的安全；信道编码与译码目的是增强抗干扰能力；数字调制与解调目的是形成适合在信道中传输的带通信号。

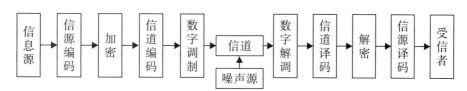

图 1.2　数字通信系统模型

需要说明的是，图 1.2 中数字调制/数字解调、加密/解密、编码/译码等环节，在具体通信系统中是否全部采用，要取决于具体的设计条件和要求。但在一个系统中，如果发端有调制/加密/编码，则收端必须有解调/解密/译码。通常把有调制器/解调器的数字通信系统称为数字频带传输通信系统。

1. 数字通信的优点

（1）抗干扰能力强。

在数字通信中，由于传输的信号幅度是离散的，以二进制为例，信号的取值只有两个，这样接收端只需判别两种状态。信号在传输过程中受到噪声的干扰，必然会使波形失真，接收端对其进行抽样判决，以辨别是两种状态中的哪一个。只要噪声的大小不足以影响判决的正确性，就能正确接收（再生）。而在模拟通信中，传输的信号幅度是连续变化的，一旦叠加上噪声，即使噪声很小，也很难消除它。

数字通信抗噪声性能好，还表现在进行微波中继通信时，它可以消除噪声积累。这是因为数字信号在每次再生后，只要不发生错码，它仍然像信源中发出的信号一样，没有噪声叠加在上面。因此中继站再多，数字通信仍具有良好的通信质量。而模拟通信中继时，只能增加信号能量（对信号放大），而不能消除噪声。

（2）差错可控。

数字信号在传输过程中出现的错误（或称为差错），可通过纠错编码技术来控制，以提高传输的可靠性。

（3）易加密。

数字信号与模拟信号相比，它容易加密和解密。因此，数字通信保密性好。

（4）易于与现代技术相结合。

由于计算机技术、数字存贮技术、数字交换技术以及数字处理技术等现代技术飞速发展，许多设备、终端接口均是数字信号，因此极易与数字通信系统相连接。

2. 数字通信的缺点

（1）频带利用率不高。

系统的频带利用率，即可用系统允许最大传输带宽（信道的带宽）与每路信号的有效带宽之比。以电话为例，一路模拟电话通常只占据 4kHz 带宽，但一路接近同样话音质量的数字电话可能要占据 20～60kHz 的带宽。因此，如果系统传输带宽一定的话，模拟电话的频带利用率要高出数字电话的 5～15 倍。

(2)系统设备比较复杂。

数字通信中，要准确地恢复信号，接收端需要严格的同步系统，以保持收端和发端严格的节拍一致、编组一致。因此，数字通信系统及设备一般都比较复杂，体积较大。不过，随着新的宽带传输信道(如光导纤维)的采用、窄带调制技术和超大规模集成电路的发展，数字通信的这些缺点已经弱化。随着微电子技术和计算机技术的迅猛发展和广泛应用，数字通信在今后的通信方式中必将逐步取代模拟通信而占主导地位。

1.1.2　通信系统分类

1. 按通信业务分类

(1)电报通信系统，由用户终端、交换设备、复用设备和通信线路等组成的具有传输和交换电报信号功能的通信系统。

(2)电话通信系统，由用户终端、用户线路、交换设备、中继线和干线等构成的具有传输和交换电话信号功能的通信系统。

(3)数据通信系统，指的是通过数据电路将分布在远地的数据终端设备与计算机系统连接起来，实现数据传输、交换、存储和处理的系统。

(4)图像通信系统，图像通信系统所传送的主要是人的视觉能够感知的图像信息，它包括自然景物、文字符号、动画图形等。图像通信系统也和其他通信系统一样，经历了一个从模拟到数字的转化过程。

2. 按调制方式分类

(1)基带传输系统，未对载波调制的待传信号所占的频带称为基带。基带传输，指一种不搬移基带信号频谱的传输方式。一般用于工业生产中。基带传输系统的组成主要由码波形变换器、发送滤波器、信道、接收滤波器和取样判决器等 5 个功能电路组成。

(2)带通传输系统，有信号的调制。比如话筒，你对着话筒说话，话筒就是信源，你的语音信号就是基带信号。当远距离传输语音信号时，基带传输就不行，需要先进行调制，再将频谱搬移到高频处(FM/AM 就是如此)，再进行传输，有信号的调制这一环节的通信系统就是带通传输系统。

3. 按信号特征分类

(1)模拟通信系统，是指用户在线上传输模拟信号的通信方式。

(2)数字通信系统，就是信道中传输的是数字信号的通信方式，它包括将基代数字信号直接送往信道传输的数字基代传输和经载波调制后再送往信道传输的数字载波传输。

4. 按传输媒介分类

（1）有线通信系统，以被覆线、架空明线、电缆、光缆为传输媒质所构成的通信系统。系统由用户设备、交换设备和传输设备等组成。

（2）无线通信系统，指的是通过无线协议实现通信的一种方式。

5. 按工作波段分类

（1）长波通信，是利用波长大于 1km（频率低于 300kHz）的电磁波进行的无线电通信，亦称低频通信。它可细分为在长波（波长 10～1000m）、甚长波（10～100km）、超长波（1000～10000km）和极长波（1 万～10 万 km）波段的通信。

（2）中波通信，指利用波长为 100～1000m，频率为 300～3000kHz 的电磁波进行的无线电通信。在白天电离层 D 层对中波吸收强烈，难以利用天波传播，只能靠地波传播。夜间 D 层消失，E 层的电子密度下降，电磁波吸收减小，可由 E 层反射，此时中波除靠地波传播外，还靠天波传播。

（3）短波通信，波长在 10m～100m 之间，频率范围 3MHz～30MHz 兆赫的一种无线电通信技术。短波通信发射电波要经电离层的反射才能到达接收设备，通信距离较远，是远程通信的主要手段。由于电离层的高度和密度容易受昼夜、季节、气候等因素的影响，所以短波通信的稳定性较差，噪声较大。

（4）微波通信，是使用波长在 0.1mm 至 1m 之间的电磁波——微波进行的通信。该波长段电磁波所对应的频率高于 300MHz 以上。与同轴电缆通信、光纤通信和卫星通信等现代通信网传输方式不同的是，微波通信是直接使用微波作为介质进行的通信，不需要固体介质，当两点间直线距离内无障碍时就可以使用微波传送。利用微波进行通信具有容量大、质量好并可传至很远的距离的特点，因此是国家通信网的一种重要通信手段，也普遍适用于各种专用通信网。

6. 按信号复用方式分类

（1）频分复用，就是将用于传输信道的总带宽划分成若干个子频带（或称子信道），每一个子信道传输一路信号。频分复用要求总频率宽度大于各个子信道频率之和，同时为了保证各子信道中所传输的信号互不干扰，应在各子信道之间设立隔离带。频分复用技术的特点是所有子信道传输的信号以并行的方式工作，每一路信号传输时可不考虑传输时延，因而频分复用技术取得了非常广泛的应用。频分复用技术除传统意义上的频分复用外，还有一种是正交频分复用。

（2）时分复用，采用同一物理连接的不同时段来传输不同的信号，也能达到多路传输的目的。时分多路复用以时间作为信号分割的参量，故必须使各路信号在时间轴上互不重叠。时分复用就是将提供给整个信道传输信息的时间划分成若干时间片（简称时隙），并将这些时隙分配给每一个信号源使用，保证资源的利用率。

（3）码分复用，是指用一组包含互相正交的码字的码组携带多路信号。采用同一波长的扩频序列，频谱资源利用率高，与光波分复用技术结合，可以大大增加系统容量。包括码分多址、频分多址、时分多址和同步码分多址等相关技术。

（4）波分复用，是将两种或多种不同波长的光载波信号（携带各种信息）在发送端经光波分复用器（亦称合波器）汇合在一起，并耦合到光线路的同一根光纤中进行传输的技术；在接收端，经光波分解复用器（亦称分波器或称去复用器）将各种波长的光载波分离，然后由光接收机作进一步处理以恢复原信号。这种在同一根光纤中同时传输两个或众多不同波长光信号的技术，称为波分复用。

1.1.3 通信方式

1. 单工通信

消息只能单方向传输的工作方式，例如遥控，就是单工通信方式。单工通信信道是单向信道，发送端和接收端的身份是固定的，发送端只能发送信息，不能接收信息；接收端只能接收信息，不能发送信息，数据信号仅从一端传送到另一端，即信息流是单方向的。

单工通信属于点到点的通信，根据收发频率的异同，可分为同频通信和异频通信。

2. 半双工通信

通信的双方都可以发送信息，但不能双方同时发送（当然也就不能同时接收）。这种通信方式是一方发送另一方接收，过一段时间再反过来。

3. 全双工通信

通信双方可同时收发消息，例如，EIA-422（过去称为 RS-422）标准，就是全双工通信标准。全双工在微处理器与外围设备之间采用发送线和接收线各自独立的方法，可以使数据在两个方向上同时进行传送操作。在发送数据的同时也能够接收数据，两者同步进行，这好像我们平时打电话一样，说话的同时也能够听到对方的声音。网卡一般都支持全双工。全双工以太网使用两对电缆线，而不是像半双工方式那样使用一对电缆线，这意味着在全双工的传送方式下，可以得到更高的数据传输速度。

4. 并行传输

将代表信息的数字信号码元序列以成组的方式在两条或两条以上的并行信道上同时传输。优点是不需要字符同步措施，节省传输时间，速度快；缺点是需要多条通信线路，成本高。并行传输时，一次可以传一个字符，收发双方不存在同步的问题。而且速度快、控制方式简单。但是，并行传输需要多个物理通道。所以并行传输只适合于短距离——要求传输速度快的场合。

5. 串行传输

将数字信号码元序列以串行方式一个码元接一个码元地在一条信道上传输。优点是只需一条通信信道，节省线路铺设费用；缺点是速度慢，需要外加码组或字符同步措施。串行通信作为计算机通信方式之一，主要起到主机与外设之间的数据传输作用，串行通信具有传输线少、成本低的特点，主要适用于短距离的人—机交换、实时监控等系统通信工作中。借助于现有的电话网也能实现远距离传输，因此串行通信接口是计算机系统当中的常用接口。随着技术的发展，以通用串行总线(USB)技术为代表串行传输速度已经超过了并行传输。

1.1.4　通信系统的主要性能指标

1. 模拟通信系统的性能指标

(1)有效性，用有效传输频带来度量。同样的消息用不同的调制方式，则需要不同的频带宽度，所需的频带宽度越小，则有效性越高。

(2)可靠性，用接收端最终输出信噪比来度量。输出信噪比是指输出信号的平均功率与输出的噪声平均功率之比，即不同模拟通信系统在同样的信道信噪比下所得到的输出信噪比是不同的，信噪比越高，说明噪声对信号的影响越小。

2. 数字通信系统的性能指标

(1)有效性，用信息传输速率、符号传输速率和频带利用率来衡量。

信息的传输速率通常以每秒所传输的信息量来衡量。信息量是一种消息多少的衡量。消息的不确定性程度越大，则其信息量越大。信息论中已经定义信源发出信息量的度量单位是比特，所以信息传输速率的单位为比特每秒。

符号传输速率也叫信号速率或者码元速率，指单位时间内所传输的码元数目，单位为波特。这里的码元可以是多进制的，也可以是二进制的。符号速率不管传输的信号为多少进制，都代表每秒钟所传输的符号数。对于信息传输速率，则必须折合为相应的二进制码元来计算频带利用率。

在比较不同的数字通信系统的效率时，单看信息传输速率是不够的，或者说即使两个系统的信息传输速率相同，他们的效率也可能不同，因此还要看传输这种信息所占信道频带的宽度(简称带宽)。通信系统所占用的带宽越宽，传输信息的能力应该越大，所以用单位频带内的传输速率来衡量数字通信系统传输效率。

(2)可靠性，常用误码率表示，即在传输过程中发生误码的码元个数与传输总码元数之比。这个指标一般是多次统计结果的平均量，即平均误码率。误码率的大小由通路的系统特性和信道质量决定，如果通路的系统特性和信道特性都是高质量的，则系统的误码率较低。可以通过提高信道信噪比(信号功率/噪声功率)和缩短中继段距离来减少误码率。

1.2 物联网通信起源

早期的物联网是指两个或多个设备之间在短距离内的数据传输，解决物物相连，多采用有线方式，比如 RS232、RS485，考虑到设备的位置可随意移动，后期更多地使用无线方式。随着时代进步和发展，社会逐步进入"互联网＋"，各类传感器采集的数据越来越丰富，大数据应用随之而来，人们考虑把各类设备直接接入互联网以方便数据采集、管理以及计算分析。简而言之，物联网智能化已经不再局限于小型设备、小网络阶段，而是进入到完整的工业智能化领域，物联网智能化在大数据、云计算、虚拟现实上步入成熟，并纳入"互联网＋"整个大生态环境。

1.2.1 物联网通信产生

最早的物联网只是简单把两个设备用信号线连接在一起。后来使用了无线传输，也出现了简单的组网。在"互联网＋"时代越来越多的传感器、设备接入互联网，互联网也不单是通过网线传输，引入了空中网、卫星网等，应用的领域也越来越广泛。

1.2.2 物联网通信的体系结构

物联网是在互联网和移动通信网等网络通信基础上，针对不同领域的需求，利用具有感知、通信和计算的智能物体自动获取现实世界的信息。将这些对象互联，实现全面感知、可靠传输、智能处理，构建人与物、物与物互联的智能信息服务系统。物联网体系结构主要由三个层次组成：感知层、网络层和应用层，如图 1.3 所示。

1. 感知层

感知层包含三个子层次，即数据采集子层、短距离通信传输子层和协同信息处理子层。数据采集子层通过各种类型的感知设备获取现实世界中的物理信息，这些物理信息可以描述当前"物"的属性和运动状态。感知设备的种类主要有各种传感器、RFID、多媒体信息采集装置、条码(一维、二维条码)识别装置和实时定位装置等。短距离通信传输子层将局部范围内采集的信息汇聚到网络传输层的信息传送系统，该系统主要包括短距离有线数据传输系统、无线传输系统、无线传感器网络等。协同信息处理子层将局部采集到的信息通过汇聚装置及协同处理系统进行数据汇聚处理，以降低信息的冗余度，提高信息的综合应用度，降低与传送网络层的通信负荷为目的。协同信息处理子层主要包括信息汇聚系统、信息协同处理系统、中间件系统及传送网关系统等。

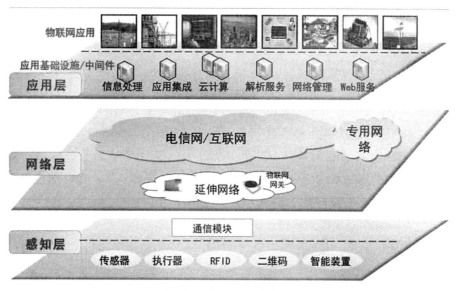

图 1.3　物联网体系结构

2. 网络层

网络层将来自感知层的信息通过各种承载网络传送到应用层。各种承载网络包括了现有的各种公用通信网络、专业通信网络，目前这些通信网主要有移动通信网、固定通信网、互联网、广播电视网、卫星网等。

3. 应用层

应用层是物联网框架结构的最高层次，是"物"的信息综合应用的最终体现。"物"的信息综合应用与行业有密切的关系，依据行业的不同而不同。主要分为两个子层次，即服务支撑层和行业应用层。服务支撑层主要用于各种行业应用的信息协同、信息处理、信息共享、信息存储等，是一个公用的信息服务平台；行业应用层主要面向诸如环境、电力、工业、农业、家居等方面的应用。

另外，物联网框架还应有公共支撑层，其作用是保障整个物联网安全、有效地运行，主要包括了网络管理、QoS 管理、信息安全和标识解析等运行管理系统。

按照物联网的框架体系结构，物联网的通信系统可大体分为两大类。

1. 感知控制层通信系统或本地通信网

主要任务是感知控制设备所具有的通信能力，一般情况下，若干个感知控制设备负责某一区域，整个物联网可划分为众多个感知控制区域，每个区域都通过 1 个汇聚设备接入到互联网中，即接入到网络传输层。

感知控制层的通信目的是将各种传感设备或数据采集设备以及相关的控制设备所感知的信息在较短的通信距离内传送到信息汇聚系统，并由该系统传送到网络传输层。其通信的特点是传输距离近，传输方式灵活、多样。

感知控制层通信系统所采用的技术主要分为短距离有线通信、短距离无线通信和无线传感器网络。感知控制层的短距离有线通信系统主要是由各种串行数据通信系统构成的，目前采用的技术有 RS232/485、USB、控制器域网（CAN）工业总线及各种串行数据通信系统。串行通信具有传输线少、成本低的特点，主要适用于短距离的人—机交换、实时监控等系统通信工作当中。感知层的短距离无线通信系统主要由各种低功率、中高频无线数据传输系统构成，目前主要采用蓝牙、红外、超宽带、无线局域网、全球移动通信系统（GSM）、第三代移动通信系统（3G）等技术来完成短距离无线通信任务。无线传感器网络是一种部署在感知区域内的大量的微型传感器节点通过无线传输方式形成的一个多跳的自组织系统。它是一种网络规模大、自组织、多跳路由、动态拓扑、可靠性高、以数据为中心、能量受限的通信网络，是"狭义"上的物联网，也是物联网的核心技术之一。

2. 网络传输层通信系统或远程通信网

网络传输层主要任务是保证互联网的有效运行，是由数据通信主机（或服务器）、网络交换机、路由器等构成的，在数据传送网络支撑下的计算机通信系统。利用公众移动网和其他专用传送网构成的数据传送平台是物联网网络传输层的基础设施；主机、网络交换机及路由器等构成的计算机网络系统是物联网网络传输层的功能设施。不仅为物联网提供了各种信息存储、信息传送、信息处理等基础服务，还为物联网的综合应用层提供了信息承载平台，保障了物联网各专业领域的应用。比如配电物联网通信平台的本地通信和远程通信两层结构如图 1.4 所示。

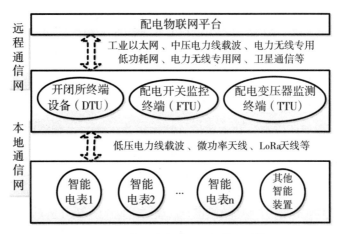

图 1.4　配电系统物联网通信体系结构

1.2.3　常见的物联网通信方式

常见物联网通信方式分有线传输、短距离无线传输、传统互联网、移动空中网四大类。

1. 有线传输

设备之间用物理线直接相连。主要部件有电线、同轴线、开关量信号线、RS232、RS485、USB 等接口，这里只对常用的 RS232、RS485、USB 接口做介绍。

RS232 接口：也叫串行通信接口，全名是"数据终端设备（DTE）和数据通信设备（DCE）之间串行二进制数据交换接口技术标准"，是电脑与其他设备传送信息的一种标准接口，常用的串口线只有 1~2 米。

RS485 接口：在要求通信距离为几十米到千米时或者有多设备联网需求时，RS232 无法满足，因此诞生了 RS485 串行总线标准。RS485 采用平衡发送和差分接收，具有抑制共模干扰的能力，加上总线收发器灵敏度高，能检测低至 200mV 的电压，使得传输信号能在 1 千米以外得到恢复；RS485 采用半双工工作方式，可以联网构成分布式系统，用于多点互连时非常方便，可以省掉许多信号线，允许最多并联 32 台驱动器和 32 台接收器。

USB 接口：是一种连接计算机与外部设备的串口总线标准，支持设备的即插即用和热插拔功能，具有传输速度快、使用方便、连接灵活、独立供电等优点。USB 用一个 4 针（USB3.0 标准为 9 针）插头作为标准插头，采用菊花链形式可把所有外部设备连接起来，最多可连接 127 个外部设备，并且不会损失带宽。可连接键盘、鼠标、打印机、扫描仪、摄像头、电器闪存盘、移动硬盘、外置光驱软驱、USB 网卡、ADSL Modem、Cable Modem、MP3 机、手机、数码相机等几乎所有的外部设备。已成功替代串口和并口并成为个人电脑、智能设备的必配接口之一。

2. 短距离无线传输

设备之间用无线信号传输信息，主要技术有无线 RF433/RF315M、蓝牙、ZigBee、Z-Ware、低功耗无线个人区域网上的 IPv6/6LoWPAN 等。

RF433/RF315M：无线收发模组，采用射频技术工作在工业、科学和医疗频带（ISM）频段（433/315MHz），一般包含发射器和接收器，频率稳定度高，谐波抑制性好，数据传输率 1~128Kbps，采用高斯频移键控（GFSK）的调制方式具有超强的抗干扰能力。应用范围：无线抄表系统、无线路灯控制系统、铁路通信、航模无线遥控、无线安防报警、家居电器控制、工业无线数据采集、无线数据传输。低功耗的 RF433 可在 2.1~3.6V 电压范围内工作，在 1 秒周期轮询唤醒省电模式下，接收仅仅消耗不到 20uA，一节 3.6V 的锂亚硫酸氯电池可工作 10 年以上。

蓝牙：使用 2.4~2.485GHz 的 ISM 波段的特高频（UHF）无线电波，基于数据包有着主从架构的一种无线技术标准，可实现固定设备、移动设备和楼宇个人域网之间的短距离数据交换。由蓝牙技术联盟管理，电气电子工程师学会 IEEE 将蓝牙技术列为 IEEE 802.15.1，但如今已不再维持该标准，蓝牙技术拥有一套专利网络，可发放给符合标准的设备。蓝牙使用跳频技术，将传输的数据分割成数据包，通过 79 个指定的蓝牙频道分别传输数据包。每个频道的频宽为 1MHz。蓝牙 4.0 使用 2MHz 间距，可容纳 40 个频道。质量好的无线蓝牙耳机电池可以使用 2～3 年。

ZigBee：是基于 IEEE802.15.4 标准的低速、短距离、低功耗、双向无线通信技术的局域网通信协议，又称蜂舞协议。特点是短距离、低复杂度、自组织（自配置、自修复、自管理）、低功耗、低数据速率。ZigBee 协议从下到上分别为物理层、媒体访问控制层、传输层、网络层、应用层（APL）等，其中物理层和媒体访问控制层遵循 IEEE 802.15.4 标准的规定，主要用于传感控制应用。可工作在全球流行 2.4GHz、欧洲流行 868MHz 和美国流行 915 MHz 的 3 个频段上，分别具有最高 250kbit/s、20kbit/s 和 40kbit/s 的传输速率，单点传输距离在 10～75m 的范围内。ZigBee 可由 1 个到 65535 个无线数传模块组成 1 个无线数传网络平台，在整个网络范围内，每个 ZigBee 网络数传模块之间可以相互通信，从原本最远的 75m 距离进行无限扩展。ZigBee 节点非常省电，其电池工作时间可以长达 6 个月到 2 年左右，在休眠模式下可达 10 年。

Z-Wave：是由丹麦公司 Zensys 所一手主导的基于射频的低成本、低功耗、可靠、适用于网络的短距离无线通信技术，工作频带为 868.42～908.42MHz，采用 SK、BFSK、GFSK 调制方式，数据传输速率为 9.6～40kb/s，信号的有效覆盖范围在室内是 30m，室外可超过 100m，适合于窄宽带应用场合。Z-Wave 采用了动态路由技术，每一个 Z-Wave 网络都拥有自己独立的网络地址，网络内每个节点的地址，由控制节点分配。每个网络最多容纳 232 个节点（Slave）包括控制节点在内。通过 Z-Wave 技术构建的无线网络，不仅可以通过本地网络设备实现对家电的遥控，甚至可以通过 Internet 网络对 Z-Wave 网络中的设备进行控制。

6LoWPAN：基于 IPv6 的低速无线个人区域网标准。该标准用于开发靠电池运行 1～5 年的紧凑型低功率廉价嵌入式设备，如传感器。该标准使用工作在 2.4GHz 频段的无线电收发器传送信息，使用的频带与 WiFi 相同，但其射频发射功率大约只有 WiFi 的 1%。6LoWPAN 使各类低功率无线设备能够加入 IP 家庭中，与 WiFi、以太网以及其他类型的设备并网。6LoWPAN 技术具有无线低功耗、自组织网络的特点，是物联网感知层传感网的重要技术，ZigBee 新一代智能电网 SEP2.0 已经采用 6LoWPAN 技术。随着美国智能电网的部署，6LoWPAN 将成为事实标准，全面替代 ZigBee 标准。

LoRa：易于建设和部署的低功耗广域物联技术，使用线性调频扩频调制技术，既保持了像频移键控（FSK）调制相同的低功耗特性，又明显地增加了通信距离，同时提高了网络效率并消除了干扰，即不同扩频序列的终端即使使用相同的频率同时发送也不会相互干扰，因此在此基础上研发的集中器/网关能够并行接收并处理多个节点的数据，大大扩展了系统容量。主要在全球免费频段运行，即非授权频段，包括 433MHz、868MHz、915MHz 等。LoRa 网络主要由内置 LoRa 模块终端、网关、服务器和云服务器四部分组成，应用数据可双向传输，传输距离可达 15~20km。

3. 传统互联网

互联网发展到现在，大部分软件系统都运行在互联网上，人们从互联网上获取各类数据，进行交流沟通工作。

WiFi：基于 IEEE 802.11 标准的无线局域网，可以看作是有线局域网的短距离无线延伸。组建 WiFi 只需要增加一个无线路由器或是无线 AP 就可以，成本较低。

以太网：包括标准的 10Mbit/s 以太网、100Mbit/s 快速以太网和 10Gbit/s 以太网。

它们都符合 IEEE802.3，IEEE802.3 规定了包括物理层的连线电信号和介质访问层协议的内容。

4. 移动空中网

移动无线通信技术发展到现在，移动终端直接接入到互联网，随着通信资费的下降以及 4G/5G 无线模块成本的下降，越来越多的设备采用移动互联网技术。

通用分组无线服务技术 GPRS，是 GSM 移动电话用户可用的一种移动数据业务，属于第二代移动通信中的数据传输技术，介于 2G 和 3G 之间的技术，也被称为 2.5G，可说是 GSM 的延续。GPRS 以封包式来传输，传输速率可提升至 56~114Kbps。

3G/4G：第三和第四代移动通信技术，4G 集 3G 与 WLAN 于一体，能够快速高质量地传输数据、图像、音频、视频等。4G 可以在有线网没有覆盖的地方部署，能够以 100Mbps 以上的速度下载，能够满足几乎所有用户对于无线服务的要求，具有不可比拟的优越性。4G 移动系统网络结构可分为三层：物理网络层、中间环境层、应用网络层。

NB-IoT：基于蜂窝网络的窄带物联网，只消耗大约 180kHz 的带宽，可直接部署于全球移动通信系统(GSM)、通用移动通信业务(UMTS)或长期演进技术(LTE)等网络，支持低功耗设备在广域网的蜂窝数据连接，也被叫作低功耗广域网。NB-IoT 支持待机时间长、对网络连接要求较高设备的高效连接。NB-IoT 设备电池寿命至少 10 年，同时还能提供非常全面的室内蜂窝数据连接覆盖。

1.3 物联网通信技术的发展

1.3.1 物联网通信技术的发展趋势

物联网作为一种新兴的信息技术，是在现有的信息技术、通信技术、自动化技术等基础上的融合与创新。现阶段对物联网的研究，不论从理论方面，还是从实践方面都处于起步阶段，而物联网通信技术更是如此。就目前而言，尚不能较清楚地看到物联网通信技术发展的趋势，但可以从目前的研究方向看有以下两个方面。

1. 物联网扩频通信和频谱分配问题

无线通信是利用一定频段的电磁波来传输信息的。理论上，在一定区域范围内，传输信息的电磁波的频段是不能重叠的，如重叠则会形成电磁波干扰，从而影响通信质量。采用扩频技术，则可以通过重叠的频段来传输信息，但这要求扩频所采用的伪随机噪声（PN）码之间要相互正交或跳频，跳时调度图之间不能相一致或相似，这就需要研究扩频通信的技术及规则，使得大量部署的以扩频通信为无线传输方式的无线传感器网络之间的通信不因受到干扰而影响通信质量。

另外，还需要研究频谱分配的技术，在充分利用时分、空分或时分＋空分技术的基础上根据智能天线技术的原理，开发出合理、有效、成本低廉、体积微小的无线通信装置，以满足大量部署无线传感器网络对频谱资源的需求。

2. 基于软件无线电和认知无线电的物联网通信体系架构

物联网感知层内的终端具有多种接入网络层的通信方式，由于无线通信具有任何地点、任何时间都可接入并能进行通信的特点，因此无线通信方式是物联网终端接入网络层的首选。但随着终端数量的增多，随之而来的是需要大量的频段资源以满足接入网络的需求；另外，无线通信方式也随着通信技术的发展而不断进步；因此，需要研究能满足物联网不断发展的无线通信方式。由于软件无线电具有统一的硬件平台、多样化软件调制方式和传输模式的特点，因此，它可以满足未来不断发展的无线通信模式变化的需求，而且成本低廉、升级方便。为了解决无线频段资源的紧张问题，认知无线电技术是解决该问题的一个关键技术。认知无线电技术可以识别利用率低的无线频段，并将这些无线频段给予回收，统一管理、优化分配，以解决无线频段资源紧张的难题。

1.3.2 物联网通信技术的六大风向

物联网通信技术六大风向来自物联网智库主编王苏静在"智微见著·踏物寻机 2021 中国 AIoT 产业年会"上的主题演讲。

技术的迭代往往和消费者想象的方向不一样，总是以应用为导向的。即技术不是朝着高大上的方向迭代，而是朝着便宜好用的方向迭代。这才是真正的迭代，有用的迭代。物联网通信技术也不例外。比如，在北京骑共享单车时，骑完还得手动把那个机械锁锁上，非常麻烦，在深圳街头出现了一种共享单车，没有机械锁，骑完手机点一下，人就可以走了。因此，在便宜、好用的基础上，我们来看看未来 2～3 年，物联网通信技术领域有哪些风向值得关注。

1. 无源物联网"百家争鸣"

过去数年间，以 NB-IoT、LoRa 为代表的低功耗广域网络（LPWAN）技术作为物联网通信圈的"网红"，取得了堪称"奇迹"的发展成果。截至目前，NB-IoT 和 LoRa 的全球节点数都已经超过 2 亿，而且被广泛应用于大量行业。

之所以能够实现如此快的增速，一个核心原因是 LPWAN 技术满足了分布广泛的数十亿物联网终端和传感器对电池供电的严苛要求。可以很容易地想到，城市里的垃圾桶，大楼里的烟雾报警器，地下深处的水表等设备，日常并不需要发送大量的数据，传统的 3G/4G 技术对这些使用案例来说完全是"杀鸡用了宰牛刀"。并且这些地方想给设备换电池是非常麻烦的，因此其终端功耗必须做到非常之低。然而，即使 LPWAN 已经可以做到让一块水表 10 年不用更换电池，但对于那些更广泛的物联网应用场景来说依然不够。举个最简单的例子，我们有可能给所有的快递包裹和服装鞋帽都安装 NB-IoT 模组用来实现追踪吗？答案显然是不可能的。在这种背景下，无源物联网技术应运而生。

无源物联网，顾名思义，就是不接外部电源、不带电池。当然，所谓"无源"，并不是不用电，而是换了一种获取能量的方式。

回顾历史，其实，无源物联网是从目前大量使用并成熟的 RFID 标签中得到的启发。无源 RFID 的原理是标签进入磁场后，通过感应电流所获得的能量发送数据。在过去十多年时间中，RFID 技术得到大范围普及，在零售、医疗、物流、制造等行业广泛使用，每年可新增百亿级连接。当然，RFID 本身有一些局限性，例如传输距离短、对专用读写器的高度依赖等，物联网应用场景的想象受限。于是，更多的企业开始研发基于蓝牙、WiFi、LoRa，甚至 5G 的无源物联网技术。无源物联网市场正处于"百家争鸣"的阶段。

创建无源物联网的解决方案需要克服许多技术难点，但无论企业通过什么样的方式实现无需电池的目标，其中一个最基本的要求就是通过任何来源所获得的能量必须超过设备运行本身所需的功耗。所以现在做无源物联网解决方案的厂商主要有两个努力的方向，一个是尽量降低芯片和模组的能耗，另一个就是增加能量的获取。

在降低芯片和模组的能耗方面，比如在现有蓝牙低功耗技术的基础上，又通过技术和解决方案将其功耗降低至原来的 1/3 ~ 1/5，号称全球最低。在增加能量的获取方面，开发了一种微能管理模块，使得未来用户开发无源产品能像选电池一样简单。为什么觉得无源物联网值得关注？正是因为它是助推物联网连接数从百亿级迈向千亿级的关键。

2. 卫星物联网迎来整合时代

看完了地下，再来看看天上。万物互联，如果万事万物不能连接上网，那么物联网甚至智联网的美好愿景都是空谈。

生活在城市中的大家，可能已经习惯了随时随地都有信号，都能上网，但其实，在我国幅员辽阔的疆域里，还有大片的山区、草原、高原、戈壁、沙漠、海洋是网络覆盖的盲区。如果算上海洋面积，中国还有超过 60% 的国土没有覆盖移动通信信号。但站在另一个角度来看，这其实也为卫星通信技术的发展留出了广阔的市场。尤其是随着物联网设备的连接量快速增长，这个原本不起眼的市场已经引起了各种传统卫星通信服务企业的关注。

面对巨大的市场增量，众多创新型企业积极入局。目前，全球提供卫星物联网服务的企业已经有近百家，意在推出低轨物联网小卫星星座，为全球用户提供物联网服务。那么，市场需求一直都存在，为什么会在这样一个时间节点上，市场上一下子涌现出这么多参与者呢？发射卫星成本的降低是关键，可以从两个角度来看：

第一，是高度集成化的硬件，使得卫星的尺寸更小、费用更低、功能更强大。放在十几年前，我们很难想象卫星竟然可以在流水线上跟"下饺子"似的一颗接一颗地下线。

第二，发射技术的演进同样功不可没，比如马斯克的 SpaceX"猎鹰 9 号"火箭已经可以做到一箭九飞九回收了。从可回收火箭，到 3D 打印的发动机，发射成本不断降低，使得卫星物联网服务在价格上具备一定的竞争力。

然而，这么多参与者涌入也带来了一个很明显的问题，那就是"僧多粥少"。众所周知，针对物联网连接的运营，连接规模是最基本的门槛，没有连接规模其他都无从谈起。虽然卫星物联网连接单个每用户平均收入（ARPU）值高于地面连接，但其数量远远低于地面连接，也就数百万到 1000 多万的量级。于是，卫星物联网市场走向整合成为了大势所趋。未来，或许会诞生卫星物联网的超级巨头。

3. 5G R17 标准多项演进方向值得关注

5G R17 标准即将在 2022 年中冻结，新标准中有多项潜在的演进方向值得关注。其中，5G RedCap 无疑受到的关注度最高。RedCap，全名是 Reduced Capability，中文意思是"降低能力"。如果对 RedCap 这个名字觉得比较陌生，那它此前的名字或许听说过，就是 NR light（NR lite），lite 有弱化的、简化的意思，所以它就是指轻量级 5G。你可能会问，为什么需要 5G RedCap？

首先，从 5G 覆盖的业务场景来看，5G 定义了三大场景，增强型移动宽带（eMBB）主要针对大带宽应用，低时延高可靠通信（uRLLC）主要针对高可靠超低时延应用，而大连接物联网（mMTC）主要针对低速率、大连接的物联网应用。看似很全面，但其实这三者之间还存在一块需求空白。哪些需求不能被覆盖呢？例如：

(1) 工业无线传感网：包括通信服务可靠性为 99.99%，端到端时延小于 100ms，参考带宽速率小于 2Mbps，并且设备大部分是静止的，电池至少能用好几年。当然，对于安全类相关传感器，延迟要求达到 5～10ms。

(2) 智慧城市视频监控：一些性价比较高的视频场景要求的带宽为 2～4Mbps，时延小于 500ms，可靠性在 99%～99.9% 之间；高一级的视频则需要 7.5～25Mbps 的带宽。当然，此类场景的业务模式以上行传输为主。

(3) 可穿戴设备：智能可穿戴应用的参考带宽为下行 5～50Mbps，上行为 2～5Mbps，峰值速率下行最高 150Mbps、上行最高 50Mbps，设备的电池应能使用数天，最多 1～2 周。

很明显，这些使用案例的要求高于 NB-IoT，但低于 uRLCC 和 eMBB。当然，这些使用案例现在大多是靠 4G LTE Cat. 4 及以上来覆盖，但从长远的角度来看，4G LTE 迟早也会退出历史舞台，5G RedCap 正是在为此做未雨绸缪的准备。

其次，从 5G 应用的规模化来看。成本问题是 5G 乃至整个 AIoT 产业规模化的主要障碍。举个现实生活中的例子，比如有的人可能买过和面机，但如果不是来自特别爱吃面食的话，这设备往往在用几次之后就被扔在角落里吃灰了。大食堂的和面机因为天天要用，使用频率很高，所以是划算的；但是到了家庭场景，一个礼拜吃一次馒头，一个月吃一次面条，买个和面机不容易洗还占地，就不划算了。

5G 和物联网的应用也是同样的道理，成本上划算是应用规模化的前提。5G 和物联网要普及，就得把终端价格降下来。如今的 5G 模组价格在几百甚至上千元，很多应用场景根本就用不起。所以，Redcap 不是一个新模块，它是一个对现有模块的裁减。根据预测，RedCap 的模组价格未来将会控制在人民币 100～200 元。未来，还会出现更多类似的技术，精简功能，更便宜、简单。当然，除了 RedCap，R17 还有许多值得关注的方向，比如：NB-IoT 和 eMTC 增强，工业物联网（IIoT）和 uRLLC 增强，定位增强非授权频谱 NR增强。

4. 5G 2C 迎来新突破

面向 5G，业界有一个著名的比喻，相比 4G 高带宽的网络像一把吹毛可断、削铁如泥的利刃，5G 则更像一把灵活多变、功能十全的瑞士军刀。无论是需要大带宽的 VR/AR 应用，还是低时延的自动驾驶应用，抑或是大连接的水气表抄表应用，5G 网络都能因地制宜地提供差异化的解决方案。5G 为什么这么全能？为什么能用"一张网"就满足千行百业不同业务类型的需求？这离不开"网络切片"这项秘密武器。

如果把 5G 网络比作一条很宽的公路，那切片就类似于在这条公路上划分出不同的道路（这相当于切分网络资源），每条道路都有自己专属的用途（这相当于切片规则），承载不同的、独有的、适合的交通工具（也就是不同的业务需求），比如在自行车道上可以骑自行车，在公交专用道上可以跑公交车，在慢车道上可以跑低速行驶的小汽车等等，这样就能最高效地发挥这条道路的交通属性。当然，这个例子仅显示了在物理层面上的划分，实际上 5G 网络切片则可以使用网络功能虚拟化、软件定义网络等技术，理论上可以划分出更多虚拟网络。

此前，关于 5G 2B 端的切片其实业界已经做了大量的探讨和实践，但是 2C 端的切片却往往被忽视了。最近一年多来，5G 2C 领域其实迎来了两次非常大的突破：一个是 2021年 11 月，展锐 5G 芯片的终端切片方案得到验证；另一个就是最新发布的安卓 12 操作系统开始支持 5G 网络切片。相比于 2B 模式，5G 2C 网络切片的颠覆性改变主要体现在以下四个方面：

第一，让普通公众真正感受到 5G 时代的到来。

现在 5G 手机终端连接数马上就要达 5 个亿，即可能每 3 个人中就有一个人拿着 5G 手机。然而，除了速度快，大多数老百姓还没有一种"哦，我已经进入 5G 时代了"的切实感觉。这是因为当前 5G 智能手机的功能还不完善。若 5G 手机支持切片功能，使用 5G 手的用户就可以通过订购切片，享受专属的带宽、安全性、时延的网络服务，那大家就能真实理解到为什么5G相比4G是革命性的跨越。

第二，催生更多移动互联网业务和场景创新。

4G网络催生了大量移动互联网App应用的创新，如打车、外卖、支付等，改变了人们的衣食住行。如果5G网络切片在手机端真正成熟，那就可以享受到许多颠覆性的体验。比如，狂热的游戏玩家最讨厌游戏卡顿，那么你就可以购买低延时的网络切片；又如，你的日常工作就是做直播或者剪视频，那么就可以购买大带宽的网络切片等，那么这些领域的企业可以充分根据网络切片的优势，开发体验更佳、形式更多、内容更丰富的业务和场景，形成5G时代新的移动互联网业态。

第三，给很多行业带来提升高端客户服务的新手段。

多年来，金融、航空、零售等拥有大量客户的行业非常注重客户服务水平的提升，如机场贵宾室、积分换礼品等，尤其是针对高端客户，会通过各种手段提供增值服务。5G网络切片的商用，使得这些行业的企业可以订购切片提供给自己的高端客户，让客户拥有专线的通信服务。比如证券公司，有的客户一年资金流动几个亿乃至十几个亿，那就可以为这种高端客户提供网络切片，保障客户专属、安全、高速的交易通道和客服专线。

第四，增加运营商收入。

随着5G商用，5G智能手机用户将大幅增加，未来数以亿计的用户都将是网络切片的潜在用户。网络切片提供专属通信服务，当然也需要比公共信道更高的资费。4G时代运营商个人消费经营的是同质化的流量，只能通过流量的规模收费，服务质量也是同质化的；而5G时代个人消费的网络切片是分层分级的服务体系，形成分层分级的服务质量，当然收费也是分层分级的。当更高等级资费用户增多时，运营商每用户平均收入（ARPU）值也将提升。

5. 下一代WiFi将登上舞台

根据WiFi联盟统计，截至2022年6月，搭载WiFi的设备累计出货量达到375亿台，WiFi的一个特别重要的作用是其有效地分担了移动通信网络的流量，大约63%的移动通信流量是由WiFi来分流的。下一代WiFi技术包含了两个分支，分别是对应高带宽设备（例如手机、电脑、电视）的WiFi7，以及用于低功耗家庭物联网设备（例如各种智能电器和传感器）的WiFi HaLow。WiFi HaLow新功能支持在sub-1GHz频谱上进行远距离、低能耗的WiFi传输，承诺穿墙范围超过1km。

相比于上一代WiFi5（802.11 ac），WiFi6的路由器不仅速度快40%，功耗也明显降低，使用WiFi6协议的路由器还能支持更多设备同时连接并且保证不卡，同时更加安全。然而在WiFi6还没有完全普及时，WiFi7已经被提上日程，联发科在CES 2022上演示WiFi7技术。具体来说，WiFi7能够支持高达30Gbps的吞吐量，大约是WiFi6的3倍。随着WiFi技术发展，家庭、企业等越来越依赖WiFi，而近年来出现新型应用对吞吐量和时延要求也更高，比如 4K 和 8K 视频、VR/AR、游戏（时延要求低于 5ms）、远程办公、在线视频会议和云计算等，传输速率可能会达到 20Gbps，虽然 WiFi6 已经重点关注高密场景下用户体验，然而面对上述更的高吞吐率和更低的时延要求依旧无法完全满足需求。

6. UWB 商用规模扩大

超宽带（UWB）通信具有以下这些技术特点：

（1）抗干扰性能强，UWB 采用跳时扩频信号，带宽在 1GHz 以上，可以轻松穿透多层室内墙体。并且其他窄带宽的通信系统，比如蓝牙、对讲机、收音机等，对其不会干扰。

（2）传输速率高，UWB 的数据速率可以达到几十 Mb/s 到几百 Mb/s，是蓝牙传输速率的几十倍，甚至百倍。

（3）发送功率小，UWB 系统发射功率非常小，用小于 1mW 的发射功率就能实现通信，所以耗电量也非常小，这样就极大地延长了电源的续航时间。此外，发射功率越小，其电磁波辐射对人体的影响也越小。

（4）定位精度高，UWB 采用超宽带无线通信，脉冲频率高，可在室内、地下精准定位。而 GPS 定位只能在卫星信号强，卫星可视范围内定位。此外，UWB 定位精度达到了厘米级，这是其他定位技术达不到的。据 ABI Research 预测，支持 UWB 的智能手机出货量将从 2021 年的 8400 万多部增加到 2025 年的近 5.14 亿部，以用于解锁、无线支付等应用。

手机是消费级产品控制的重要端口，搭载 UWB 芯片的智能手机庞大的出货量；将引领客户端 UWB 市场发展，带动各类 UWB 设备出货增长；从而助推 UWB 芯片价格的降低，这将助推 UWB 整体解决方案成本的降低，因此 UWB 或许将在 2023 年进入大规模商用阶段。过去，百万级的 UWB 应用都比较少见；现在，已经出现千万级的 UWB 应用了。

第2章　串口通信

RS232 和 RS485 作为传统的最为普及的工业通信接口，由于其通信协议的简单明了和易于使用，加上随着带串口的单片机的大量使用，在未来的 10～20 年都不会消失。

2.1　串口基础知识

从短距离到远程，先回顾一下串口通信的传统实现方式。15 米以内可以直接用 RS232 电平和 TTL 电平；1200 米内可以用 RS485 电缆；4 千米以内可以用多模光纤，也可以用控制器局域网（CAN）总线；40 千米以内可以布单模光纤。更加远的距离呢？理论上可以加中继，但是考虑到土地、道路、管道等的施工，实际上不超过 10 千米的专门用于串口通信的线路已经是非常困难的。若要回答这些问题，有必要先从简单的串口通信技术开始探究。

2.1.1　串口通信概述

通信有并行和串行两种方式。在单片机系统以及现代单片机测控系统中，信息的交换多采用串行通信方式。

1. 串行通信方式

串行通信是将数据字节分成一位一位的在一条传输线上逐个传送，此时只需要一条数据线，外加一条公共信号地线和若干控制信号线。因为一次只能传送一位，所以对于一个字节的数据，至少要分 8 位才能传送完毕。

串行通信的必要过程是：发送时，要把并行数据变成串行数据发送到线路上去；接收时，要把串行信号再变成并行数据，这样才能被计算机及其他设备处理。

串行通信传输线少，长距离传送时成本低，且可以利用电话网等现成的设备，但数据的传送控制比并行通信复杂。

串行通信又有两种方式：异步串行通信和同步串行通信。

2. 异步串行通信方式

异步串行通信是指通信的发送与接收设备使用各自的时钟控制数据的发送和接收过程。为使双方收、发协调，要求发送和接收设备的时钟尽可能一致。

异步通信是以字符（构成的帧）为单位进行传输，字符与字符之间的间隙（时间间隔）是任意的，但每个字符中的各位是以固定的时间传送的，即字符之间不一定有"位间隔"的整数倍关系，但同一字符内的各位之间的距离均为"位间隔"的整数倍。

异步通信一帧字符信息由 4 部分组成：起始位、数据位、奇偶校验位和停止位。有的字符信息也有带空闲位形式，即在字符之间有空闲字符。

异步通信的特点：不要求收发双方时钟严格一致，实现容易，设备开销较小，但每个字符要附加 2~3 位，用于起止位、校验位和停止位，各帧之间还有间隔，因此传输效率不高。在单片机与单片机之间，单片机与计算机之间通信时，通常采用异步串行通信方式。

3. 同步串行通信方式

同步通信时要建立发送方时钟对接收方时钟的直接控制，使双方达到完全同步。此时，传输数据位之间的距离均为"位间隔"的整数倍，同时传送字符间不留间隙，既保持位同步关系也保持字符同步关系。发送方对接收方的同步可通过外同步和自同步两种方法实现。

4. 串行通信的制式

（1）单工：指数据传输仅能沿一个方向，不能实现反向传输。

（2）半双工：指数据传输可以沿两个方向，但需要分时进行。

（3）全双工：是指数据可以同时进行双向传输。

5. 串行通信的错误校验

（1）奇偶校验。

在发送数据时，数据位尾随的 1 位为奇偶校验位（1 或 0）。奇校验时，数据中 1 的个数与校验位 1 的个数之和应为奇数；偶校验时，数据中 1 的个数与校验位 1 的个数之和应为偶数。接收字符时，对 1 的个数进行校验，若发现不一致，则说明传输数据过程中出现差错。

（2）代码和校验。

代码和校验是发送方将所发数据块求和（各字节异或），产生一个字节的校验字符（校验和）附加到数据块末尾。接收方接收数据时同时对数据块（除校验字节外）求和（各字节异或），将所得的结果与发送方的"校验和"进行比较，相符则无差错，反之即认为传送过程中出现了差错。

（3）循环冗余校验。

这种校验是通过某种数学运算实现有效信息与校验位之间的循环校验，常用于对磁盘信息的传输、存储区的完整性校验等。这种校验方法纠错能力强，广泛应用于同步通信中。

6. 波特率

终端与计算机在串口通信时的速率用波特率表示，其定义为每秒传输二进制代码的位数，即 1 波特 = 1 位/秒（bps）。如每秒钟传送 240 个字符，而每个字符格式包含 10 位（1 个起始位、1 个停止位、8 个数据位），这时波特率为 10 位 * 240 个/秒 = 2400bps。串行接口或终端直接传送串行信息位流的最大距离与传输速率及传输线的电气特性也有关。当传输线使用每 0.3m 有 50pF 电容的非平衡屏蔽双绞线时，传输距离随传输速率的增加而减小。当比特率超过 1000bps 时，最大传输距离迅速下降，如 9600bps 时最大距离下降到只有 76m。因此在做串口通信选择较高速率传输数据时，要尽量缩短数据线的长度。为能使数据安全传输，即使是在较低传输速率下也不要使用太长的数据线。

7. 波特率的计算

在串行通信中，收、发双方对发送或接收数据的速率要有约定。比如，通过编程可对单片机串行口设定 4 种工作方式，其中方式 0 和方式 2 的波特率是固定的，而方式 1 和方式 3 的波特率是可变的，这由定时器 T1 的溢出率来决定。

串行口的 4 种工作方式对应三种波特率。由于输入的移位时钟的来源不同，所以各种方式的波特率计算公式也不相同，可以查阅单片机 4 种方式波特率的计算公式。

波特率也可通过内部寄存器的参数进行设置，比如物联网中常用的带无线模块的 CC2530 增强型单片机，其波特率通过寄存器 U0GCR 和 U0BAUD 来设置。

2.1.2 串口硬件技术

1. PC 机串口

串口是计算机上一种通用设备通信的协议。大多数计算机包含两个基于 RS232 的串口，以 RS232 九针公头为主，现多以 USB 口替代 RS232 接口。

2. C51 单片机串口

在单片机系统以及现代单片机测控系统中，信息的交换多采用串行通信方式。而物联网嵌入式核心开发板的串口硬件通常集成在底板上，多以 Mini-USB 或 RS232 与上位 PC 机连接，也有部分开发板串口硬件通过仿真编程器与 PC 上位机连接。

下面以单片机开发板 HL6800 为例介绍串口的硬件技术，如图 2.1 所示。该开发板的特点是综合性比较高，去掉短路帽，省去接线的麻烦，更加方便了初学者，是一款性价比极高的产品。提供 USB2.0 和串口两种通信方式，USB 实现供电、编程、仿真、通信多种功能。

图 2.1　HC6800-ES V2.0 单片机开发板

在图 2.1 中，用 MAX232 芯片实现 RS232 电平与晶体管 – 晶体管逻辑(TTL)电平转换，芯片是 MAXIM 公司生产的，包含两路接收器和驱动器的集成电路(IC)芯片，它的内部有一个变压器，可以把输入的 5V 电源电压变换成为 RS232 输出电平所需的 10V 电压。所以，采用此芯片接口的串行通信系统只需单一的 5V 电源就可以了。相比 12V 电源，其适应性更强，加之其价格适中，硬件接口简单，所以被广泛采用。

比如，从 MAX232 芯片中两路发送、接收中任选一路作为接口。要注意其发送、接收的引脚要对应。如使 T1IN 连接单片机的发送端(TXD)，则 PC 机的 RS232 接收端(RXD)一定要对应接 T1OUT 引脚。同时，R1OUT 连接单片机的 RXD 引脚，PC 机的 RS232 发送端 TXD 对应接 R1IN 引脚。

开发板 HC6800 的 USART 通过 3 个引脚与其他设备连接在一起，USART 双向通信至少需要 2 个引脚：接收数据输入(RX)和发送数据输出(TX)。

RX：接收数据串行输入。通过过采样技术来区别数据和噪声，从而恢复数据。

TX：发送数据输出。当发送器被禁止时，输出引脚恢复到它的 I/O 端口配置。当发送器被激活，并且不发送数据时，TX 引脚处于高电平。在单线和智能卡模式里，此 I/O 口被同时用于数据的发送和接收。

3. STM32 类型的 ARM 处理器串口

图 2.2 显示无线节点板上的串口使用方法，主要引脚硬件资源分配如表 2.1 所示。

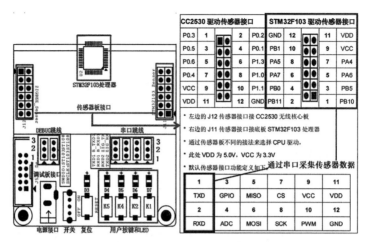

图2.2　无线节点 STM32 的 ARM 处理器串口的用户

其中，无线节点板上提供了两组跳线用于选择调试不同处理器，跳线使用方式如下。

（1）模式一：调试 CC2530，CC2530 串口连接到调试扩展板。

（2）模式二：调试 STM32F103，STM32F103 串口连接到调试扩展板（出厂默认）。

表2.1　无线节点 ARM 处理器主要引脚硬件资源分配

引脚（STM32F103）	底板设备	传感器接口
PA0	K1	
PA1	K2	
PA2	TXD2（连接无线模块）1	
PA3	RXD2（连接无线模块）	
PA4	—	CS
PA5	—	SCK
PA6	—	MISO
PA7	—	MOSI
PA9	TXD1（调试串口）2	—
PA10	RXD1（调试串口）	—
PB0	—	ADC
PB1	—	PWM
PB5	—	GPIO
PB8	D4	—
PB9	D5	—
PB10	—	TXD 3
PB11	—	RXD
1. 悬空/不使用的引脚没有列出　2. 接LCD的引脚没有列出		

★ 通用接口总线(GPIB)是一种设备和计算机连接的总线。大多数台式仪器是通过 GPIB 线以及 GPIB 接口与电脑相连。

2.1.3　串口软件安装

1. 安装 USB 转串口驱动

目前大多数 PC 台式机只有一个 RS232 接口和多个 USB 口，而笔记本主要通过 USB 接口连接外部设备。因此在进行物联网项目开发时，经常会用到 USB 转串口线，如图 2.3 所示。

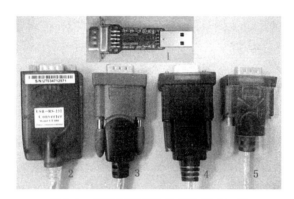

图 2.3　五种不同品牌的 USB 转串口线

USB 转串口驱动程序要么是利用厂家配套提供的，要么是利用第三方工具(比如驱动精灵)进行在线安装，安装成功后，设备管理器会自动为该设备分配一个串口端号。应注意，串口号会因设备的不同而不同，需仔细查看，如图 2.4 所示。

图 2.4　USB 转串口线驱动安装成功

2. 安装 Visual Studio 2022（下面简称 VS）软件

在物联网嵌入式项目开发中，上位机是一个很重要的部分，主要用于数据显示（波形、温度等）、用户控制（LED，继电器等），基于串口的下位机（如单片机）与上位机间数据通信应用非常广泛。上位机的软件开发主要包括以下两种：

（1）Windows 上位机（可执行 EXE 程序）。

在 Windows 上，最早用 Visual Basic（VB）语言开发，后来由于 C++ 的发展，采用 MFC 开发，近几年，微软发布基于 .NET 框架的面向对象语言 C#，更加稳定安全，再配合微软强大的 VS 进行开发，效率奇高；另外，如果想要在 Linux 上跨平台运行，可以选用 QT；如果想要更加丰富好看的数据显示界面，可以选用 Labview 开发。

（2）Android 上位机（App）。

在 Android 操作系统上，主要采用 Java 语言，使用 WiFi 或者蓝牙基于 TCP/IP 协议传输数据，利用 Android Studio 开发。在此，主要介绍如何通过 VS 的 C#开发电脑上位机，其他上位机的开发在 WiFi 和蓝牙通信中进行讲解。

Visual Studio 2022 安装步骤如下。

步骤1：双击本书配套的资源包中 Visual Studio 2022_professional. exe 文件，进行默认安装，安装完毕后在 Windows 启动菜单中出现 VS 菜单项，开发环境约占硬盘空间 1.9GB。

步骤2：新建第一个 C#项目工程，检测 VS 开发环境配置是否正确。

启动 Visual Studio 2022，在开始使用中选择"创建新项目"；单击下一步，选择"Windows 窗体应用（. NET Framework）"；单击下一步，在配置新项目中，填写项目名称，选择项目保存位置、解决方案和框架取默认值；单击创建，弹出如图 2.5 所示主窗口。

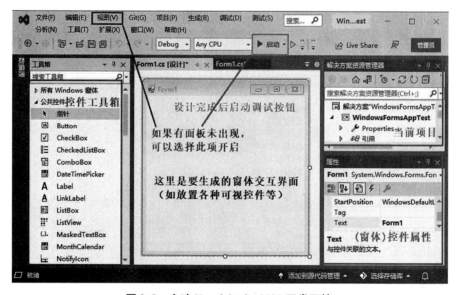

图 2.5　启动 Visual Studio 2022 开发环境

★ 在配置新项目窗口中，框架(F)是指.NET 框架，4.0 以及 4.0 以下的.NET 框架可以在 windows XP 上运行，4.0 以上可以在 Windows7/8/10 上运行，鉴于当前大多数操作系统是 Windows7 或 Windows10，此时框架(F)下拉列表中选择默认的 4.7.2 版本即可。

步骤 3：窗体介绍及代码分析。

双击图 2.5 窗体界面，这也是 VS 的特性，双击一个控件，就会进入对应代码文件部分，这些代码全由 VS 在生成项目时自动生成，下面进行详细的解释。

```
using System；　/*filename:Form1. cs*/
using System. Collections. Generic；
using System. ComponentModel；
using System. Data；
using System. Drawing；
using System. Linq；
using System. Text；
using System. Threading. Tasks；
using System. Windows. Forms；
namespace WindowsFormsAppTest{　//用户项目工程自定义命名空间。
    //定义 Form1 公共类且在定义类时创建类对象,名为 Form,partial 关键字。
    public partial class Form1:Form{
        public Form1(){ InitializeComponent();}//与类同名的构造方法。
        //用户自定义 Form1_Load 方法,窗体加载时由 Form 对象调用。
        private void Form1_Load( object sender, EventArgs e){ }
    }}
```

①命名空间(namespace)。

在 C#中用命名空间将很多类的属性及其方法进行封装供调用，在类似 C 语言中将变量和函数封装成一个个.h 文件，调用时只需要输入#include"filepath + filename"就可以使用，比如刚开始时用关键字 using 声明一些所需要的系统命名空间，然后采用关键字 namespace 来自定义一个用户工程所需的命名空间 WindowsFormsAppTest，在定义的这个命名空间里就可以定义一些类和方法。

②类(class)。

C#是一门面向对象的编程语言，所以最基本的要素就是类和对象，对象的特征是具有属性(C 语言中称为变量)和方法(C 语言中称为函数)，然后定义一个类来描述这个对象的特征。注意这时定义的类不是真实存在的，所以不会分配内存空间；若当用所定义的这个类去创建一个类的对象时，这个对象就是真实存在的，它会占用内存空间，比如在这个工程中定义了 Form1 的公共类，并且在定义类的同时创建了这个类的对象，名为 Form。

③方法。

在面向对象编程中没有变量和函数，所有函数都被封装在类中，属于对象的方法，最基本的类是构造方法，该方法与类名同名，在用类创建一个具体对象时自动调用，不可缺少，比如 Form1( )方法。另外一种是自己定义的用户方法，比如该类中的 Form1_Load( )方法，就是在初始化窗口时，通过具体对象 Form 调用：Form. Form1_Load( )方法。

④访问修饰符。

用来控制类、属性、方法的访问权限，常用的有 5 个：私有 private、公共 public、受保护 protected、内部 internal、受保护内部 protect internal。一般默认私有，不能被外部访问。

这里有一个重点，在定义 Form1 类的时候含有一个关键字 partial，这里就不得不说 C# 语言设计能作为大多数人开发上位机的首选的一个重要的特性，即设计的时候界面与后台分离，但是类名相同，首先看一下如图 2.6 所示工程文件结构。

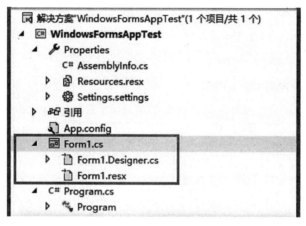

图 2.6　工程文件结构

图 2.6 中，Form1. cs 文件下包含另一个 Form1. Designer. cs 文件，打开 Form1. Designer. cs 文件，和 Form1. cs 的代码一模一样，再次定义了一个命名空间 WindowsFormsAppTest 和 Form1 类，这个部分类中定义了用户使用的控件、事件委托以及如 Dispose 方法等。因为这里面的代码都是自动生成的，因此设计成了一个部分类。最关键的一点，这里类也是用 partial 关键字修饰的，可以看到，Partial 是局部类型的意思，允许用户将一个类、结构或接口分成几个部分，分别实现在几个不同的. cs 文件中，用 partial 定义的类可以在多个地方被定义，最后 C#编译器编译时会将这些类当作一个类来处理。

namespace WindowsFormsAppTest{
　　partial class Form1 {
　　　　/// 必需的设计器变量。

```
private System. ComponentModel. IContainer components = null;
protected override void Dispose( bool disposing) {
    if ( disposing && ( components ! = null ) ) { components. Dispose( );}
    base. Dispose( disposing);   {
#region Windows 窗体设计器生成的代码
/// 设计器支持所需的方法 - 不要修改。
/// 使用代码编辑器修改此方法的内容。
private void InitializeComponent( ) {
    this. SuspendLayout( );
    // Form1
    this. AutoScaleDimensions = new System. Drawing. SizeF( 6F ,12F );
    this. AutoScaleMode = System. Windows. Forms. AutoScaleMode. Font;
    this. ClientSize = new System. Drawing. Size( 444 ,383 );
    this. Name = " Form1" ;
    this. Text = " Form1" ;
    this. Load  + = new System. EventHandler( this. Form1_Load );
    this. ResumeLayout( false ) ;}
    #endregion }
}
```

Main：一切程序都有入口 main( ) 主函数，C#也是如此，在 Program. cs 文件中定义了 Program 类，该类中拥有主函数，在主函数中，第三行代码是一切的开始，调用 Form1 类的构造函数，创建一个 Form 对象，一切由此开始，代码如下：

```
using System;
using System. Collections. Generic;
using System. Linq;
using System. Threading. Tasks;
using System. Windows. Forms;
namespace WindowsFormsAppTest{
    internal static class Program  {    /// 应用程序的主入口点
            static void Main( )   {
        Application. EnableVisualStyles( );
        Application. SetCompatibleTextRenderingDefault( false );
        Application. Run( new Form1( ) );} }
}
```

再来解释一下 AssemblyInfo. cs 文件，该文件主要是应用程序发布时的一些属性设置：版本号、属性、版权之类的。

```
using System. Reflection;
using System. Runtime. CompilerServices;
using System. Runtime. InteropServices;
```

// 有关程序集的一般信息由以下步骤控制。更改这些特性值可修改与程序集关联的信息。

```
[assembly:AssemblyTitle("WindowsFormsAppTest")]
[assembly:AssemblyDescription("")]
[assembly:AssemblyConfiguration("")]
[assembly:AssemblyCompany("微软中国")]
[assembly:AssemblyProduct("WindowsFormsAppTest")]
[assembly:AssemblyCopyright("Copyright © 微软中国 2022")]
[assembly:AssemblyTrademark("")]
[assembly:AssemblyCulture("")]
```

// 将 ComVisible 设置为 false 会使此程序集中的类型对 COM 组件不可见。

//如果需要从 COM 访问此程序集中的类型,请将此类型的 ComVisible 特性设置为 true。

```
[assembly:ComVisible(false)]
```

// 如果此项目向 COM 公开,则下列 GUID 用于类型库的 ID

```
[assembly:Guid("f6a5837f-d393-496a-a4e8-9999e4962275")]
```

// 程序集的版本信息由下列四个值组成:主版本、次版本、生成号、修订号

//可以指定所有这些值,也可以使用"生成号"和"修订号"的默认值

//通过使用" * ",如下所示:

```
// [assembly:AssemblyVersion("1.0. * ")]
[assembly:AssemblyVersion("1.0.0.0")]
[assembly:AssemblyFileVersion("1.0.0.0")]
```

步骤 4：窗口中显示 Hello, WindowsFormsAppTest!

下面就正式开始 C#程序的设计，首先是界面设计，从控件工具箱中拖放控件到窗体中，这里在步骤 2 的窗体中拖入两个 Button 控件和一个 TextBox 文本框，并在右边设置框中修改每个控件的属性。

这时若查看 Form1. cs 文件，会发现 Form1. cs 中的源码与之前一样，这里需介绍另外几个开发图形用户界面（GUI）的知识点。若实现的功能是：当按下 Show 按钮时，文本框显示"Hello, WindowsFormsAppTest!"字符串；当按下 Clear 按钮时，清空文本框。该功能

属于人机交互，一般人机交互的处理方式有两种，第一种是查询处理方式，比如在 DOS、Linux 系统等命令行下的程序设计；第二种是事件处理机制，由传统的查询法耗费 CPU 一直在检测，变成了事件处理机制下的主动提醒，大幅度减少 CPU 资源浪费。在事件处理机制中有以下几个概念：

事件源(EventSource)：描述人机交互中事件的来源，通常是一些控件；

事件(ActionEvent)：事件源产生的交互内容，比如按下按钮；

事件处理(EventProcess)：在 C#中被叫作回调函数，当事件发生时用来处理事件。

★ 这部分在单片机中也是如此，中断源产生中断，然后进入中断服务函数进行响应。

清楚了这几个概念后就可以实现想要的功能，那么如何编写或者在哪编写事件处理函数呢？在 VS 中只需双击某个控件，VS 就会自动将该控件的事件处理函数添加进 Form1. cs 文件，此处先双击 Show 按钮，可以看到 VS 自动添加进了 private void button1_Click(object sender, EventArgs e)方法，然后在里面编写代码实现文本框显示，这里的所有控件都是一个个具体的对象，用户可以通过这些对象设置其属性或者调用其方法。同理，双击 Clear 按钮，添加清空文本框代码，完整代码如下：

```
private void button1_Click(object sender,EventArgs e){//按下 Show 按钮
        textBox1. Text =" Hello,WindowsFormsAppTest!" ;}//显示文本框
private void button2_Click(object sender,EventArgs e){//按下 Clear 按钮
        textBox1. Text =" " ;}//清空文本框
```

至此，大功告成，第一个应用程序创建成功，单击启动按钮，运行结果如图 2.7 所示。

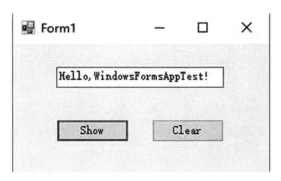

图 2.7　Visual Studio 2022 开发环境搭建成功

3. 安装 Keil for C51 软件

针对普中 HC6800-ES V2.0 单片机开发板，需要安装版本 Keil uVision 4 开发环境。

步骤 1：双击 Keil c51 v951. exe 文件，单击 next 选中 I agree all the terms of……，单击

next 设置安装目录；根据实际情况选中安装目录，重新设置单击 Browse，这里默认 C 盘，设置好安装目录后，单击 Next 输入用户信息，单击 Next 开始安装，直到安装完成。

步骤 2：启动菜单单击或桌面双击 Keil uVision4 软件图标，打开系统默认 Hello 工程，进入菜单 Project 编译工程，若无错误、无警告，说明开发环境搭建完毕，如图 2.8 所示。

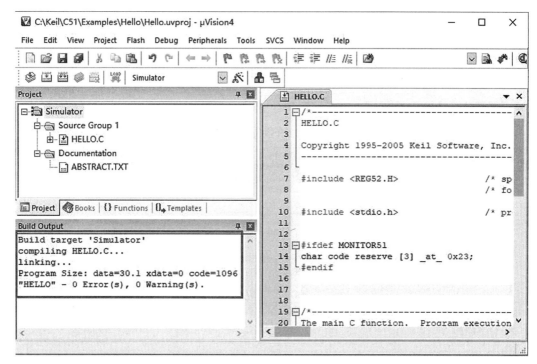

图 2.8　搭建 Keil for C51 开发环境成功

4. 安装 IAR for STM32 ARM 开发环境和 J-Link 仿真软件

IAR Embedded Workbench for ARM 是 Windows 嵌入式 ARM 平台常见集成开发环境，该开发环境针对目标处理器集成了良好的函数库和工具支持，其安装过程如下：

步骤 1：双击 EWARM-CD-7202-7431. exe，进入欢迎界面，单击 Install IAR Embedded Workbench 选项，后续采用默认选项值安装，直到安装完毕，第一次运行 IAR for ARM 时，系统会提示 IAR 需激活，如图 2.9 所示。运行 IAR Offline Activator 激活工具，在［Product］中选择 IAR Embedded Workbench for ARM，Standard，单击 Generate 按钮，生成 License Number，其他激活方法类似 IAR for 8051 激活步骤。

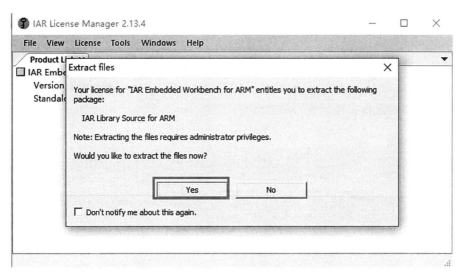

图 2.9　激活 IAR for ARM 开发环境

步骤 2：新建 IAR for ARM 测试工程，进入菜单 Project，单击 rebuild All，若无错误、无警告，表示此 IAR for ARM 开发环境安装成功，如图 2.10 所示。

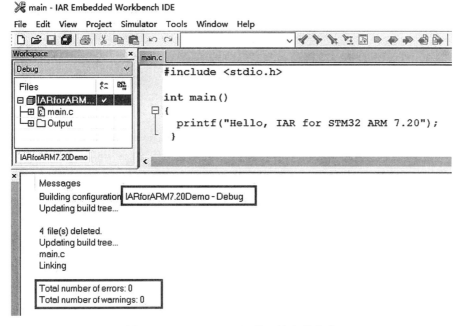

图 2.10　IAR for ARM 开发环境安装成功

步骤 3：双击 Setup_JLinkARM_V426. exe 即可安装 J-Link 驱动，安装完成之后，在 PC 机的开始程序列表里面有一个 SEGGER 的文件夹。安装完驱动程序之后需要进行相应的配置才能将例程正确地烧写到无线节点板中。

步骤4：从 PC 机开始程序列表选择 J-Flash ARM 程序，打开该程序后，首先从菜单项单击 Options 中选择 Project settings，进入设置界面，之后在 Target Interface 的第一个下拉框列表中选择 SWD，然后进入 CPU 的设置界面，如图 2.11 所示。在 Device 选项框中选择 ST STM32F103CB，设置完毕，最后单击确定。

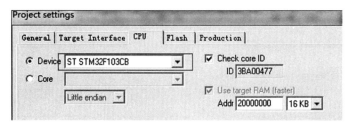

图 2.11　配置 J-Link 的 CPU 参数

2.2　项目实施

下面通过三个实例循序渐进地介绍串口通信在物联网应用中的开发技术。

2.2.1　实例 1：PC 机间串口通信

在搭建 VS 开发环境中，我们简单介绍了 C#的一些基本知识，并成功地运行了第一个 VS 显示字符串的程序。从本小节开始，请自己动手确定一个上位机串口通信助手。

1. 构思功能

串口通信助手在单片机开发中经常被用来调试，最基本的功能就是接收和发送功能；其次，串口在打开前需要进行一些设置：串口列表选择、波特率、数据位、校验位、停止位，这样就有了一个基本雏形；然后在此功能上添加字符串（ASCII 码）或 16 进制（HEX 码）显示、发送、发送新行功能、重复自动发送以及显示接收数据时间等这几项扩展功能。

2. 设计布局

根据构思功能，将整个界面分为两块：设置界面（不可缩放）及接收区和发送区（可缩放），下面就来依次拖放控件实现。

（1）容器控件（Panel）。

Panel 是容器控件，是一些小控件的容器池，用来给控件进行大致分组，要注意容器是一个虚拟的，只会在设计的时候出现，不会显示在设计完成的界面上，这里我们将整个界面分为 6 个容器池，如图 2.12 所示。

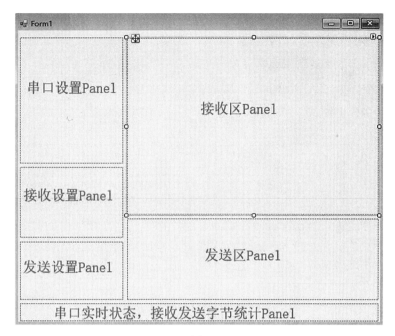

图 2.12 上位机串口通信界面设计

（2）文本标签控件（Lable）。

用于显示一些文本，但是不可被编辑，改变其显示内容有两种方法：一是直接在属性面板修改 Text 的值，二是通过代码修改其属性，见如下代码；另外，可以修改 Font 属性修改其显示字体及大小，这里选择微软雅黑，12 号字体。

label1. Text ="串口"； //设置 label 的 Text 属性值

（3）下拉组合框控件（ComboBox）。

显示下拉列表通常有两种模式：一种是 DropDown 模式，既可以选择下拉项，也可以选择直接编辑；另一种是 DropDownList 模式，只能从下拉列表中选择。两种模式通过设置 DropDownStyle 属性选择，这里选择第二种模式。那么，如何加入下拉选项呢？对于比较少的下拉项，可以通过在属性面板中的 Items 属性中加入，比如停止位设置，如图 2.13 所示；如果想要出现默认值，改变 Text 属性就可以，但要注意必须和下拉项一致。

另外一种是直接在页面加载函数代码中加入，比如波特率的选择，代码如下：

```
private void Form1_Load( object sender, EventArgs e)    {
    for ( int i = 9600; i < = 115200; i = i * 2) {//单个添加
        comboBox2. Items. Add( i. ToString( )) ;}//添加波特率列表
        //批量添加波特率列表
    string[ ] baud = {" 9600" ," 19200" ," 38400" ," 115200" };
        comboBox2. Items. AddRange( baud) ;
```

```
              //设置默认值
comboBox1. Text = " COM1 " ;
comboBox2. Text = " 115200 " ;
comboBox3. Text = " 8 " ;
comboBox4. Text = " None " ;
comboBox5. Text = " 1 " ; }
```

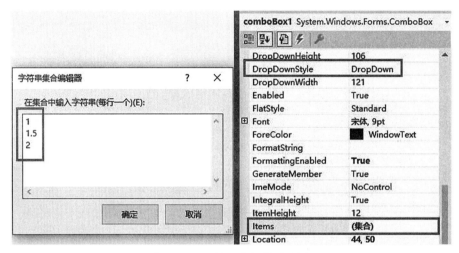

图 2.13　下拉组合框选项设置

（4）按钮控件（Button）：人机交互最常见的控件。

（5）文本框控件（TextBox）。

TextBox 控件与 Label 控件不同的是文本框控件的内容可以由用户修改，这也满足了发送文本框的需求。在默认情况下，TextBox 控件是单行显示的，如果想要多行显示，需要设置其 Multiline 属性为 true。TextBox 运用的方法中最多的是 AppendText 方法，它的作用是将新的文本数据从末尾处追加至 TextBox 中。但是当 TextBox 一直追加文本后就会带来本身长度不够而无法显示全部文本的问题，此时需要使用 TextBox 的纵向滚动条来跟踪显示最新文本，将 TextBox 的属性 ScrollBars 的值设置为 Vertical 即可。

至此，显示控件就全部添加完毕，但是还有一个最重要的控件没有添加，这种控件叫作隐式控件，它是运行于后台的，用户看不见，更不能直接控制，所以也称为组件，接下来添加最主要的串口组件。

（6）串口组件（SerialPort）。

串口这种隐式控件，添加后位于设计器下面。串口常用的属性有两个：一个是端口名（PortName），一个是波特率（BaudRate）。其他的还有数据位、停止位、奇偶校验位等属性。串口打开与关闭都有接口可以直接调用，串口同时还有一个 IsOpen 属性，IsOpen 为真(true)表示串口已经打开，IsOpen 为假(flase)则表示串口已经关闭。

添加串口组件后，就可以通过它来获取电脑当前端口，并添加到可选列表中，代码如下：

//获取电脑当前可用串口并添加到选项列表中

comboBox1. Items. AddRange(System. IO. Ports. SerialPort. GetPortNames( ));

若想打开串口，还需确保 USB 转串口设备已连接，同时六个控件 panel 的 BorderStyle 属性设置为 Fixed3D，启动串口通信程序后可以看到串口通信的界面布局如图 2.14 所示。

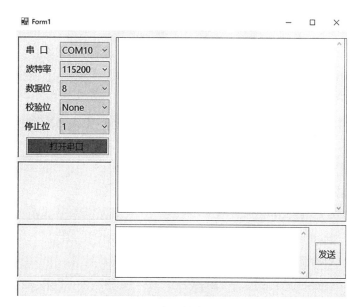

图 2.14　串口模块界面布局

3. 搭建后台

串口界面布局完成后，就要用代码来搭建整个软件的后台，这部分才是重中之重。

步骤 1，先控制打开/关闭串口。当按下打开串口后，首先将参数设置到串口控件属性中，然后打开串口按钮则显示关闭串口，再次按下时串口关闭则显示打开按钮。

在这个过程中，要注意一点，当单击打开按钮时，会发生一些程序无法自动处理的事件，比如硬件串口没有连接，串口打开的过程中硬件突然断开，这些被称为异常；针对这些异常，C#也有 try_catch 处理语句，在 try 块中放置可能产生异常的代码，比如打开串口，在 catch 中捕捉异常进行处理，详细代码如下：

```
private void button1_Click( object sender, EventArgs e) {
    try    {将可能产生异常的代码放置在 try 块中
        if ( serialPort1. IsOpen)//根据当前串口属性来判断是否打开
```

```
{   //串口已经处于打开状态
    serialPort1. Close( ) ;       //关闭串口
    button1. Text = "打开串口" ;
    button1. BackColor = Color. ForestGreen ;
    comboBox1. Enabled = true ;
    comboBox2. Enabled = true ;
    comboBox3. Enabled = true ;
    comboBox4. Enabled = true ;
    comboBox5. Enabled = true ;
    textBox_receive. Text = " " ;   //清空接收区
    textBox_send. Text = " " ;      //清空发送区
} else {
    //串口已经处于关闭状态,则设置好串口属性后打开
    comboBox1. Enabled = false ;
    comboBox2. Enabled = false ;
    comboBox3. Enabled = false ;
    comboBox4. Enabled = false ;
    comboBox5. Enabled = false ;
    serialPort1. PortName = comboBox1. Text ;
    serialPort1. BaudRate = Convert. ToInt32( comboBox2. Text) ;
    serialPort1. DataBits = Convert. ToInt16( comboBox3. Text) ;
    if ( comboBox4. Text. Equals(" NONE" ) )
        serialPort1. Parity = System. IO. Ports. Parity. None ;
    else if ( comboBox4. Text. Equals(" ODD" ) )
        serialPort1. Parity = System. IO. Ports. Parity. Odd ;
    else if ( comboBox4. Text. Equals(" EVEN" ) )
        serialPort1. Parity = System. IO. Ports. Parity. Even ;
    else if ( comboBox4. Text. Equals(" MARK" ) )
        serialPort1. Parity = System. IO. Ports. Parity. Mark ;
    else if ( comboBox4. Text. Equals(" SPACE" ) )
        serialPort1. Parity = System. IO. Ports. Parity. Space ;
    if ( comboBox5. Text. Equals(" 1" ) )
        serialPort1. StopBits = System. IO. Ports. StopBits. One ;
    else if ( comboBox5. Text. Equals(" 1. 5" ) )
```

```
                serialPort1. StopBits = System. IO. Ports. StopBits. OnePointFive;
            else if ( comboBox5. Text. Equals( " 2" ) )
                serialPort1. StopBits = System. IO. Ports. StopBits. Two;
            serialPort1. Open( );      //打开串口
            button1. Text = "关闭串口";
            button1. BackColor = Color. Firebrick;}
    } catch ( Exception ex){//捕获可能发生的异常并进行处理
    //捕获到异常,创建一个新的对象,之前的不可以再用
    serialPort1 = new System. IO. Ports. SerialPort( );//刷新 COM 口选项
        comboBox1. Items. Clear( );
        comboBox1. Items. AddRange( System. IO. Ports. SerialPort. GetPortNames( ) );
System. Media. SystemSounds. Beep. Play( );//响铃并显示异常给用户
            button1. Text = "打开串口";
            button1. BackColor = Color. ForestGreen;
            MessageBox. Show( ex. Message );
            comboBox1. Enabled = true;
            comboBox2. Enabled = true;
            comboBox3. Enabled = true;
            comboBox4. Enabled = true;
            comboBox5. Enabled = true;} }
```

步骤 2,构建发送的后台代码,串口发送是在串口成功打开的情况下进行的,所以首先要判断串口属性 IsOpen 是否为 true。

1 串口发送有两种方法:一种是字符串发送 WriteLine,一种是 Write。可以发送字符串或十六进制发送,其中字符串发送 WriteLine 默认已经在末尾添加换行符。

```
private void button2_Click( object sender, EventArgs e){
    try {   //首先判断串口是否开启
        if ( serialPort1. IsOpen){//串口处于开启状态,将发送区文本发送
            serialPort1. Write( textBox_send. Text );   }
    } catch ( Exception ex){
        //捕获到异常,创建一个新的对象,之前的不可以再用
    serialPort1 = new System. IO. Ports. SerialPort( );
    comboBox1. Items. Clear( );//刷新 COM 口选项
    comboBox1. Items. AddRange( System. IO. Ports. SerialPort. GetPortNames( ));
        //响铃并显示异常给用户
```

```
System. Media. SystemSounds. Beep. Play();
button1. Text = "打开串口";
button1. BackColor = Color. ForestGreen;
MessageBox. Show( ex. Message);
comboBox1. Enabled = true;
comboBox2. Enabled = true;
comboBox3. Enabled = true;
comboBox4. Enabled = true;
comboBox5. Enabled = true;}}
```

步骤 3，实现串口接收功能，在使用串口接收之前，要先为串口注册一个 Receive 事件，相当于单片机中的串口接收中断，然后在中断内部对缓冲区的数据进行读取，如图 2.15 所示，输入完成后回车，就会跳转到响应代码部分。

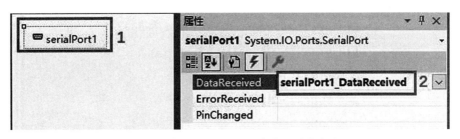

图 2.15　串口注册 Receive 事件和对应方法

同理，串口接收也有两种方法：一种是十六进制方式读，一种是字符串方式读。在刚刚生成的 serialPort1_DataReceived 代码中编写，代码如下。

```
private void serialPort1_DataReceived( object sender, System. IO. Port0s. SerialData-
ReceivedEventArgs e) {
    try {//因为要访问 UI 资源,所以需要使用 invoke 方式同步 ui
        this. Invoke( ( EventHandler)( delegate {
            textBox_receive. AppendText( serialPort1. ReadExisting());
        }));} catch ( Exception ex) {
        System. Media. SystemSounds. Beep. Play();//响铃并显示异常给用户
MessageBox. Show( ex. Message);}}
```

这里又有一个新知识点，串口接收处理函数属于一个单独的线程，不属于 main 的主线程，而接收区的 TextBox 是在主线程中创建的，所以当直接用 serialPort1. ReadExisting 方法读取字符串，然后用 textBox_receive. AppendText 方法追加到文本框时，串口通信程序没有反应，甚至报异常。所以，这时就需要用到 invoke 方式，这种方式专门用于解决从不是创建控件的线程访问 UI 资源，加入 invoke 方式后，串口助手就可以正常接收到数据，如图 2.16 所示。

图 2.16　串口正常接收数据

至此，已完成一个串口通信助手的雏形，实现了基本发送和接收字符串功能，并将打开/关闭串口异常进行了处理，下面就来按照流程，逐步将功能完善。

1. 构思功能

首先是接收部分，要添加一个"清空接收"的按钮来清空接收区。因为串口通信协议常用都是 8bit 数据(低 7bit 表示 ASCII 码，高 1bit 表示奇偶校验)，作为一个开发调试工具，它还需要将这个 8bit 码用十六进制方式显示出来，从而方便调试。所以还需要添加两个单选框来选择字符串(ASCII 码)显示还是十六进制(HEX)显示。

然后是发送部分，与之前对应，调试过程中还需要直接发送十六进制数据，所以也需要添加两个单选框来选择发送字符串码还是十六进制码；除了这个功能，还需要添加自动发送的功能，从而方便调试。

2. 设计布局

(1)单选按钮控件(RadioButton)。

接收数据显示不能同时选中字符串显示或者十六进制显示，所以要用单选按钮控件，在同一组中(如之前所讲的容器)的单选按钮控件只能选中一个，刚好符合要求。

(2)复选框控件(CheckBox)。

该控件通常被用于选择一些可选功能，比如是否显示数据接收时间，是否在发送时自送发送新行，是否开启自动发送功能等。它与 RadioButton 都有一个很重要的 Checked 属性：若为 false，则表示未被选中，若为 true，则表示被选中。

(3)数值增减控件(NumericUpDown)。

显示用户通过单击控件上的上/下按钮可以增加或减少的单个数值，这里我们用来设置自动发送的间隔时长。

（4）定时器组件（Timer）。

这里之所以称为组件是因为它和之前的串口一样，都不能被用户直接操作，它是按用户定义的间隔引发事件的组件。Timer 主要是间隔（Interval）属性，用来设置定时值，默认单位毫秒（ms）；在设置定时器之后，可以调用 Timer 对象的开始（start）方法和停止（stop）方法来启动或者关闭定时器。在启动之后，Timer 就会每隔 Interval 毫秒触发一次 Tick 事件，如果设置初始值为100ms，用户只需要设置一个全局变量 i，每次时间到后 i＋＋，当 i＝10 时，就表示计数值为1s，这里 Timer 的方法和单片机定时周期采集数据模块功能相同。整体设计出来的效果图如图2.17所示。

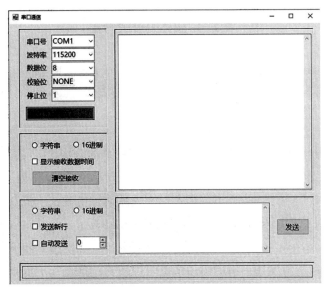

图 2.17　串口通信整体设计界面

3. 搭建后台

按照之前的思路，界面布局完成后，就要开始一个软件最重要的搭建后台部分。

步骤 1：状态栏显示串口状态。

这里直接在 Form1_Load 方法中添加如下代码即可。

label6. Text＝"串口已打开"；　//串口打开时

label6. ForeColor＝Color. Green；

label6. Text＝"串口已关闭"；　//串口关闭时

label6. ForeColor＝Color. Red；

步骤 2：接收部分。

之前直接在串口接收事件中调用 serialPort1. ReadExisting 方法读取整个接收缓存区，然后追加到接收显示文本框中，但在这里需要在底部状态栏显示接收字节数和发送字节数，所以就不能这样整体读取，要逐字节读取/发送并且计数。具体过程如下。

（1）类的属性。

首先定义一个用于计数接收字节的全局变量，这个变量的作用相当于 C 语言中的全局变量，在 C#中称之为类的属性，这个属性可以被这个类中的方法所访问，或者通过这个对象来访问，同理也可以定义一个计数发送字节的全局变量，代码如下：

```
private long send_count =0;      //发送字节计数,全局变量
private long receive_count =0;    //接收字节计数,全局变量
```

（2）按字节读取缓冲区。

首先通过访问串口的 BytesToRead 属性获取到接收缓冲区中数据的字节数，然后调用串口的 Read(byte[ ] buffer，int offset，int count)方法从输入缓冲区读取一些字节并将那些字节写入字节数组中指定的偏移量处。

```
//串口接收事件处理
private void SerialPort1_DataReceived( object sender，System. IO. Ports.  SerialData-
ReceivedEventArgs e){
    int num = serialPort1. BytesToRead；  //获取接收缓冲区中的字节数
    byte[ ] received_buf = new byte[num];//大小为 num 的字节数据用于存放读出
byte 型数据
            receive_count + = num；  //接收字节计数变量增加 num
            serialPort1. Read( received_buf,0,num) ;
//读取接收缓冲区中 num 个字节到 byte 数组中
}//其余代码未完
```

上一步将串口接收缓冲区中的数据按字节读取到了字节(byte)型数组 received_buf 中，但是要注意，这里的数据全部是 byte 型数据，如何显示到接收文本框中呢？要知道接收文本框显示的内容都是以字符串形式呈现的，也就是说追加到文本框中的内容必须是字符串类型，即使是十六进制显示，也是将数据转化为十六进制字符串类型显示的，接下来讲述如何将字节型数据转化为字符串类型数据。

（3）字符串构造类型（StringBuilder）。

需要将整个 received_buf 数组进行遍历，将每一个 byte 型数据转化为字符型，然后将其追加到总的字符串(要发送到接收文本框去显示的那个完整字符串)后面；但是 String 类型不允许对内容进行任何改动，更何况需要遍历追加字符；所以这时就需要用到字符串构造类型 StringBuilder，它不仅允许任意改动内容，还提供 Append、Remove、Replace、Length、ToString 等有用的方法，这时再来构造字符串就显得很简单，代码如下：

```
public partial class Form1 :Form {
        private StringBuilder sb = new StringBuilder( );
```

```
    //为了避免在接收处理函数中反复调用,依然声明为一个全局变量
    ……//其余代码省略}
private void SerialPort1_DataReceived( object sender,//串口接收事件处理
System. IO. Ports. SerialDataReceivedEventArgs e){//接按字节读取缓冲区中的代码
    sb. Clear( );      //防止出错,首先清空字符串构造器
    //遍历数组进行字符串转化及拼接
    foreach ( byte b in received_buf){ sb. Append( b. ToString( ) );}
    try {      //因为要访问 UI 资源,所以需要使用 invoke 方式同步 ui
        Invoke( ( EventHandler)( delegate {
            textBox_receive. AppendText( sb. ToString( ) );
            label7. Text = " Rx:" + receive_count. ToString( ) + " Bytes" ;}) );
    }}……
```

接下来运行此串口通信程序,结果如图 2.18 所示。

图 2.18　串口通信整体设计界面

图 2.18 中显示,当发送字符"1"时,状态栏显示接收到 1byte 数据,表明计数正常,但是接收到的却是字符形式的"49",这是因为接收到的 byte 类型的数据存放的就是 ASCII 码值,而调用 byte 对象的 ToString 方法,这个 C#方法刚好又将这个 ASCII 值 49 转化成为字符串"49",而不是对应的 ASCII 字符"1"。

（4）C#类库编码类（Encoding Class）。

接着上一个问题，我们需要将 byte 转化为对应的 ASCII 码，这就属于解码（将一系列编码字节转换为一组字符的过程），同样将一组字符转换为一系列字节的过程称为编码。

转换 ASCII 码有两种方法：第一种采用 Encoding 类的 ASCII 属性实现，第二种采用 Encoding Class 的派生类 ASCIIEncoing Class 实现。这里采用第一种方法，然后调用 GetString（Byte［ ］）方法将整个数组解码为 ASCII 数组，代码如下：

sb. Append（Encoding. ASCII. GetString（received_buf））；　//将整个数组解码为 ASCII 数组

再次运行一下，可以看到结果显示正常，即发送字符"1"时接收到的也是字符"1"。

（5）byte 类型值转化为十六进制字符显示。

在前面已分析 byte. ToString 方法，它可以将 byte 类型直接转化为字符显示，比如接收字符"1"的 ASCII 码值是 49，就将 49 直接转化为"1"显示；在这里需要将"1"用十六进制显示，也就是显示"31"（0x31），这种转化并没有什么实质上的改变，只是进行数制转化而已，所以采用格式控制的 ToString 方法。其中，Int. ToString（format）格式字符串采用以下形式：Axx，其中 A 为格式说明符，指定格式化类型，xx 为精度说明符，控制格式化输出的有效位数或小数位数，具体见下表 2.2。

表 2.2　Int. ToString（format）格式控制方法

说明	示例	输出	
C	货币	2. 5. ToString（"C"）	￥2. 50
D	十进制数	25. ToString（"D5"）	00025
E	科学型	25000. ToString（"E"）	2. 500000E + 005
F	固定点	25. ToString（"F2"）	25. 00
G	常规	2. 5. ToString（"G"）	2. 5
N	数字	2500000. ToString（"N"）	2, 500, 000. 00
X	十六进制	255. ToString（"X"）	FF

这里需要将其转化为 2 位十六进制文本显示，另外，由于 ASCII 和 HEX 只能同时显示一种，所以还要对单选按钮是否选中进行判断，代码如下：

```
if（radioButton2. Checked）｛       //选中 HEX 模式显示
        foreach（byte b in received_buf）  ｛
            sb. Append（b. ToString（"X2"）+ ' '）;
｝//将 byte 型数据转化为 2 位十六进制文本显示,用空格隔开
        ｝else ｛//选中 ASCII 模式显示
```

//将整个数组解码为 ASCII 数组

　　sb. Append(Encoding. ASCII. GetString(received_buf)) ;　 }

先发送"Mcu 51"加回车，然后发送"1"加回车，运行结果如图 2. 19 所示。

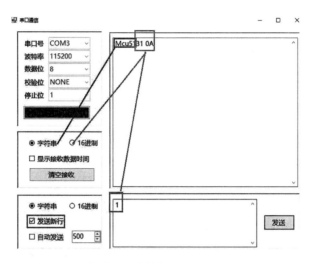

图 2. 19　类型 byte 值转化为十六进制字符显示

（6）日期时间结构（DateTime Struct）。

当勾选上显示接收数据时间时，要在接收数据前加上时间，这个时间通过 DateTime Struct 来获取，为了避免在接收处理函数中反复调用，依然声明为一个全局变量 private DateTime current_time = new DateTime( )。

这时 current_time 是一个 DateTime 类型，通过调用 ToString（String）日期格式方法将其转化为文本显示具体选用哪种，常见的有如下几种：

比如：current_time = 2022/2/27 01：02：03，

①ToString("yyyy/MM/dd") ; //2022/02/27。

②ToString("yyyy-MM-dd") ; //2022 - 02 - 27。

③ToString("dd. MM. yyyy") ; //27. 02. 2022。

④ToString("yyyy 年 MM 月 dd 日") ; //2022 年 02 月 27 日。

⑤ToString("yyyy/MM/dd HH：mm：ss. fff")) ;
//2022/02/27 01：02：03. 001，fff 越多精度越高。

⑥ToString("yyyy-MM-dd HH：mm：ss：fff")) ; // 2022 - 02 - 27 01：02：03：234。

★y 代表年份（注意是小写的 y，大写的 Y 并不代表年份）；M 表示月份；d 表示日期，（大写的 D 并不代表什么）；h 或 H 表示小时，h 用的是 12 小时制，H 用的是 24 小时制；m 表示分钟；s 表示秒（大写的 S 并不代表什么）；f 代表毫秒。

在显示时，依然要对用户是否选中进行判断，代码如下：

```
Invoke((EventHandler)(delegate{//访问 UI 资源，需要使用 invoke 方式同步 ui
    if (checkBox1. Checked){      //显示时间
        current_ time = System. DateTime. Now；      //获取当前时间
textBox_ receive. AppendText(current_ time. ToString("HH：mm：ss") +
    " " + sb. ToString());
    } else  {//不显示时间
        textBox_ receive. AppendText(sb. ToString());    }
    label7. Text = "Rx:" + receive_ count. ToString() + "Bytes";}   ));
```

（7）清空接收按钮。

相关控件的 Text 赋值为空或者对因变量清零，代码如下：

```
private void button3_Click(object sender, EventArgs e)  {
    textBox_receive. Text = "";  //清空接收文本框
    textBox_send. Text = "";    //清空发送文本框
    receive_count = 0；  send_count = 0；        //计数清零
    label7. Text = "Rx:" + receive_count. ToString() + "Bytes";//刷新界面
    Label8. Text = "Tx:" + send_count. ToString() + "Bytes";  }
```

步骤3：发送部分。

首先为了避免发送出错，启动时将发送按钮失能，只有成功打开后才能使用，关闭后失能，这部分代码简单，读者可以自行编写。具体过程如下。

（1）字节计数 + 发送新行。

有了上面基础，实现这两个功能就比较简单，要注意 Write 和 WriteLine 的区别。

（2）正则表达式的简单应用。

正则表达式很重要！比如希望发送的数据是0x31，功能应该被设计为在十六进制发送模式下，用户输入"31"就应该发送 0x31，这个不难，只需要将字符串每2个字符提取一下，然后按16进制转化为一个 byte 类型的值，最后调用 write(byte[] buffer, int offset, int count)方法将这个字节发送即可，那么当用户同时输入多个十六进制字符该如何发送呢？这个时候就需要用到正则表达式，用户可以将输入的十六进制数据用任意多个空格隔开，然后利用正则表达式匹配空格，并替换为"Space"，相当于删除掉空格，这样对整个字符串进行遍历，用刚才的方法逐个发送即可！完整的发送代码如下：

```
//using System. Text. RegularExpressions 针对 Regex,需要用户手工指定命名空间
private void button2_Click(object sender, EventArgs e){
    byte[] temp = new byte[1];
    try{  //首先判断串口是否开启
```

```
if (serialPort1. IsOpen) {//串口处于开启状态,将发送区文本发送
 int num = 0;   //获取本次发送字节数
    if (radioButton4. Checked) {//判断发送模式,以 HEX 模式发送
    //首先需要用正则表达式将用户输入字符中的十六进制字符匹配出来
    string buf = textBox_send. Text;
    string pattern = @" \s" ;
    string replacement = " " ;
    Regex rgx = new Regex(pattern);
    string send_data = rgx. Replace(buf, replacement);
    num = (send_data. Length-send_data. Length % 2)/2;//不发送新行
    for (int i = 0;i < num;i + +) {
        temp[0] = Convert. ToByte(send_data. Substring(i * 2,2),16);
        serialPort1. Write(temp,0,1);}//循环发送
        //如果用户输入的字符是奇数,则单独处理
        if (send_data. Length % 2 ! = 0) {
            temp[0] = Convert. ToByte(send_data. Substring
               (textBox_send. Text. Length-1,1),16);
             serialPort1. Write(temp,0,1);
             num + +;   }
        if (checkBox3. Checked) {//判断是否需要发送新行
          serialPort1. WriteLine("");}//自动发送新行
     }   else  {   //以 ASCII 模式发送
       if (checkBox3. Checked) {//判断是否需要发送新行
          serialPort1. WriteLine(textBox_send. Text);//自动发送新行
             num = textBox_send. Text. Length + 2;//回车占两个字节
       } else {//串口处于开启状态,将发送区文本发送
          serialPort1. Write(textBox_send. Text);//不发送新行
          num = textBox_send. Text. Length;} }
      send_count + = num;       //计数变量累加
    label8. Text = " Tx:" + send_count. ToString() + " Bytes";}   //刷新界面
} catch (Exception ex)   {
  serialPort1. Close();
  //捕获到异常,创建一个新的对象,之前的不可以再用
  serialPort1 = new System. IO. Ports. SerialPort();
```

```
comboBox1. Items. Clear( ) ;//刷新 COM 口选项
comboBox1. Items. AddRange( System. IO. Ports. SerialPort. GetPortNames( ) );
System. Media. SystemSounds. Beep. Play( ) ;//响铃并显示异常给用户
button1. Text = "打开串口";
button1. BackColor = Color. ForestGreen;
MessageBox. Show( ex. Message) ;
comboBox1. Enabled = true;
comboBox2. Enabled = true;
comboBox3. Enabled = true;
comboBox4. Enabled = true;
comboBox5. Enabled = true;}}
```

（3）定时器组件（Timer）。

在串口通信助手项目中，添加定时器组件和行为的方法结果如图 2.20 所示。

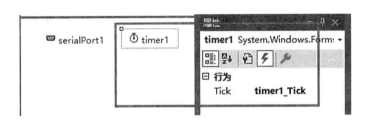

图 2.20 添加定时器组件和行为

自动发送功能是串口通信助手搭建的最后一个功能，这个定时器和单片机中的定时器用法基本一样，所以，大致思路如下：当勾选自动发送多选框的时候，将右边数值增减控件的值赋予定时器作为定时值，同时将右边数值选择控件失能；然后当定时器时间到后，重置定时器并调用发送按钮的回调函数，当勾选自动发送时，停止定时器，同时使能右边数值选择控件，代码如下：

```
private void checkBox3_CheckedChanged( object sender, EventArgs e){
    if ( checkBox3. Checked )  { //自动发送功能选中,开始自动发送
        numericUpDown1. Enabled = false;    //失能时间选择
        timer1. Interval = ( int) numericUpDown1. Value;    //定时器赋初值
        timer1. Start( );    //启动定时器
        label6. Text = "串口已打开" + "自动发送中......";
    } else {  //未选中自动发送功能,停止自动发送
        numericUpDown1. Enabled = true;    //使能时间选择
```

```
timer1. Stop( );        //停止定时器
label6. Text = "串口已打开";    }}
private void timer1_Tick( object sender, EventArgs e)   {
button2_Click( button2, new EventArgs( ) ); //定时时间到,调用发送按钮回调函数}
```

至此，PC 间的串口通信程序设计完成并部署在测试的 PC 机上，用一根 9 针的串口线连接 2 台 PC 机的串口或同一台主机上的 2 个不同串口，测试结果如图 2.21 所示。

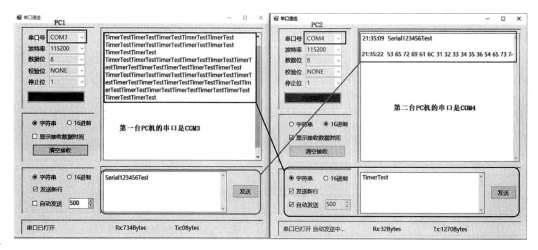

图 2.21　PC 间串口通信程序

★ 若 PC 机主板无 RS232 串口只有 USB 口，可以用 USB 转串口线进行辅助连接。

2.2.2　实例 2：C51 单片机串口通信

随着单片机系统的广泛应用和计算机网络技术的普及，单片机的通信功能愈来愈显得重要。单片机通信是指单片机与计算机或单片机与单片机之间的信息交换，前者用得较多。在单片机系统以及现代单片机测控系统中，信息的交换多采用串行通信方式。

下面以 HC6800-ES V2.0 开发板为例，讲解 C51 单片机与计算机的串口通信方法。

步骤 1：运行 Keil uVision4 开发环境，新建 HC6800 单片机串口 UARTpro. uvproj 工程，其主程序 Main. c 文件完整代码如下。

```
#include <reg51. h>
void UsartConfiguration( ) {
SCON = 0X50;          //设置为工作方式 1
TMOD = 0X20;          //设置计数器工作方式 2
PCON = 0X80;          //波特率加倍
```

```
TH1 = 0XF3;      //计数器初始值设置,注意波特率是4800 的
TL1 = 0XF3;
ES = 1;          //打开接收中断
EA = 1;          //打开总中断
TR1 = 1;}        //打开计数器
void main( ){
UsartConfiguration( );//设置串口
while (1){;}}
    //本实例用中断方式,实现单片机串口通信功能
void Usart( )interrupt 4{
    unsigned char receiveData;
receiveData = SBUF;     //取出接收到的数据
   RI = 0;              //清除接收中断标志位
   SBUF = receiveData;  //将接收到的数据放入到发送寄存器,即再发送给上位机
   while(! TI);         //等待发送数据完成
   TI = 0;}   //清除发送完成标志位
```

步骤 2:编译工程,将程序下载到开发板,复位或重新上电开发板,结果如图 2.22 所示,即计算机发送数据到开发板,数据通过串口再次从开发板返回到计算机。

图 2.22　C51 单片机串口通信实例

★ C51 单片机开发板首次连接 PC 时,设备管理器中若提示"请求 USB 设备描述符失

败"，请先安装单片机开发板板载 USB 的驱动程序 CH341SER. EXE。

2.2.3 实例 3：STM32 的 ARM 处理器串口通信

下面介绍如何使用 STM32 的 ARM 处理器无线节点板上的串口进行数据发送和接收，其所需硬件环境如图 2.23 所示，其开发环境参见 2.1.3 小节的第 4 部分。

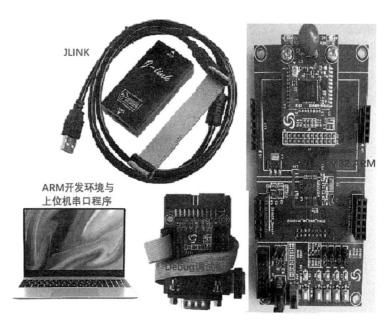

图 2.23　STM32 ARM 处理器串口通信开发环境

1. 基本原理

STM32 无线节点板提供两个串口供用户开发使用，分别是 usart1 和 usart2，在本例中采用 usart1 来进行实验。为了让用户更简单地调用串口通信方法，将 C 库中的 fputc( )、fgetc( )方法进行重写，将串口接收数据方法作为 fgetc( )的执行体，若用户在执行 scanf 函数时，则可以实现从串口接收字符数据。同理，将串口发送数据方法作为 fputc( )的执行体，在执行 printf 函数时，则可以实现向串口发送数据。

在配套光盘 common 文件夹存放的是例程所需要的公共文件，包括驱动程序以及官方提供的库文件。此文件夹里面有 hal 和 lib 两个子文件夹，hal 里面存放的是用户自定义的驱动程序的头文件和源文件，lib 里面存放的是官方提供的 STM32 3.5 库文件。

2. 新建 ARM 串口通信工程

步骤 1：在预定义 ARMUartTest 目录下先创建一个命名为 common 的文件夹，在 common 中创建 hal 和 lib 文件夹。然后在 hal 中创建 include 和 src 文件夹，前者存放用户自定义头文件，后者存放自定义源文件，最后将官方 common \ lib 目录下所有文件拷贝到 lib 中。

步骤 2：打开 IAR for ARM 应用程序。在菜单 Project 中选择 Create New Project…，在弹出页面中 Tool chain 选项中选择 ARM，在工程模板中选择 Empty Project，单击 OK，将文件存放在 ARMUartTest 下并编写工程名。创建一个名为 uart 的工程，创建完成后，在菜单 File 中单击 Save Workspace，并以 uart 命名保存。

步骤 3：构建 IAR-EWARM 工程目录，添加好的目录如图 2.24 所示。其中，添加目录的方法是：在工程文件上右击选择 Add 菜单下 Add Files…或 Add Group…来添加文件或者组（文件夹），lib 目录中需要添加的所有文件都放在工程目录 common \ lib 目录里。

★ lib \ CMMIS \ startup 里面的 startup_stm32f10x_md. s 文件为 STM32 芯片启动文件，该文件在 common \ lib \ CMSIS \ CM3 \ DeviceSupport \ ST \ STM32F10x \ startup \ iar 目录下。

★ lib \ CMMIS 里的 core_cm3. c 在 common \ lib \ CMSIS \ CM3 \ CoreSupport 目录中，system_stm32f10x. c 在 common \ lib \ CMSIS \ CM3 \ DeviceSupport \ ST \ STM32F10x 目录下。

★ STM32F10x_StdPeriph_Driver 目录中所有文件为官方提供的库函数，这些文件都在 common \ lib \ STM32F10x_StdPeriph_Driver \ src 目录里，用户可根据需要进行选择性添加。本次例程是一个串口通信实验例程，用户需要添加的主要库函数文件为 stm32f10x_usart. c。

★ Output 输出文件夹，是 IDE 自动生成的文件夹。

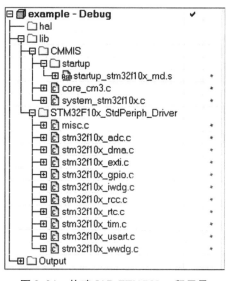

图 2.24　构建 IAR-EWARM 工程目录

步骤4：由配套光盘中无线节点板芯片原理图可得知 usart1 的 TX 端连接到开发板上的 PA9 引脚，RX 端连接到开发板上的 PA10 引脚，因此接下来的工作就是配置这两个 IO 口，并配置串口的一些参数，下面是 usart1 的配置源码。

```
void uart1_init( ){
USART_InitTypeDef USART_InitStructure；
GPIO_InitTypeDef GPIO_InitStructure；
//使能 GPIOA、USART1 时钟
RCC_APB2PeriphClockCmd（RCC_APB2Periph_GPIOA | RCC_APB2Periph_US-
ART1,ENABLE）；
/*配置串口 1 Tx（PA9）为推挽复用模式 */
GPIO_InitStructure. GPIO_Pin = GPIO_Pin_9；
GPIO_InitStructure. GPIO_Speed = GPIO_Speed_50MHz；
GPIO_InitStructure. GPIO_Mode = GPIO_Mode_AF_PP；
GPIO_Init（GPIOA,&GPIO_InitStructure）；
/*配置串口 1 Rx（PA10）为浮空输入模式 */
GPIO_InitStructure. GPIO_Pin = GPIO_Pin_10；
GPIO_InitStructure. GPIO_Mode = GPIO_Mode_IN_FLOATING；
GPIO_Init（GPIOA,&GPIO_InitStructure）；
/*配置串口 1 的参数 */
USART_InitStructure. USART_BaudRate =115200；//波特率
USART_InitStructure. USART_WordLength = USART_WordLength_8b；//数据位长度
USART_InitStructure. USART_StopBits = USART_StopBits_1；//停止位
USART_InitStructure. USART_Parity = USART_Parity_No；//奇偶校验
//数据流控制
USART_InitStructure. USART_HardwareFlowControl = USART_HardwareFlowControl
_None；
//串口模式为发送和接收
    USART_InitStructure. USART_Mode = USART_Mode_Rx | USART_Mode_Tx；
USART_Init（USART1,&USART_InitStructure）；//usart1 初始化
    USART_Cmd（USART1,ENABLE）；}
```

上述代码中实现 usart1 的初始化，接下来就是编写串口接收和发送的函数，按照本例设计思路，将串口数据接收和发送方法分别写进 fgetc( ) 和 fputc( ) 中，可通过 scanf 函数和 printf 函数实现在串口收发数据，下面是串口数据接收和发送的实现源码。

//注意 IAR 要加上 _DLIB_FILE_DESCRIPTOR 宏定义

```
#ifdef __GNUC__
#define PUTCHAR_PROTOTYPE int __io_putchar(int ch)
#else
#define PUTCHAR_PROTOTYPE int fputc(int ch,FILE *f)
#endif/*__GNUC__*/
```

/*输出一个字节到串口,该函数在 IAR 中实际上是 putchar 函数(文件开头定义),实现 putchar 函数后,编译器就能够使用 printf 函数*/

```
PUTCHAR_PROTOTYPE{
USART_SendData(USART1,(uint8_t)ch);
while (USART_GetFlagStatus(USART1,USART_FLAG_TXE) = = RESET){;}//等
```
待数据发送结束
```
return ch;}
```
//从串口接收一个字节,只要实现了这个函数就可以使用 scanf 了。
```
int fgetc(FILE *f){
while (USART_GetFlagStatus(USART1,USART_FLAG_RXNE) = = RESET){;}//等
```
待数据接收完毕
```
return (int)USART_ReceiveData(USART1);}
```

实现了串口的数据接收、发送方法之后只需要在 main 函数里面调用 scanf、printf 方法即可实现串口的数据接收、发送功能。

步骤 5:编写 main. c 文件,并存放在工程的根目录,同时将该文件添加到工程的目录列表中,文件 main. c 源码如下。

```
#include <stdio. h>
#include" stm32f10x. h"
#include" usart. h"
void main(void){
  char ch;
  uart1_init();//串口 1 初始化
  printf(" Stm32 example start ! \n\r");
  while(1){
    printf(" please enter a charater:\n\r");
    scanf(" %c",&ch);
    printf(" the charater is %c\n\r",ch);}
```

3. 工程设置

在工程设置里面需要设置 CPU 的类型以及编译选项等参数,具体设置过程如下。

步骤 1：单击工程名选择 Options…弹出工程设置界面，选择设备型号，在 General Options 中的 Target 页面中的 Device 选项中选择 ST STM32F103xB。

步骤 2：添加所需头文件的路径以及库文件中需要用到的宏定义语句：单击左边页面中的 C/C++ Compiler 进入编译选项设置界面，选择 preprocessor，然后在 Additional include directories 一栏输入头文件的路径，然后在 Defined symbols 一栏输入工程所需的宏定义。

头文件路径如下：

$ PROJ_DIR $ \.. \common\hal\include

$ PROJ_DIR $ \.. \common\lib\CMSIS\CM3\CoreSupport

$ PROJ_DIR $ \.. \common\lib\CMSIS\CM3\DeviceSupport\ST\STM32F10x

$ PROJ_DIR $ \.. \common\lib\STM32F10x_StdPeriph_Driver\inc

★ 添加过程中，必须坚持一行添加一条头文件的路径，其中"..\"为上一级目录。

添加宏定义：

STM32F10X_MD   //stm32f103 芯片类型

_DLIB_FILE_DESCRIPTOR   //标准文件输入输出声明

USE_STDPERIPH_DRIVER   //使用标准库

添加完成后如图 2.29 所示。

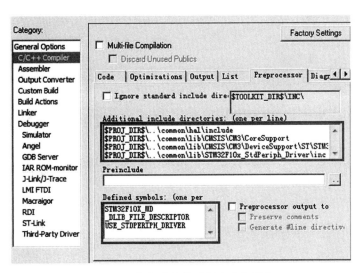

图 2.25　添加头文件路径宏定义语句

步骤 3：设置文件输出格式，单击图 2.25 左边的 Output Converter 进入输出格式设置界面，勾选 generate additional output 选项，然后在 Output format 中选择 Intel extended，最后勾选 Override default，输入输出格式为 uart. hex。

步骤 4：设置调试选项，单击图 2.25 左边的 Debugger 进入调试设置界面，在 Driver 界面中选择 J-Link/J-Trace，最后单击 OK 按钮完成工程设置。

4. IAR 在线系统编程与运行

工程设置好后就可以进行编译程序、调试程序和下载程序到开发板中了。

步骤 1：编译工程，在菜单栏 Project 中单击 Rebuild All，或者直接单击工具栏中的 make 按钮，编译成功后会在该工程的 Debug \ Exe 目录下生成 uart. hex 文件。

步骤 2：下载 hex 文件，确定节点板跳线为模式二，通过调试板正确连接 J-Link 仿真器到 PC 机和 STM32 开发板，将开发板接上电源，无线节点板电源开关必须拨到 ON，单击菜单栏 Project Download and Debug 或者单击工具栏的 download 图标按钮将程序下载到无线节点板。程序下载成功后 IAR 自动进入调试界面。

步骤 3：进入到调试界面就可以对程序进行调试，IAR 的调试按钮包括如下几个选项：重置按钮 Reset、终止按钮 Break、跳过 Step Over、跳入函数按钮 Step Into、跳出函数按钮 Step Out、下一条语句 Next Statement、运行到光标的位置 Run to Cursor、全速运行 Go 和停止调试按钮 Stop Debugging。由于这些调试按钮的使用比较简单，读者可自行尝试。

步骤 4：对于物联网嵌入式程序来说，最重要的调试功能应该就是查看寄存器的值，IAR 在调试的过程中也支持寄存器值的查看。打开寄存器窗口的方法是：在程序调试过程中，在菜单栏 View 中单击 Register 即可打开，默认情况下寄存器窗口显示基础寄存器的值，单击寄存器下拉框选项可以看到不同设备的寄存器。

步骤 5：调试结束之后，单击 go 按钮，或将无线节点板重新上电或者按下复位按钮，就可以观察到 PC 机串口助手上接收到的信息。

步骤 6：程序成功运行后，在 PC 机上打开串口助手，设置接收波特率为 115200，数据位为 8，无奇偶校验，停止位为 1，无数据流控制，将会在接收区看到如下信息。

Stm32 example start！

please enter a charater：a

此时通过串口调试助手发送一个字符，比如 a，它就会回显如下信息：

the charater is a

5. JLINK 下载 hex 文件

在上述步骤中利用 IAR 环境烧写程序，但有时会出现烧写失败的问题，此时可利用 J-Flash 下载编译生成的 hex 文件到无线节点板中。

步骤 1：在下载之前，需要在 PC 机安装 JLINK 仿真器驱动程序并配置正确的参数。

步骤 2：运行 J-Flash ARM 仿真软件，在菜单栏 Target 中单击 Connect，连接成功后，在 LOG 窗口下会显示 Connected successfully。注意：在每次下载程序之前，需要将 JLINK 仿真器与 PC 机和无线节点板进行软件连接，若没有连接可能会导致烧写程序失败。

步骤3：在菜单栏 File 中单击 Open data file，打开例程目录下 Debug/Exe/uart. hex，然后在 Target 菜单栏中单击 Erase chip，最后单击 Program &Verify，显示成功后，即表示该程序已烧写到 STM32 的无线节点板中。

第 3 章　NB-IoT 通信

5G 技术带来的绝不仅仅是更快的网速，而且让万物智能互联成为可能。窄带物联网NB-IoT 是 5G 商用的前奏和基础，因此 NB-IoT 的演进更加重要，例如支持组播、连续移动性、新的功率等级等。只有 NB-IoT 等基础建设完整，5G 才有可能真正实现。NB-IoT 技术为物联网领域的应用创新带来勃勃生机，如远程抄表、安防报警、智慧井盖、智慧路灯等。

3.1　NB-IoT 通信基础知识

NB-IoT 是物联网的一个新兴通信技术，是在 2016 年由中国华为科技和中国电信、中国移动、中国联通联合推出的。2017 年开始投入商用。天网互联在 2017 年开始接触 NB-IoT 技术，后来几年也一直在从事 NB-IoT 系列产品的研发。2020 年 7 月，国际电信联盟宣布，含 NB-IoT 的 3GPP 5G 技术正式被接受为 ITU IMT-2020 5G 技术标准。这也意味着，由中国产业链主导的 NB-IoT 不仅在实践中获得了全球产业链的广泛认可与支持，而且正式纳入全球 5G 标准体系。

3.1.1　NB-IoT 的优势

NB-IoT 成为万物互联网络的一个重要分支，聚焦于低功耗广覆盖的物联网市场，是一种可在全球范围内广泛应用的新兴技术。具有覆盖广、连接多、成本低、功耗少、架构优等特点。NB-IoT 使用授权频段，可采取频带内、保护频带或独立载波等三种部署方式，与现有网络共存。其优势表现在：

1. 传输距离远，覆盖范围更广

NB-IoT 在物联网应用中的优势比较显著，是蓝牙、WiFi、LoRa、ZigBee 等传统的物联网短距离传输技术所无法比拟的。首先其覆盖更广，在同样的频段下，NB-IoT 比现有网络增益 20dB，覆盖面积扩大 100 倍，而 GSM 基站目前理想状况下能覆盖 35km；其次，能覆盖到深层地下 GSM 网络无法覆盖到的地方。其原理主要依靠缩小带宽，提升功率谱密度；重复发送，获得时间分集增益。

2. 支持的连接的数量更多

NB-IoT 的一个扇区能够支持 10 万个连接。全球有约 500 万个物理站点，假设全部部署 NB-IoT、每个站点三个扇区，那么可以接入的物联网终端数将高达 1500 亿个，真是实现万物互联所必需的海量连接。其原理在于：基于时延不敏感的特点，采用话务模型，保存更多接入设备的上下文，在休眠态和激活态之间切换；窄带物联网的上行调度颗粒小，资源利用率更高；减少空口信令交互，提升频谱密度。

3. 设备的功耗更低

经过实战测试，NB-IoT 的待机功耗可以做到 4uA，终端在 99% 的时间内均处在休眠态，并集成多种节电技术，功耗大概是 2G 的 1/10，NB-IoT 支持待机时间长、对网络连接要求较高设备的高效连接，据说基于 AA(5000mAh)电池的 NB-IoT 设备正常使用寿命可超过 10 年，同时还能提供非常全面的室内蜂窝数据连接覆盖。但和蓝牙、LoRa、ZigBee 等相比，数据发送时，需要的电流更大，数据通信的电流大概是 70~120mA。

4. 网络通信更加方便

NB-IoT 构建于蜂窝网络，无需重新建网，射频和天线基本上都是复用，只消耗大约 180kHz 的带宽，可以直接部署于 GSM 网络、UMTS 网络或 LTE 网络，即可以通过电信公司的基站直接和云平台连接通讯，只要手机有信号，NB-IoT 节点就有信号。而传统的蓝牙、WiFi、LoRa、ZigBee 等通讯方式，需要和网关连接，再通过网关和平台通讯。

5. 低成本

硬件可剪裁，软件按需简化，确保 NB-IoT 成本低廉，基于大规模量产之后芯片价格为 7~14 元，其通信单模块成本不足 35 元。

3.1.2 NB-IoT 网络架构和工作模式

1. NB-IoT 网络架构

NB-IoT 网络架构可分为三部分：传感器组成的网络、云平台和用户终端，如图 3.1 所示。

（1）传感器组成的网络。

传感器组成的网络又分为传感器终端、无线网和核心网三部分。

传感器终端主要是通过空口连接到基站。终端主要包含行业终端与 NB-IoT 模块。行业终端包括：芯片、模组、传感器接口、终端等；NB-IoT 模块包括无线传输接口、软 SIM 装置等。

无线网包括两种组网方式：一种是整体式无线接入网，其中包括 2G/3G/4G/5G 以及 NB-IoT 无线网；另一种是 NB-IoT 新建，主要承担空口接入处理，小区管理等相关功能，并通过 S1-Lite 接口与物联网核心网进行连接，将非接入层数据转发给高层核心网处理。

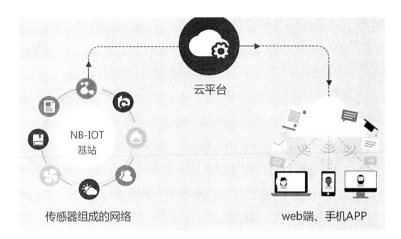

图 3.1 典型 NB-IoT 网络架构

核心网包括两种组网方式：一种是整体式的演进分组核心网网元，包括 2G/3G/4G/5G 核心网；另外一种是物联网核心网。核心网通过 IoT EPC 网元，以及 GSM、通用电信无线接入网(UITRAN)、LTE 共用的 EPC，来支持 NB-IoT 和 eMTC 用户接入。

(2)云平台。

云平台分为物联网支撑平台和应用服务器：前者包括归属位置寄存器、策略控制和计费规则功能单元、M2M 物联网平台等；后者是物联网数据的最终汇聚点，根据客户的需求进行数据处理等操作。

(3)用户终端。

用户终端分为 Web 端和手机 App，终端数据通过运营商基站接入核心网，汇入运营商的物联网专网，经物联网平台与用户的平台进行数据交互，方便用户与 NB-IoT 平台进行交互，比如查看数据或付费。

2. 三种工作状态

NB-IoT 默认状态下存在三种工作状态，三种状态会根据不同的配置参数进行切换。

(1)连接态 Connected。

模块注册入网后或终端发送数据完毕就处于该状态，并启动"不活动计时器"，可以发送和接收数据，无数据交互超过一段时间后会进入 Idle 模式，时间可配置，默认 20 秒，可配置范围为 1 ~ 3600 秒。

(2)空闲态 Idle。

"不活动计时器"超时，终端进入 Idle 态，并启动激活定时器 Active-Timer，该状态可收发数据，且接收下行数据会进入 Connected 状态，无数据交互超过一段时会进入 PSM 模式，时间可配置，超时时间配置范围为 2 秒 ~186 分钟。

（3）节能模式 PSM（Power Saving Mode）。

Active-Timer 超时，终端进入 PSM 状态，此模式下终端关闭收发信号机，不监听无线端的寻呼，因此虽然依旧注册在网络，但信令不可达，无法收到下行数据，功率很小。持续时间由核心网配置，有上行数据需要传输或 TAU 周期结束时会进入 Connected 态，TAU 周期配置范围为 54 分钟 ~310 小时。这里，TAU 周期指的是从 Idle 开始到 PSM 模式结束。

3. NB-IoT 的省电技术

（1）非连续接收模式（Discontinuous Reception，DRX）。

DRX 是指终端仅在必要的时间段打开接收机进入激活态，用以接收下行数据；而在剩余时间段关闭接收机进入休眠态，停止接收下行数据的一种节省终端电力消耗的工作模式。

（2）扩展非连续接收模式（extended Discontinuous Reception，eDRX）。

为了节省终端功耗，同时满足一定下行业务时延的要求，3GPP 引入扩展 DRX 的概念，即在每个 eDRX 周期内，有一个寻呼时间窗口（Paging Time Window，PTW），终端只在 PTW 内按 DRX 周期监听寻呼信道，以便接收下行业务：PTW 外的时间处于睡眠态，不监听寻呼信道，不能接收下行业务。eDRX 周期长度、PTW 窗口长度可配置，终端和运营商之间进行协商，以运营商下发给用户终端的值为准。

（3）节能模式 PSM。

PSM 的技术原理非常简单，在 PSM 状态下，终端射频关闭，相当于关机状态，终端非业务期间深度休眠，不接收下行数据；只有终端主动发送上行数据时可接收物联网平台缓存的下行数据。终端何时进入 PSM 状态，以及在 PSM 状态驻留的时长由核心网和终端协商。进入 PSM 模式，虽然终端不再进行接收寻呼消息，看起来设备和网络失联，但设备仍然注册在网络中，这样当终端从休眠唤醒后就不需重新注册网络就可以进行数据收发。PSM 唤醒可通过外部唤醒或者周期自身唤醒，外部唤醒常用的是 RTC 中断唤醒，周期唤醒的周期是核心网运营商配置给 NB-IoT 物联卡，周期性地唤醒。

4. 国内的 NB-IoT 频段

国内的 NB-IoT 主要运行在 B5 和 B8 频段，如表 3.1 所示。

表 3.1　国内的 NB-IoT 频段

运营商	频段	中心频率	上行频率	下行频率
中国电信	B5	850MHz	824 ~ 849MHz	869 ~ 894MHz
中国移动，中国联通	B8	900MHz	880 ~ 915MHz	925 ~ 960MHz

5.　NB-IoT 芯片开发方面

（1）华为作为国内最大的 NB-IoT 芯片原厂，推出了 Boudica 120/Hi2110 物联网芯片，搭载 Huawei LiteOS 嵌入式物联网操作系统。

（2）美国高通公司推出了型号为 MDM9206 的物联网芯片，支持全球所有 Cat-M1 和 Cat-NB1 标准的频段，具备 GSM/NB-IoT/eMTC 多模支持，还支持 GPS、格纳洛斯、北斗、伽利略全球导航卫星定位。

（3）中兴微电子研发了"朱雀"（又名 RoseFinch 7100）NB-IoT 物联网芯片，专为低功耗物联网设计，在睡眠功耗、截止电压和外围接口数量等和物联网应用关联的核心指标上都在业界处于领先水平。

（4）英特尔推出的 XMM 7X15 系列物联网芯片。

6.　NB-IoT 模块主要指令

（1）AT + NBAND?：查看当前频段信息，确定是否和模块型号对应。

（2）AT + NBAND = 5：电信模块，设置频段为 850MHZ。

（3）AT + NRB：重启模块。

（4）AT + NBAND?：再次查询模块频段信息，确认设置成功。

（5）AT + NCONFIG?：查询配置信息，主要包括自动连接使能配置信息，默认使能。

（6）AT + CFUN?：模块是否处于全工作模式，打开射频电路，搜索信号，如果返回 0，请确定 AUTOCONNECT 值是否为 TRUE，以及是否安装 NB-IoT 专用 SIM 卡。

（7）AT + CIMI：查询 IMSI 信息，如果返回具体数值，说明已经正常识别 SIM 卡。

（8）AT + CSQ：查询信号强度，返回的第一个数值代表信号强度，0 ~ 31 代表有信号，数值越大信号越强，99 代表没有 NB-IoT 网络信号，第二个参数还没有实施，一直为 99。

（9）AT + NUESTATS：查询模块状态。

（10）AT + CGATT?：查询是否模块附着成功，返回 1 代表成功。

（11）AT + CEREG?：查询网络注册状态，第二个数值返回 1 代表网络注册成功；返回 2 代表正在注册网络，注册时间和信号强度有关。

（12）AT + CSCON?：查看模块工作的连接状态，第二个返回数值代表模块的工作状态，1 代表 Connected 连接状态，0 代表 Idle 睡眠状态，如果没有数据交互，在 Connected 状态持续 20 秒，之后进入 IDLE 状态；如果仍然没有数据交互，10 秒之后从 Idle 状态进入 PSM 深度睡眠状态，此时模块不再接收任何下行数据，如果需要下行传输数据必须在 Connected 和 Idle 状态下进行。

（13）AT + NSOCR = DGRAM，17，5683，1 创建用户数据报协议（UDP）Socket 传输信道，DGRAM 和 17 固定，5683 代表本地端口号，1 代表使能接收下行数据；最多可创建 7 个 Socket 传输信道，返回数值代表信号 ID 号，在发送和接收数据时需要指定。

（14）AT + NSOST = 0，…，####，3，303132 发送 UDP 数据，0 代表 UDP Socket 信道 ID，…代表远程服务器的 IP 地址（公网 IP 地址），####代表远程服务器端口号，3 代表发送的字符个数，303132 代表"012"3 个 hex 表示的字符；返回值代表成功从 0 信道发送了 3 个字节的数据。

（15）+ NSONMI：0，67 信息代表模块接收到新的数据，需要读取，如果不及时读取，接收到下一条数据，将不会主动上报该信息；但可以连续读取；0 代表 UDP Sokect 信道，67 代表有 67 个字节数据需要读取。

（16）AT + NSORF = 0，3 读取数据；0 代表 UDP Socket 信道，3 代表需要读取的数据字节长度；需要从返回值中提取出有效数据 303132，代表字符"012"。

（17）AT + NSOCL = 0 关闭 UDP Socket 传输信道。

7. NB-IoT 和 5G 的区别

（1）NB-IoT 和 5G 的功能不一样。

5G 技术支持语音通话、短信、网络数据传输，网络下载、上传的速度更快。NB-IoT 只有网络数据传输功能，而且数据传输的速率低。

（2）成本不一样。

5G 模块目前的价格在 500 元左右，但 NB-IoT 模块目前的价格已小于 20 元。

（3）应用场景不一样。

NB-IoT 最大的优势之一是待机功耗低，可以满足电池供电的终端探测器（配件）产品，例如：智能路灯、智能门锁、水电表等，是一个最重要的物联网通信技术。5G 主要使用在个人手机端业务，包括个人手机，平板，智能手表等。除了以上应用之外，还适用于大数据传输的（语音、图片、视频）的电子产品，例如摄像头、网关、工业控制器等。其实 NB-IoT 和 5G 更多是一种互补的作用，NB-IoT 主要使用在成本低，要求低功耗，传输的数据量小；5G 主要使用在传输的内容比较大，对功耗和成本没有要求的应用中。

8. NB-IoT 的应用场景

根据市场研究机构 Counterpoint IoT 的最新研究数据显示，全球物联网蜂窝连接数将在 2025 年突破 50 亿大关，其中 5G 的 LTE（授权频道）、LTE-U（非授权频道）和 NB-IoT（授权频道）三兄弟中的 NB-IoT 的贡献比将接近一半。比如雄安新区 NB-IoT 试点项目就包括智能道路停车、智能井盖、智慧路灯三个子系统，由车辆检测单元（IDU）、智慧井盖监测终端、单灯控制器、基站和管理平台组成，施工方便。其他应用场景如下：

（1）公共事业：智能水表、智能水务、智能气表、智能热量表。

（2）智慧城市：智能停车、智能路灯、智能垃圾桶、智能窨井盖。

（3）消费电子：独立可穿戴设备、智能自行车、慢病管理系统、老人管理系统。

（4）设备管理：设备状态监控、白色家电管理、大型公共基础设施管理/监控、管道管廊安全监控。

（5）智能建筑：环境报警系统、中央空调监管、电梯物联网、人防空间覆盖。

（6）指挥物流：冷链物流、集装箱跟踪、固定资产跟踪、金融资产跟踪。

（7）农业与环境：农业物联网、畜牧业养殖、空气实时监控、水质实时监控。

（8）其他应用：移动支付、智慧社区、智能家居、文物保护。

3.1.3　NB-IoT 模块硬件技术

下面以凌阳科技 NB-IoT 开发套件为例，进行相关知识的介绍，如图 3.2 所示。此套件集成 STM32F151 单片机方便用户进行二次开发，在结构上采用底板加 NB-IoT 模组核心板和传感器安装，方便用户灵活地更换控制平台，NB-IoT 模组也可以反复被利用。

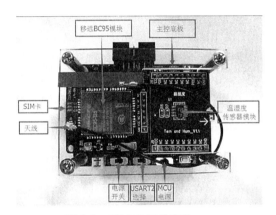

图 3.2　NB-IoT 开发套件　　　　　图 3.3　电信物联网专用卡

图 3.2 中，传感器模块是使用专门设计的一款可插拔传感器的 PCB 板，此套件配备的是集成了 SHT10 的温湿度传感器，另外还支持多种类型的通用的传感器模块。NB 模组核心板支持"电信"推出的 BC95 模块，本模组采用电信版 BC95-B5 模块，BC95 是一款高性能、低功耗的 NB-IoT 无线通信模块。同时此套件配备有中国电信物联网专用卡，如图 3.3 所示。

3.1.4　NB-IoT 软件安装

针对以上硬件设备，需要安装嵌入式 IAR 8.11 for ARM 开发环境。而针对云平台，可以使用 NB-IoT 数据采集套件配套的 CoAP 服务器，用于测试数据的上传和接收。该服务器可以方便地用手机或电脑账户远程访问，通过注册自己的账户来添加自己的设备，通过会话窗口查看终端上传的数据以及下发的数据。在测试 CoAP 协议发送数据之前，首先要在测试服务器上注册用户，将模组设备添加到用户的设备列表中，否则无法成功获取到数据。

OneNET 是由中国移动打造的平台即服务(PaaS)物联网开放平台。平台能够帮助开发者轻松实现设备接入与设备连接,快速完成产品开发部署,为智能硬件、智能家居产品提供完善的物联网解决方案。

1. OneNET 八大功能

(1)专网专号:中国移动基于物联网特点打造的专业化网络通道,提供"云—管—端"一体化的智能管道和支撑系统,支持工业级、汽车级的专网卡和通信模组。

(2)海量连接:基于多类型标准协议和 API 开发,满足海量设备的高并发快速接入。

(3)在线监控:实现终端设备的监控管理、在线调试、实时控制功能。

(4)数据存储:基于分布式云存储、消息对象结构、丰富的数据调用接口实现数据高并发读、写库操作,有效保障数据的安全。

(5)消息分发:将采集的各类数据通过消息转发、短信彩信推送、App 信息推送方式,快速告知业务平台、用户手机、App 客户端,建立双向通信的有效通道。

(6)输出能力:汇聚中国移动短信彩信、位置服务、视频服务、公有云等核心能力,提供标准 API 接口,缩短终端与应用的开发周期。

(7)事件告警:打造事件触发引擎,用户可以基于引擎快速实现应用逻辑编排。

(8)数据分析:基于 Hadoop 架构等提供统一的数据管理与分析能力。

2. OneNET 应用领域

OneNET 物联网专网已经应用于环境监控、远程抄表、智慧农业、智能家电、智能硬件、节能减排、车联网、工业控制、物流跟踪等多种领域。

物联网开放平台 OneNET 通过打造接入平台、能力平台、大数据平台,能满足物联网领域设备连接、协议适配、数据存储、数据安全、大数据分析等平台级服务需求。

因此,本节使用京胜世纪的物联网虚拟仿真实验平台来虚拟 NB-IoT 套件,基于物联网开放平台 OneNET,利用手机 App 与 OneNET 云平台的 ModBus 协议进行通信,获取当前传感器的数据。

3.2 项目实施

平台中 NB-IoT 设备使用 OneNET 云平台的 ModBus 协议进行通信。

3.2.1 NB-IoT ModBus 设备使用说明

步骤 1:登录 OneNET 云平台。

云平台登录地址为 https://open.iot.10086.cn/passport/login,若没有 OneNet 账号,同时考虑到以后用手机号和验证码登录方便快捷,建议使用手机号注册账号,若提示邀请码非必须选项，暂时不用选择，直接单击"立即注册"按钮即可，如图 3.4 所示。

欢迎来到OneNET开放平台！

手机号	135
图片验证码	
短信验证码	
设置密码	
邀请码	请输入邀请码（非必填）

● 阅读并同意 《OneNET开放平台协议》｜《个人信息保护政策》

立即注册

图 3.4　注册 OneNET 云平台账号

步骤 2：进口控制台，选择多协议接入。

登录成功后，单击窗口右上方"控制台"，再前往旧版控制台页面，单击"选择旧版"，进入控制台首页，在"全部产品服务"中选择"多协议接入"，如图 3.5 所示。

图 3.5　注册 OneNET 云平台账号

步骤3：进入多协议接入界面，选择"ModBus 协议"，单击"添加产品"按钮，根据具体需求完善表单信息，星号是必填项且要符合响应规范要求，最后单击"确定"添加产品。这里以光照和温湿度传感器为例填写产品相关信息，如图3.6所示。

图 3.6　添加产品　　　　　　　　　　图 3.7　添加设备

步骤4：进入新建或已有的产品，添加设备。单击添加产品，在弹出页面中选择"立即添加设备"，若是第一次进入设备主界面，单击左侧"设备列表"，此时产品中的设备数量是0个，在线设备数是0个，单击右侧的"添加设备"按钮，根据要求完善表单并添加设备。这里以温湿度传感器为例填写设备相关信息，如图3.7所示。

★ 在添加设备中值得注意的是：DTU 序列号及密码要和设备统一，不然无法连接到设备。若是真实设备，DUT 序列号及密码要和设备一致；若是仿真平台设备，要设置和仿真平台设备相同的 DTU 序列号和密码。

步骤5：设备添加成功后，单击当前设备的"数据流"进入添加数据流界面，在数据流页面单击"添加采样数据流"，根据需求完善表单并保存，如图3.8所示。

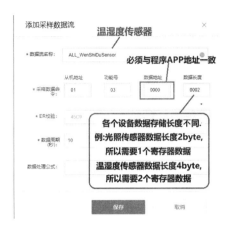

图 3.8　添加采样数据流

等该设备上线服务后，OneNET 云平台会以配置的数据流信息进行数据采集。到达这一步，表示已经在 OneNet 云平台完成添加温湿度设备信息。

步骤 6：重复第 4～5 步，完成添加"光照传感器"设备信息和对应采样数据流，如图 3.9 所示，从图中也可以看出设备状态是离线的，最后在线时间为空；原因是在云平台中仅仅只是添加了设备相关信息，并没有被远程终端连接。

图 3.9　光照和温湿度传感器的设备信息

3.2.2　实例 1：NB-IoT 光照传感器远程数据采集

1. 基本任务

通过在物联网虚拟仿真环境中搭建 NB-IoT 光照传感器应用场景，得到光照数据后通过 NB-IoT ModBus 协议上传给 OneNET 云平台，在用户终端的安卓程序中查看云平台的 NB-IoT 光照传感器和温湿度传感器实时数据。

2. 设备连接云平台

步骤 1：在物联网虚拟仿真环境中创建 NB-IoT 光照传感器，使用拖拽的方式把光照传感器添加到右侧实验台并连接其模拟器，此时设备状态灯为红色，代表未连接云平台；选择传感器，右键菜单中进入"属性"界面，如图 3.10 所示。

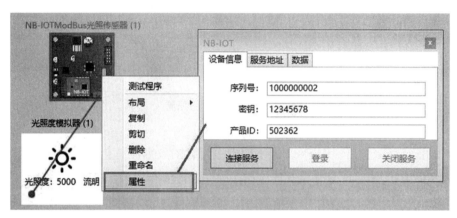

图 3.10　虚拟仿真环境中 NB-IoT 光照传感器

步骤 2：配置虚拟仿真环境中的 NB-IoT 设备。在图 3.10 中，"序列号"对应 OneNET 云平台中的 DTU 序列号；"密钥"对应云平台中 DTU 密码；"产品 ID"对应云平台中产品 ID。在云平台设备列表中，单击设备的详情查看以上需要的 DTU 序列号及密码信息，比如 NB-IoT 光照传感器设备，详情见图 3.11。

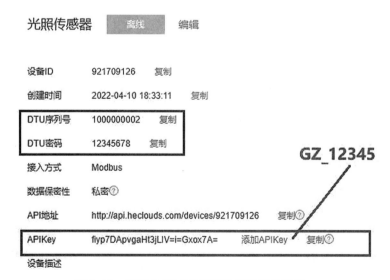

图 3.11　云平台 NB-IoT 光照传感器设备详情

在 OneNET 云平台产品概况中可查看产品 ID，如图 3.12 所示。

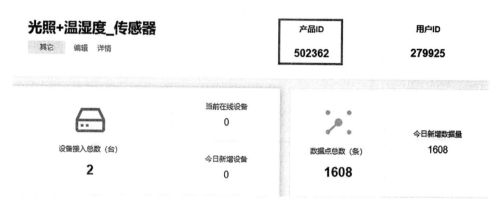

图 3.12　OneNET 云平台产品 ID

步骤 3：在图 3.10 中，填完以上三项信息，单击"连接服务"按钮，进行服务连接；连接成功后设备状态灯变为绿色，然后单击"登录"按钮后，查看云平台设备列表，显示设备已在线，同时显示最后一次在线的时间，如图 3.13 所示。

图 3.13　在线设备

在"数据流"中可以查看设备返回的数据信息，也可打开实时刷新查看实时数据流，这里以光照传感器为例，实时数据流如图 3.14 所示。

至此，设备已经连接到云平台，后续的上位机开发流程为：通过云平台提供的 Http 或者其他协议接口获取 NB-IoT 设备的数据。

图 3.14　光照传感器实时数据流

3. 移动端 App 编程

创建一个移动 App，通过 Http 请求云平台，然后获取光照传感器数据。

步骤 1：准备开发环境。

软件为 Android Studio，JDK1.8 或其他版本；硬件为 NB-IOT ModBus 光照传感器及其模拟器，虚拟仿真的硬件连接如图 3.10 所示。

步骤 2：理解实例工作原理。

当设备已经与 OneNet 云平台连接后，通过使用 OneNet 云平台的服务 API 获取数据。这里使用获取设备数据流接口，获取设备后再发送给云平台的最后一条数据。接口 URL 网址为 http(s)：//api. heclouds. com/devices/device_id/datastreams/datastream_id。

device_id 需要替换为设备 ID，datastream_id 需要替换为数据流 ID。

详情查看 https：//open. iot. 10086. cn/doc/multiprotocol/book/develop/http/api/. html。如果需要其他接口，请到 OneNet- > HTTP 部分查看：https：//open. iot. 10086. cn/doc/multiprotocol/book/develop/http/api/api-usage. html。这里使用 OneNet 云平台提供的 SDK 获取数据，在开发资源库文件夹中存放有编译好的 dll 文件，如需最新版本，请通过 https：//open. iot. 10086. cn/doc/multiprotocol/book/develop/http/api/sdk. html 下载。

步骤 3：理解查询设备数据流方法，请求方式为 GET。

URL：https：//api. heclouds. com/devices/device_id/datastreams/datastream_id

device_id 需要替换为设备 ID，datastream_id 需要替换为数据流 ID。

(1)返回参数。

errnoint　　　调用错误码，为 0 表示调用成功。

errorstring　　错误描述，为"succ"表示调用成功

Datajson　　　接口调用成功之后返回的设备相关信息，见 data 描述表。

(2)data 描述表。

id string　　　　　　　　数据流 ID

create_time string　　　　数据流创建时间

update_at string　　　　　　最新数据上传时间

current_valuestring/int/json. . . 最新数据点

（3）请求示例。

GET http(s)：//api. heclouds. com/devices/20474930/datastreams/temperature HTTP/1. 1。

（4）返回示例。

```
{  " errno" :0,
    " data" :{
        " update_at" :" 2022 – 04 – 11 10:03:10" ,
        " id" :" temperature" ,
        " create_time" :" 2022 – 04 – 11 09:59:35" ,
        " current_value" :" 31303130303030303433" }},
    " error" :" succ"
}
```

步骤 4：App 编程设计。

（1）启动 Android Studio，新建项目，单击菜单栏 File—New—New Project。此时会弹出创建 Android 项目模版的对话框（示例 Android Studio 版本为 4.0，不同版本界面有可能不同），选择 Empty Activity 模版，然后单击 Next。

（2）单击下一步后，出现 New Project 界面其中 Name 代表项目名称，在项目创建完成后该名称会显示在 Android Studio 中。Package Name 代表项目的包名，Android 系统是通过包名来区分不同应用程序的，因此包名一定要有唯一性。Save location 代表项目在硬盘上存储的路径（请注意，路径不能含有中文，否则项目会有问题）。Language 代表开发语言，AndroidStudio3. ＊以上版本默认选择 Kotlin，请手动修改为 Java。Minimum SDK 代表程序兼容的最低版本。最后单击 Finish 即可创建项目。

（3）项目创建好后，修改项目显示结构为 Project，如图 3. 15 所示。

展开图 3. 15 中 Project 目录结构中的 app 模块，有以下几个子模块。

● src

src 目录是放置我们所有 Java 代码的地方，它在这里的含义和普通 Java 项目下的 src 目录是完全一样的。

● libs

如果项目中使用到第三方 Jar 包，就需要把这些 Jar 包都放在 libs 目录下，放在这个目录下的 Jar 包都会被自动添加到构建的路径里去。

● res

src \ main \ res 下的内容比较多，在项目中使用到的所有图片、布局、字符串等资源都存放在这个目录下，前面提到的 R. java 中的内容也是根据这个目录下的文件自动生成的。当然，这个目录还有很多子目录：图片放在 drawable 目录下，布局放在 layout 目录下，字符串放在 values 目录下。所以也不用担心会把整个 res 目录弄得乱糟糟的。

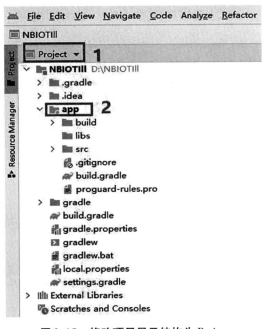

图 3.15　修改项目显示结构为 Project

● AndroidManifest. xml

这是整个 Android 项目的配置文件，在程序中定义的所有四大组件都需要在这个文件里注册。另外，可以在这个文件中给应用程序添加权限声明，也可以重新指定创建项时指定的程序最低兼容版本和目标版本。

● build. gradle

该项目中会有两个 build. gradle：其中 app 目录下面的存放 app 模块的配置信息；project 目录下的存放整个项目的配置信息。

（4）界面设计及控件属性，在控件列表区域寻找需要的控件，然后通过拖拽的方式摆放到窗体中，在窗体中选中控件，在右侧可以修改该控件的属性，如图 3.16 所示。

可以在控件列表区域查看使用到的控件及其 id，代码界面可查看其对应 xml 源码。

步骤 5：源码实现与解析。

（1）在编程前，先要在 app-build. gradle 中添加 OneNetSDK 的依赖，导入"implementation ' com. chinamobile. iot. onenet：onenet-sdk：2. 2. 1"库，然后单击右上角 Sync Now 进行项目同步。

图 3.16　界面设计

（2）项目使用到 OneNET 云平台的 SDK，需要在 Application 中初始化，请先建立新的 Application 并执行初始化代码。

```
public class MyApplication extends Application {
    @ Override
    public void onCreate( ) {
        super. onCreate( );
        // 初始化 SDK( 必须)
        Config config = Config. newBuilder( )
                . connectTimeout( 60000 , TimeUnit. MILLISECONDS )
                . readTimeout( 60000 , TimeUnit. MILLISECONDS )
                . writeTimeout( 60000 , TimeUnit. MILLISECONDS )
                . retryCount( 2 ). build( ) ;
        OneNetApi. init( this , true , config) ;
    }
}
```

（3）在 AndroidManifest. xml 文件中把 application 指向该类，并且添加使用的网络权限。

```
< ? xml version = " 1. 0"  encoding = " utf-8" ?  >
< manifest xmlns : android = " http : //schemas. android. com/apk/res/android"
    package = " cn. kingvcn. NB-IoTll"  >
    < uses-permission android : name = " android. permission. INTERNET" / >
    < application
    android : name = " . MyApplication"
        android : allowBackup = " true"
        android : icon = " @ mipmap/ic_launcher"
```

```
            android:label = " @ string/app_name"
            android:roundIcon = " @ mipmap/ic_launcher_round"
            android:supportsRtl = " true"
            android:theme = " @ style/AppTheme" >
            < activity android:name = " . MainActivity" >
                < intent-filter >
                    < action android:name = " android. intent. action. MAIN" / >
                    < category android:name = " android. intent. category. LAUNCHER" / >
                </ intent-filter >
            </ activity >
        </ application >
    </ manifest >
```

（4）添加字段信息。

```
private static final String API_KEY = " SUd = ViR1HplKz91sg26c5d = vJjg = " ;
//APIKey
    private EditText mEditDeviceId；          //设备 ID
    private EditText mEditDataStreamId；   //数据流名称
    private Button mBtnSearch；               //搜索按钮
    private TextView mTvDataStream；        //数据流显示 view
    private TextView mTvIll；                      //光照显示 view
```

（5）初始化 View。

```
private void initView( ) {
        mEditDeviceId = findViewById( R. id. edit_device_id) ;
        mEditDataStreamId = findViewById( R. id. edit_data_stream_id) ;
        mBtnSearch = findViewById( R. id. btn_search) ;
        mTvDataStream = findViewById( R. id. tv_data_stream) ;
        mTvIll = findViewById( R. id. tv_ill) ;
        //注册单击事件
        mBtnSearch. setOnClickListener( new View. OnClickListener( ) {
            @ Override
            public void onClick( View view) {
                search( ) ;} });
    }
```

此方法中还注册了搜索按钮的单击事件。

（6）调用查询数据流的 HTTP 接口并解析数据。

```
private void search( ) {
    String deviceId = mEditDeviceId. getText( ). toString( );
    if ( deviceId. equals( " " ) ) {
        Toast. makeText( this,"请输入设备 ID",Toast. LENGTH_SHORT). show( );
            return; }
    String dataStreamId = mEditDataStreamId. getText( ). toString( );
    if ( dataStreamId. equals( " " ) ) {
        Toast. makeText( this,"请输入数据流 ID",Toast. LENGTH_SHORT). show( );
            return; }
    OneNetApi. querySingleDataStream( deviceId,dataStreamId,new OneNetApiCall-
back( ) {
            @ SuppressLint( " SetTextI18n" )
            @ Override
            public void onSuccess( String response) {
                try {
                    JSONObject resp = new JSONObject( response);
                    int errno = resp. getInt( " errno" );
                    if ( errno = = 0) {
                    JSONObject data = resp. getJSONObject( " data" );
                    JSONObject currentValue = data. getJSONObject( " current_value" );
int illValue = currentValue. getInt( " 8" );
                    mTvDataStream. setText( "数据流:"4 + currentValue. toString( ));
                    mTvIll. setText( "光照:" + illValue + " lux" );
                    } else { String error = resp. getString( " error" );
                        Toast. makeText( MainActivity. this,
                            error,Toast. LENGTH_SHORT). show( );}
                } catch ( JSONException e) { e. printStackTrace( );} }
            @ Override
        public void onFailed( Exception e) { Toast. makeText( MainActivity. this,
            " HTTP 请求失败-" + e,Toast. LENGTH_SHORT). show( );}});
}
```

如需详细代码，请打开配套电子材料的源码阅读。

步骤 6：在移动终端运行光照 App，输入对应参数即可查询结果，如图 3.17 所示。

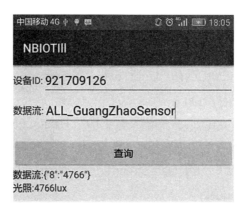

图 3.17 移动终端光照传感器远程云平台数据获取界面

3.2.3 实例 2：NB-IoT 温湿度传感器远程数据采集

1. 基本任务

通过在物联网虚拟仿真环境中搭建 NB-IoT 温湿度传感器应用场景，得到数据后通过 NB-IoT ModBus 协议上传给云平台 OneNET，在用户终端的安卓程序中查看云平台的 NB-IoT 光照传感器和温湿度传感器实时数据。

2. 设备连接云平台与设备配置

步骤 1： 在物联网虚拟仿真中创建 NB-IoT 温湿度传感器，使用拖拽的形式把温湿度传感器添加到右侧实验台并连接其模拟器，此时设备状态灯为红色，代表未连接云平台。选择传感器，右键菜单中进入"属性"界面，如图 3.18 所示。

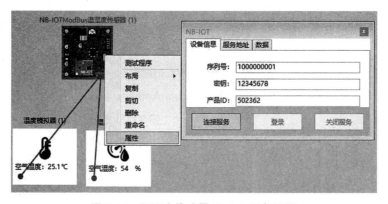

图 3.18 温湿度传感器 NB-IoT 设备配置

步骤 2： 其他步骤与移动终端 App 的编程类似实例 1，读者可以自学尝试如何创建一个 App，通过 HTTP 请求云平台，然后获取温湿度传感器数据。

步骤 3：在移动终端运行温湿度 App，输入对应参数可查询结果，如图 3.19 所示。

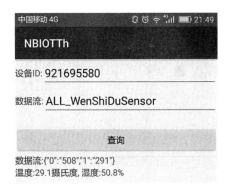

图 3.19　移动终端温湿度传感器远程云平台数据获取界面

第4章 RFID通信

无线射频识别技术即 RFID，是自动识别技术的一种，通过无线射频方式进行非接触双向数据通信，利用无线射频方式对记录媒介（电子标签或射频卡）进行读写；从而达到识别目标和数据交换的目的，其被认为是 21 世纪最具发展潜力的信息技术之一。基于 RFID 技术的物品数据可读、可写，并且使用方便、卫生、寿命长，日益受到人们的青睐，已成为物联网应用技术的核心。在物流领域用于仓库管理；在交通运输领域用于集装箱与包裹管理、高速公路收费与停车收费；在农牧渔业用于羊群、鱼类、水果等的管理以及宠物、野生动物跟踪；在医疗行业用于药品生产、病人看护、医疗垃圾跟踪；在制造业用于零部件与库存的动态管理；RFID 还可以应用于图书与文档管理、门禁管理、定位与物体跟踪、环境感知和支票防伪等多个领域。

4.1 RFID通信基础知识

RFID 自动识别的优势及特点主要表现为：扫描快速，体积小型化、形状多样化、抗污染，可重复使用、穿透性强、数据的记忆容量大、安全等。

4.1.1 RFID工作原理

1. RFID系统基本组成

（1）读写器（Reader）是指读取标签信息的设备，可设计为手持式或固定式。

（2）天线（Antenna）是指在标签和读取器间传递射频信号的设备。

（3）标签（Tag）是指由耦合元件及芯片组成，标签含有内置天线，用于和射频天线间进行通信。每个标签具有唯一的电子编码，附着在物体上标识目标对象；每个标签都有一个全球唯一的用户标识符 UID，UID 是在制作芯片时放在 ROM 中的，无法修改。

（4）PC 系统。部署 RFID 应用系统软件以及存储相关自动识别信息的数据库。

2. RFID系统工作机制

在 RFID 实际应用中，电子标签附着在待识别物体表面，标签中保存有约定格式的电子数据。阅读器可无接触地读取并识别标签中所保存的电子数据，从而达到自动识别物体的目的。阅读器通过天线发送出一定频率的射频信号，当标签进入磁场时产生感应电流从而获得能量，发送出自身编码信息，被阅读器读取并解码后送至上位机进行有关处理。

3. RFID 系统工作频率

通常阅读器发送时所使用的频率被称为 RFID 系统的工作频率。典型的工作频率有 125kHz、225kHz、13.56MHz 等，这些频段应用的射频识别系统一般都有相应的国际标准予以支持。其基本特点是电子标签的生产成本较低、标签内保存的数据量较少、阅读距离较短、电子标签外形多样（如卡状、环状、纽扣状、笔状）、阅读天线方向性不强等。

高频系统一般指其工作频率大于 400MHz，典型工作频段有 915MHz、2.45GHz、5.8GHz 等。高频系统在这些频段上也有众多国际标准予以支持，其基本特点是电子标签及阅读器生产成本均较高、标签内保存的数据量较大、阅读距离较远，可达几米至十几米，适应物体高速运动性能好，外形一般为卡状，阅读天线及电子标签天线均有较强的方向性。

4. RFID 标签类型

RFID 标签分为被动标签和主动标签。主动标签自身带有电池供电，也称为有源标签，读写距离较远时体积较大，与被动标签相比成本更高，一般具有较远的阅读距离；不足之处是电池不能长久使用，能量耗尽后需更换电池。被动标签在接收到阅读器发出的微波信号后，将部分微波能量转化为直流电供自己工作，也称为无源标签，一般可做到免维护，成本很低并具有很长的使用寿命，比主动标签更小也更轻，读写距离则较近；相比有源标签，无源标签在阅读距离及适应物体运动速度方面略有限制。

按照存储信息是否被改写，标签也被分为只读式标签和可读写标签，只读式标签内的信息在集成电路生产时就将信息写入，之后不能修改，只能被专门的设备读取；可读写标签将保存的信息写入其内部的存贮区，需要改写时也可以采用专门的编程或写入设备擦写。另外，一般将信息写入电子标签所花费的时间远大于读取电子标签信息所花费的时间，写入所花费的时间为秒级，阅读花费的时间为毫秒级。在标签领域，RFID 标签与条码相比，具有读取速度快、存储空间大、工作距离远、穿透性强、外形多样、工作环境适应性强和可重复使用等多种优势。

4.1.2　RFID 硬件技术

结合现有嵌入式物联网 RFID 开发平台，五个主要读写模块硬件参数指标如下。

1. 低频 125K 读写器模块

低频 125K 读写器模块的节点地址为 0x01，如图 4.1 所示。

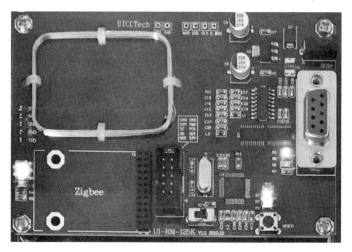

图 4.1　低频 125kHz 读写器模块

该模块支持 ISO18000-2 协议，支持 EM、TK 及其兼容卡，是 125K 低频 RFID 只读模块的升级版，增加了读卡、写卡功能；读写距离约 40~60mm，工作频率为 125kHz；采用模块化设计，具有 5PIN 标准接口，可安装在实验主板上，也可取下使用。

2. 高频 14443 读写器模块

高频 14443 读写器模块的节点地址为 0x02，如图 4.2 所示。

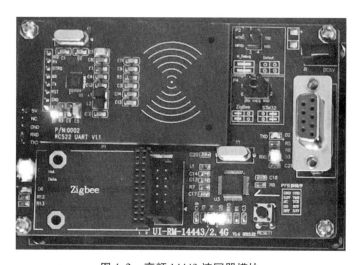

图 4.2　高频 14443 读写器模块

该模块支持 ISO14443A 协议，工作频率 13.56MHz；可读写标签：ISO14443 TypeA；RF 功率 100~300mW；具有 RS232 接口，可以与上位机进行通信；采用模块化设计，具有 5PIN 标准接口，可安装在实验主板上，也可取下使用。

3. 13.56M 高频原理机模块

13.65M 高频原理机模块的节点地址为 0x03，如图 4.3 所示。

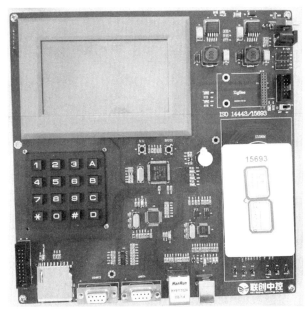

图 4.3　13.56M 高频原理机

13.56M 高频原理机使用 CLRC632 芯片，支持 ISO14443 和 ISO15693 两套协议；使用 32 位单片机 STM32F107 作为主控制器；配备 1 个 4.3 英寸触摸屏，分辨率 480×272；具有 12 键数字键盘，配合液晶屏可以对手持机的各种参数进行设置，参数调整效果可通过读写卡的效果、示波器检测波形等方式立刻展现出来；RS232 串口 2 个、TTL 串口 1 个、10/100M 自适应网口 1 个、USB 口 1 个、20 JTAG1 个、9～12V 电源接口 1 个、电源扩展接口 4 个；具有 ZigBee 通信模块预留接口，可通过无线网进行 RFID 数据传输；结合其他 RFID 模块，可以用来学习 WSN 和 RFID 综合应用技术；具有 SD 插槽，可以存储 RFID 读写数据；板载一体化天线，可模拟手持机工作模式；具有 3 个信号探测点，通过示波器能提取、展现 RFID 中整个射频信号，包括：编码信号、载波信号、调制信号、调制载波信号、功率放大信号、电子标签返回的信号、FSK 解调信号、ASK 解调信号等；采用模块化设计，具有 5PIN 标准接口，可安装在实验主板上，也可取下使用。

4. 超高频 915M 读写器模块

超高频 915M 读写器模块的节点地址为 0x04，如图 4.4 所示。

图 4.4　超高频 915M 读写器模块

超高频 915M 读写器模块支持 ISO18000-6C 协议，ISM 902 ~ 928MHz；采用模块化设计，具有 5PIN 标准接口，可安装在实验主板上，也可取下使用。

5. 微波 2.4GHz 读写器模块

微波 2.4GHz 读写器模块的节点地址为 0x05，如图 4.5 所示。

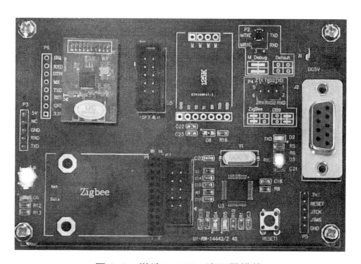

图 4.5　微波 2.4GHz 读写器模块

微波 2.4GHz 模块是一个远距离读写模块，支持 ISO18000-4 协议，采用全球开放的 ISM 微波频段，读卡距离 0 ~ 100m；采用模块化设计，具有 5PIN 标准接口。

另外，以上硬件模块的 MCU 信息如表 4.1 所示(M1 ~ M4)。

表 4.1　硬件模块的 MCU 信息

序号	名称	MCU	编译软件	仿真器	烧写口	备注
M1	125K 读写	STM32F103C8	Keil uVision4	JLINK	ZigBee	因耗电较大，读卡时需单独连接一个 5V 的电源，对于新卡，首次操作需用上位机软件做修改操作
M2	高频 14443 读写	STM32F103C8	Keil uVision4	JLINK	ZigBee	仅支持 14443
M3	915M 读写	STM32F103C8	Keil uVision4	JLINK	ZigBee	PRM92K
M4	2.4GHz 微波读写	NRF24LE1	Keil C51	小板		同下
M5	ETC 模块（需要充值）	STM32F103C8	Keil uVision4	JLINK	SWD 口	调试板 10 线电源线一定要与模块电源线对齐，若模块只有 5 针，那么上面第一线是 VCC = 5V，两排 5 线用 1 排即可
M6	LOCK 模块（A8 需要对单卡授权）	STM32F103C8	Keil uVision4	JLINK	SWD 口	同上
M7	13.56M 原理机	STM32F103VC	Keil uVision4	JLINK	JTAG	支持 14443、15693 两种协议

4.1.3　RFID 软件安装

MDK 也称 MDK-ARM，Realview MDK、uVision 4 等，为基于 Cortex-M、Cortex-R4、ARM7、ARM9 内核处理器设备提供了一个完整的开发环境，专为微控制器应用而设计，不仅易学易用，而且功能强大。4.1.2 节中模块节点地址 0x01 至 0x04 的控制器均是基于 Cortex-M3 内核的 STM32F103C8 单片机，使用 MDK 软件进行开发调试项目的。

1. 安装 MDK 集成开发环境

步骤 1：安装 J-Link 驱动程序，双击资源目录下的 Setup_JLink_V490.exe，进入安装界面，后续步骤使用系统的默认选项，直到安装完成，之后，J-Link 所有相关的程序入口会出现在 PC 机的"开始"程序列表里面的 SEGGER 文件夹中。安装完驱动程序之后要进行相应的配置，才能将例程正确地下载到 STM32 中。

步骤 2：配置 J-Link 下载参数，从菜单 Options 中选中 Project settings，进入设置界面后，单击进入 Target Interface 选项卡，在第一个下拉列表中选择 SWD；单击进入 CPU 选项卡，在 Device 右侧的下拉列表中选择 ST STM32F103CB，设置完毕单击按钮"确定"，然后关闭该程序。安装成功以后将 USB A 口转 B 口线的 A 口连接 PC 机的 USB 口，B 口连接 J-Link 仿真器的 USB 口。打开设备管理器，在"通用串行总线控制器"列表中如果可以找到刚刚安装的 J-Link 设备，则说明电脑可以正常识别该设备。

在实际操作中可能会出现各种各样的问题，需要具体情况具体分析，比如：

★ 在使用 J-Link 仿真器时，经常会弹出下面询问升级驱动的对话框，由于升级时极有可能因序列号错乱而升级失败，并导致 J-Link 仿真器损坏，所以建议不要更新驱动，即在出现"J-Link V4.90d Fireware update"的类似对话框时，需单击"否"再继续其他操作。

★ J-Link 仿真器无法识别可能的原因：J-Link 仿真器损坏；J-Link 驱动未正确安装；设备未正确上电；下载排线插错或是插反。

★ 无法仿真或者无法下载程序可能的原因：MDK 集成开发环境未正确设置；MDK 工程中配置的芯片型号与设备上开发板的 ARM 单片机不对应；开发板的 ARM 单片机损坏。

步骤 3：双击资源目录下的 Keil uVision4 MDK v4.73.exe，进入 Keil for ARM 安装界面，单击 next 选中 I agree all the terms of ……，单击 next 设置安装目录，根据实际情况选中安装目录，重新设置单击 Browse，这里默认 C 盘，设置好安装目录后单击 Next 输入用户信息（可随便写，也可空格），单击 Next 开始安装，剩余步骤均使用系统的默认选项，直到安装完成，此时就可在桌面看到 Keil uVision4 的快捷图标。

步骤 4：启动桌面上的 Keil uVision4 软件，从菜单 project 中打开源码"流水灯控制"工程文件 LED.uvproj，再进行编译，若无警告、无错误，则表明 MDK 安装成功，如图 4.6 所示。

步骤 5：用 J-Link 连接 PC 机和目标机，下载编译后的程序验证开发环境是否安装成功。

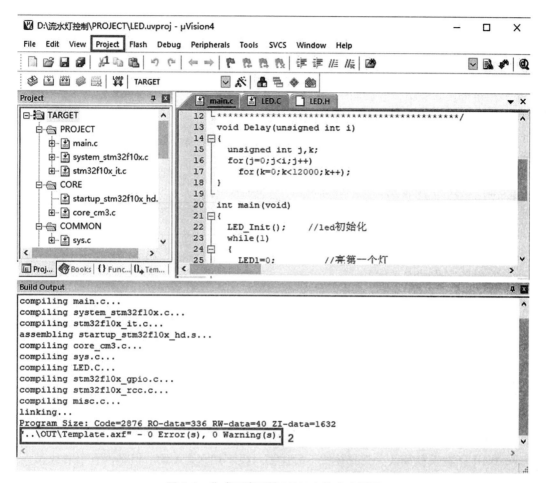

图 4.6 集成开发环境 MDK 安装成功界面

2. 安装 PC 端上位机开发软件

上位机开发软件环境主要分 Windows 和 Android 两种平台，考虑到本节着重介绍 RFID 通信基本工作原理和便于读者实操，因此开发软件以 C# 为基础，安装步骤可参阅第二章 VS 的搭建方法，而 Android 平台开发环境的搭建方法可参阅本书 WiFi 或蓝牙通信的内容。

4.2 项目实施

4.2.1 RFID 串口通信协议实例

因厂家不同，RFID 读写设备软硬件接口和处理器略有不同，上位机软件协议也不完全相同。通常把上位机发送给读写器的数据称为命令帧，反之把读写器发送给上位机的数据称为响应帧，协议中的所有字段，均为 16 进制表示。

上位机一般指在 PC 端智能网关运行的软件,读写器一般指 RFID 的读写终端设备和配套的嵌入式软件。

1. UICC 射频识别串口通信协议

上位机发送命令帧,其帧的字段名称和内容长度格式如表4.2所示。

表 4.2　UICC 射频识别串口命令帧格式

协议帧头 SOF	节点地址 Addr	数据长度 Len	指令类型 Commandtype	数据区 Data	校验和 SUM
2byte	1byte	1byte	1byte	N bytes	1byte

命令帧各字段的含义如下:

(1)SOF 表示帧头,默认值为 0xFF 0xFE。

(2)Addr 表示节点地址,即 RFID 实验箱每一种模块编码,0x01 表示 125K 模块,0x02 表示 14443 模块,0x03 表示 RFID 原理机模块,0x04 表示 915M 模块,0x05 表示2.4GHz 模块,0x06 表示模拟 ETC 模块,0x07 表示模拟门禁,0x08 表示二维码条形码识别模块。

(3)Len 表示数据区 Data 所包含的字节数。

(4)Commandtype 表示每一种模块操作的指令。如是否在选择模式,0x00 指不在选择模式,0x01 指在选择模式,选择模式下发送帧可以不用包含 UID,但是占有字节数。

(5)Data 表示当前模块数据区的构成,即有效数据。

(6)SUM 表示从帧头 FF FE 开始到数据区最后一字节的和。

读写器回复响应帧,其帧的字段名称和内容长度格式如表4.3所示。

表 4.3　UICC 射频识别串口响应帧格式

协议帧头 SOF	节点地址 Addr	数据长度 Len	是否出错 ErrorStatus	指令类型 Commandtype	数据区 Data	校验和 SUM
2byte	1byte	1byte	1byte	1byte	N bytes	1byte

响应帧中 ErrorStatus 表示执行当前指令时,串口通信是否出错,0x00 表示执行成功,0x01 表示执行失败,而其他各字段的含义类似表4.2所示命令帧。

● 125kHz 读写模块

该模块波特率为38400,节点地址为0x01,命令段及数据段含义如表4.4所示。

表 4.4　125kHz 模块命令段及数据段含义

CMD	含义	类型	数据段的数据格式
01	修改配置设置速率	发送	5 个字节, 命令帧如 FF FE 01 0501 04 01 00 00 00 09 0x01: 修改空间数据传输速率为 RF/8 0x02: 修改空间数据传输速率为 RF/16 0x03: 修改空间数据传输速率为 RF/32 0x04: 修改空间数据传输速率为 RF/64 0x10: 修改编码方式为 Bi-phase 编码 0x11: 修改编码方式为 Manchester 编码
		接收	无数据段, ErrorStatus: 00 指令执行成功; 01 天线区域没有标签; 02 无效指令
02	寻卡	发送	寻卡是 Addr = 0x01, 即 EM4305 的 UID number 区地址, 命令帧如 FF FE 01 01 02 01 02
		接收	无数据段, ErrorStatus: 00 指令执行成功; 01 天线区域没有标签; 02 无效指令
03	写卡	发送	Addr + Data, 其中 Addr 有效值为 0x05 ~ 0x0D
		接收	无数据段, ErrorStatus: 00 指令执行成功; 01 天线区域没有标签; 02 无效指令; 03 指定的地址区已被锁定, 无法写入
04	读卡	发送	Addr, 其中 Addr 有效值为 0x05 ~ 0x0D
		接收	4 个字节。其中 DataLen: 指令执行失败时值为 0, 并且数据区长度为 0。ErrStatus: 00 指令执行成功; 01 天线区域没有标签; 03 无效指令
05	密钥登陆	发送	4 个字节的 Password
		接收	无数据段, ErrStatus: 00 指令执行成功; 01 天线区域没有标签; 03 无效指令; 04 密钥错误
06	修改密钥	发送	8 个字节。原 Password + 新 Password
		接收	无数据段, 00 指令执行成功; 01 天线区域没有标签; 03 无效指令; 04 旧密钥错误

● 高频 14443 模块

该模块波特率为 115200, 节点地址为 0x02, 命令段及数据段含义如表 4.5 所示。

表 4.5　高频 14443A 模块命令段及数据段含义

CMD	含义	类型	数据段的数据格式
01	寻卡	发送	无数据段
		接收	标签的 ID 号，长度 4 个字节
02	读卡	发送	扇区编号 1 个字节、块编号 1 个字节
		接收	扇区编号 + 块编号 + 标签 ID（4 个字节）+ 16 个字节数据；执行失败无数据。ErrorStatus：00 读卡执行成功；01 读卡失败；02 没有卡，即天线区域内没有标签卡存在；04 校验错误
03	写卡	发送	扇区编号 + 块编号 + 16 个字节数据
		接收	无数据段，ErrorStatus：00 写卡成功；01 写卡失败；02 寻卡失败
04	验证密码	发送	扇区编号 + 块编号 + 6 个字节密钥
		接收	无数据段，00 指令执行成功，其他值为失败
02/03 *	读取与修改密码	发送	每个扇区的块 3 写数据或者读块 3 的数据
		接收	无数据段，00 指令执行成功，其他值为失败

高频 14443 模块对应上位机界面如图 4.7 所示，其对应命令帧与响应帧如图 4.8 所示。

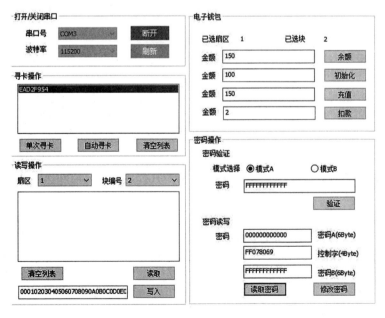

图 4.7　高频 14443 模块对应上位机界面

```
读卡操作：FF FE 02 02 02 01 02 06
收到：FF FE 02 00 01 02 02
读卡失败！
密钥验证操作：FF FE 02 08 04 01 60 FF FF FF FF FF FF 66
电子钱包查询余额操作：FF FE 02 02 02 01 02 06
收到：FF FE 02 00 00 04 03
验证成功！
收到：FF FE 02 16 00 02 01 02 EA D2 F9 54 00 00 00 00 00 00 00 00 00 00 00 00 00 00 00 00 23
密钥验证操作：FF FE 02 08 04 01 60 FF FF FF FF FF FF 66
电子钱包查询余额操作：FF FE 02 02 02 01 02 06
收到：FF FE 02 00 00 04 03
验证成功！
收到：FF FE 02 16 00 02 01 02 EA D2 F9 54 00 00 00 00 00 00 00 00 00 00 00 00 00 00 00 00 23
电子钱包操作：FF FE 02 18 03 01 02 00 00 00 00 00 00 00 00 00 00 00 00 00 00 00 96 B3
密钥验证操作：FF FE 02 08 04 01 60 FF FF FF FF FF FF 66
电子钱包查询余额操作：FF FE 02 02 02 01 02 06
收到：FF FE 02 00 00 03 02
写卡成功！
收到：FF FE 02 00 00 04 03
验证成功！
收到：FF FE 02 16 00 02 01 02 EA D2 F9 54 00 00 00 00 00 00 00 00 00 00 00 00 00 00 00 96 B9
密钥验证操作：FF FE 02 08 04 01 60 FF FF FF FF FF FF 66
收到：FF FE 02 00 00 04 03
验证成功！
读取密钥操作：FF FE 02 02 02 01 03 07
收到：FF FE 02 16 00 02 01 03 EA D2 F9 54 00 00 00 00 00 00 FF 07 80 69 FF FF FF FF FF FF 0D
```

图 4.8　高频 14443 模块对应命令帧与响应帧

- 13.56M 高频原理机模块

该模块波特率为 115200，节点地址为 0x03，支持 ISO15693 协议卡和 ISO14443 协议卡，其中指令编码 01 至 1F 为 ISO15693 卡的操作，0x20 至 0x30 是 ISO14443 卡的操作。该模块命令段及数据段含义如表 4.6 所示。

表 4.6　13.56M 高频原理机模块命令段及数据段含义

CMD	含义	类型	数据段的数据格式
01	寻卡	发送	无数据段
		接收	8 个字节标签 ID，结果状态：00 读卡成功；01 读卡失败；02 寻卡失败；04 校验错误；08 其他
02	读取单个数据块	发送	块编号 1 个字节，取值 0 至 27
		接收	块编号 + 标签 ID + 读到的数据，Len 大于 0 读卡成功，Len 等于 0 读卡失败，无数据段，ErrorStatus：00 成功，其他值失败
03	写单个数据块	发送	块编号 + 写入数据，每次写 4 个字节
		接收	无数据段，ErrorStatus：00 成功；其他值失败

续　表

CMD	含义	类型	数据段的数据格式
04	读多个数据块命令	发送	块数量＋块编号，块数量须小于8
		接收	块数量＋块编号＋标签 ID＋读取的数据，Len 大于 0 读卡成功，Len 等于 0 读卡失败，无数据段
05	写多个数据块命令	发送	块数量＋块编号＋写入的数据，块数量须小于8
		接收	无数据段，ErrorStatus：00 成功；其他值失败
06	锁定块命令	发送	块编号
		接收	无数据段，ErrorStatus：00 成功；其他值失败
07	获取多个块的安全信息	发送	块数量＋块编号
		接收	安全信息，Len 大于 0 成功，Len 等于 0 失败无数据段，ErrorStatus：00 成功；其他值失败
08	静默	发送	标签 ID
		接收	无数据段，ErrorStatus：00 成功；其他值失败
09	选中卡	发送	标签 ID
		接收	无数据段，ErrorStatus：00 成功；其他值失败
0A	复位卡	发送	标签 ID
		接收	无数据段，ErrorStatus：00 成功；其他值失败
0B	写应用领域识别号（AFI）	发送	AFI 值
		接收	无数据段，ErrorStatus：00 成功；其他值失败
0C	锁定 AFI	发送	无数据段
		接收	无数据段，ErrorStatus：00 成功；其他值失败
0D	写数据存储格式标识符（DSFID）	发送	DSFID 值
		接收	无数据段，ErrorStatus：00 成功；其他值失败
0E	锁定 DSFID	发送	无数据段
		接收	无数据段，ErrorStatus：00 成功；其他值失败
0F	获取系统信息	发送	无数据段
		接收	系统信息，Len 大于 0 成功，Len 等于 0 失败无数据段，ErrorStatus：00 成功；其他值失败

续　表

CMD	含义	类型	数据段的数据格式
10	测试信号配置	发送	MFOUTSELT 寄存器值 + TestAnaOutSel 寄存器值 + TestDigiSelect 寄存器值
		接收	无数据段，ErrorStatus：00 成功，其他值失败
20	寻卡	发送	无数据段
		接收	标签的 ID 号，长度 4 个字节
21	读取单个数据块	发送	扇区编号 + 块编号，其中扇区编号 0 ~ 15（十进制），块编号 0 ~ 3
		接收	块编号 + 标签 ID + 读到的数据 读卡失败：无
22	写单个数据块	发送	扇区编号 + 块编号 + 16 个字节数据，其中扇区编号 0 ~ 15（十进制），块编号 0 ~ 3
		接收	无数据段，ErrorStatus：00 成功；其他值失败
23	验证密码	发送	扇区号 + 验证模式 + 6 字节密码，验证模式： 0x60：A 密码，0x61：B 密码 默认密码为 0xff，0xff，0xff，0xff，0xff，0xff
		接收	无数据段，ErrorStatus：00 成功；其他值失败
21/22*	读取与修改密码	发送	每个扇区的块 3 写数据或者读块 3 的数据
		接收	无数据段，ErrorStatus：00 成功；其他值失败

原理机 15693 模块对应的上位机界面如图 4.9 所示，其对应的命令帧与响应帧界面如图 4.10 所示。

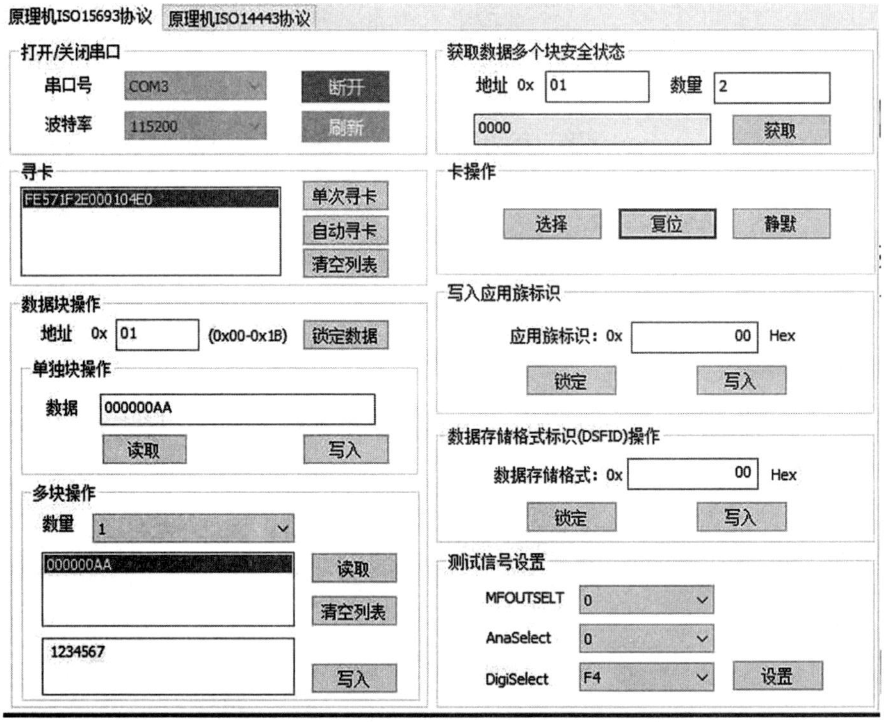

图 4.9　原理机 15693 模块对应的上位机界面

单次寻卡操作：FF FE 03 00 01 01
收到：FF FE 03 08 00 01 FE 57 1F 2E 00 01 04 E0 90 长度：15
寻卡操作成功！
读取单个数据块操作：FF FE 03 01 02 01 04
收到：FF FE 03 0D 00 02 01 FE 57 1F 2E 00 01 04 E0 00 00 00 AA 41 长度：20
读卡操作成功！
读取多个数据块操作：FF FE 03 02 04 01 01 08
收到：FF FE 03 0E 00 04 01 01 FE 57 1F 2E 00 01 04 E0 00 00 00 AA 45 长度：21
读卡操作成功！
获取多个块安全信息操作：FF FE 03 02 07 02 01 0C
收到：FF FE 03 02 00 07 00 00 09 长度：9
获取多个块成功！
选择操作：FF FE 03 01 09 FE 57 1F 2E 00 01 04 E0 91
收到：FF FE 03 00 00 09 09 长度：7
选中卡成功！
复位操作：FF FE 03 01 0A FE 57 1F 2E 00 01 04 E0 92
收到：FF FE 03 00 00 0A 0A 长度：7
复位卡成功！
静默操作：FF FE 03 01 08 FE 57 1F 2E 00 01 04 E0 90
收到：FF FE 03 00 00 08 08 长度：7
静默成功！

图 4.10　原理机 15693 模块对应的命令祯与响应祯界面

● 超高频 915M 模块

该模块波特率为 19200，模块命令段及数据段含义如表 4.7 所示。

表 4.7 超高频 915M 模块命令段及数据段含义

CMD	含义	类型	数据段的数据格式
01	寻卡	发送	无数据段
		接收	ID(PC 和 EPC)，结果：00 读卡成功；01 读卡失败；02 寻卡失败；04 校验错误；08 其他
02	读卡	发送	读取的数据长度 + 标签内存区 + 起始地址，读取到的数据长度最大 64 个字节
		接收	读取的数据长度 + 起始地址 + 标签 ID(PC 和 EPC) + 读取到的数据，结果：00 成功；其他值失败
03	写卡	发送	要写的数据长度 + 标签内存区 + 起始地址 + 写入的数据，写入的数据长度最大 64 个字节
		接收	无数据段，ErrorStatus：00 成功；其他值失败
04	返回读写器信息	发送	0x00 模块，0x01S/N 号码，0x02 制造商
		接收	命令类型 + String（字符型可变长度）
05	返回当前地址码	发送	成功：0x01 韩国，0x02 美国，0x04 欧洲，0x08 日本，0x16 中国 1，0x32 中国 2；失败无数据段
		接收	ErrorStatus：00 成功，其他值失败
06	设置当前地区码	发送	0x01 韩国，0x02 美国，0x04 欧洲，0x08 日本，0x16 中国 1，0x32 中国 2
		接收	无数据段，ErrorStatus：00 成功，其他值失败
08	锁定标签	发送	-LD（24-bit）掩模位和动作位：4-bit 0（dummy）10-bit 掩模位，10-bit 动作位；十位动作位：1~2 对应 Kill，3~4 对应 Access，5~6 对应 UII，7~8 对应 TID，9~10 对应 User
		接收	无数据段，ErrorStatus：00 成功，其他值失败
09	返回当前 RF 频道	发送	无数据段
		接收	频道号，ErrorStatus：00 成功，其他值失败

续　表

CMD	含义	类型	数据段的数据格式
0A	设置当前 RF 频道	发送	-CN(8-bit)：频道号，范围取决于区域码设置-CNO（Channel Number Offset），8bit：副载波频道偏移号，只对日本频道有效（00 或 0x32）
		接收	无数据段，ErrorStatus：00 成功，其他值失败
0B	设置 输出功率	发送	-PWR(16-bit)：PR9000 + "TX Offset"（16-bit）(dBm X100，十进制)，VUM9000X02 的输出功率等于 PR9000 芯片输出功率加上 PA 的增益再减去 TX 通道的功率损失。我们定义 PA 增益减去 TX 通道功率损失为"TX Offset"
		接收	无数据段，ErrorStatus：00 成功，其他值失败
0C	设置 PR9000 输出功率	发送	-PWR(16-bit)：范围是 −1300 ~ 1000（dBm×100，十进制）
		接收	无数据段，ErrorStatus：00 成功，其他值失败
0D	设置 TX-Offset	发送	-PWR(16-bit)：范围是 −5000 ~ 5000(dB×100，十进制)
		接收	无数据段，ErrorStatus：00 成功，其他值失败
0E	返回接收的 信号强度指示 （RSSI）	发送	无数据段
		接收	RSSI(16-bit)：(-dBm × 100，十进制)，ErrorStatus：00 成功，其他值失败
0F	扫描 RSSI	发送	无数据段
		接收	RSSI 随扫描频道数变化，-CHS(8-bit)：开始扫描频道，-CHE(8-bit)：停止扫描频道，-CHB(8-bit)：最好的频道（即 RSSI 值最低的频道），-RSSI0(8-bit)：CHS 频道的 RSSI 值(-dBm)，-RSSI1(8-bit)：CHS + 1 频道的 RSSI 值(-dBm)，-RSSI[N-1](8-bit)：CHE 频道的 RSSI 值(-dBm)，ErrorStatus：00 成功，其他值失败
10	设置 EEPROM	发送	-(8bit)：保存数据(0x01)/擦除数据(0xFF)
		接收	无数据段，ErrorStatus：00 成功，其他值失败

915M 模块上位机界面及对应命令帧与响应帧界面如图 4.11 所示。

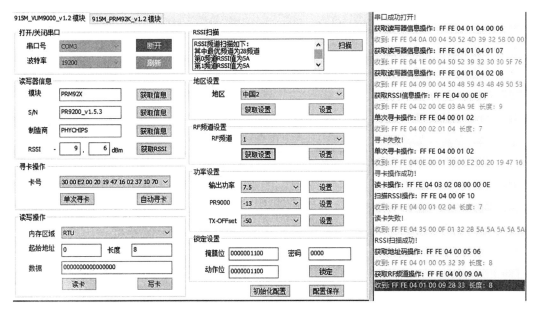

图 4.11　915M 模块上位机界面及其对应命令帧与响应帧界面

- 2.4GHz 模块

该模块波特率为 9600，节点地址为 0x05。其 MCU 使用 NRF24LE1，需要 Keil C51 工具；而其他模块 MCU 是 STM32F103C8 系列。该模块的协议也稍有区别，比如：

FB　10　00　00　TagID　RSSI　ReaderID　01

其中：TagID 为标签编号，RSSI 为标签信号强度，ReaderID 为读写器编号。

上位机串口下发的指令：

(1)设置标签工作状态：0xdd 0x**。

当 ** 为 11 时，标签切换到状态 1 工作模式；

当 ** 为 22 时，标签切换到状态 2 工作模式。

(2)设置标签的射频信号强度(发射功率)：0xdd 0x**。

当 ** 为 0f 时，标签射频信号强度最大(发射功率 0dBm)；

当 ** 为 0d 时，标签射频信号强度较大(发射功率 −6dBm)；

当 ** 为 0b 时，标签射频信号强度较小(发射功率 −12dBm)；

当 ** 为 09 时，标签射频信号强度最小(发射功率 −18dBm)。

214GHz 模块上位机界面及对应命令帧与响应帧界面如图 4.12 所示。

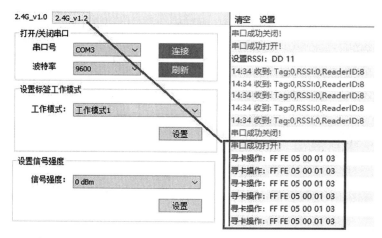

图 4.12　214GHz 模块上位机界面及对应命令帧与响应帧界面

- ETC 模块

该模块波特率为 115200，节点地址为 0x06，命令段及数据段含义如表 4.8 所示。

表 4.8　ETC 模块命令段及数据段含义

CMD	含义	类型	数据段的数据格式
42	起杆	发送	无数据段，命令帧如：FF FE 06 00 42 45
		接收	无数据段，ErrorStatus：00 成功，其他值失败
43	落杆	发送	无数据段，命令帧如：FF FE 06 00 43 46
		接收	无数据段，ErrorStatus：00 成功，其他值失败

ETC 模块上位机界面及对应命令帧与响应帧界面如图 4.13 所示。

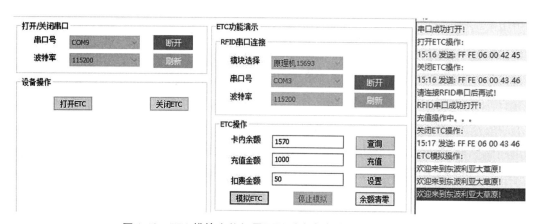

图 4.13　ETC 模块上位机界面及对应命令帧与响应帧界面

• 门禁模块

该模块波特率为 115200，节点地址为 0x07，命令段及数据段含义如表 4.8 所示。

表 4.8　门禁模块命令段及数据段含义

CMD	含义	类型	数据段的数据格式
40	开锁	发送	无数据段，命令帧如：FF FE 07 00 40 44
		接收	无数据段，ErrorStatus：00 成功，其他值失败
41	关锁	发送	无数据段　命令帧如：FF FE 07 00 41 45
		接收	无数据段，ErrorStatus：00 成功，其他值失败

门禁模块上位机界面及对应命令帧与响应帧界面如图 4.14 所示。

图 4.14　门禁模块上位机界面及对应命令帧与响应帧界面

2. CBT 原理机串口通信协议

针对 CBT 原理机，上位机发送命令帧的字段名称和内容长度格式如表 4.9 所示。

表 4.9　CBT 原理机命令帧格式

SOF	CMD	协议 Type	Select	Datalength	Data	保留	EOF
2byte	1byte	1byte	1byte	2byte	N byte	2byte	2byte

命令帧各字段的含义如下。

（1）SOF：表示帧头，默认值为 0xEE 0xCC。

（2）CMD：表示命令字节，详细见表 4.12、表 4.13。

（3）协议 Type：0x00 指串口配置，0x01 指 ISO15693，0x02 指 14443 协议，0x03 指 14443 高频模块，0x04 指低频模块（比如门禁控制），0x05 指超高频模块（如 ETC 收费模

块）。

（4）Select：表示卡是否在选择模式，0x00 指不在选择模式，0x01 指选择模式，选择模式下发送帧可以不用包含 UID，但是占有字节数。

（5）DataLength：表示 Data 段内容的字节数。

（6）保留：表示保留将来扩展使用。

（7）EOF：表示帧尾，默认值为 0x0D ~ 0x0A。

读写器回复响应帧，其帧的字段名称和内容长度格式如表 4.10 所示。

表 4.10　CBT 原理机响应帧格式

SOF	Status	CMD	协议 Type	Datalength	Data	保留	EOF
2byte	1byte	1byte	1byte	2byte	N byte	2byte	2byte

其中，Status 值的含义为：0x00 表示命令执行成功；0x01 关闭串口失败；0x02 静默失败；0x0F 没有读到标签/卡；0x10 命令不支持；0x11 命令不被允许；0x12 硬件类型不兼容。

CBT 串口用来配置原理机 RFID 底板 A8 任意两个串口。串口名的含义为：0 ~ 11 分别对应主板上的 P1 ~ P9、PA、PB、PC 模块；12 对应主板 A8 的 UART1；13 对应 A8 的 UART2；14 对应原理机的 UART2；15 对应原理机的 UART3；16 ~ 19 分别对应底板 DB9 插座的 1 ~ 4 串口，连接分为 10 组连接线，打开串口可发送两个串口号及连接线号，关闭串口发送连接线号即可。

串口配置命令段及数据段含义如表 4.11 所示。

表 4.11　串口配置命令段及数据段含义

CMD	含义	类型	数据段的数据格式
01	串口连接	发送	2 字节串口名 +1 字节连接线号
		接收	无数据段
02	串口断开	发送	1 字节连接线线号
		接收	无
03	获取串口配置信息	发送	无
		接收	3 字节 * N(线号 + 串口 1 + 串口 2) + (线号 .....)

ISO15693 模块命令段及数据段含义如表 4.12 所示。

表 4.12　ISO15693 命令段及数据段含义

CMD	含义	类型	数据段的数据格式
00	串口连接	发送	无数据段
		接收	UID，8 字节的倍数
01	寻单卡	发送	无数据段
		接收	UID
02	保持静默	发送	UID
		接收	无数据段
03	选择	发送	UID
		接收	无数据段
04	重置到准备状态	发送	UID
		接收	无数据段
05	写入应用族标识	发送	UID + 1 字节族标识
		接收	无数据段
06	锁应用族标识	发送	UID
		接收	无数据段
07	读块	发送	UID + 1 字节起始块号 + 1 字节块数
		接收	块数据(数据从起始块数据开始)
08	写块	发送	UID + 1 字节起始块号 + 1 字节块数 + 数据
		接收	无数据段
09	锁块	发送	UID + 1 字节块号
		接收	无数据段
0A	写存储格式标识	发送	UID + 1 字节存储格式
		接收	无数据段
0B	锁存储格式标识	发送	UID
		接收	无数据段
0C	获取系统信息	发送	UID
		接收	1 字节族标识 + 1 字节存储标识 + 1 字节块数 + 1 字节的每块字节数

续　表

CMD	含义	类型	数据段的数据格式
0D	获取多个块安全状态	发送	UID + 1 字节块号 + 1 字节块数
		接收	多个块的状态字节，每个字节 1 表示锁，0 无锁
0E	CRC 校验测试	发送	1 字节(0x00 无 CRC；0x01 有 CRC)
		接收	UID
0F	编码调制	发送	1 字节，0x00 为 4 - 1 编码调制；0x01 为 256 - 1 编码调制
		接收	无数据段
10	MFOU 管脚输出信号	发送	1 字节，0x00：内部解码(包括米勒解码)；0x01：串行数据流(不包括米勒解码)；0x02：高电平
		接收	无数据段
11	AUX 管脚输出信号	发送	1 字节，0x00：Q 通道载波信号放大，0x01：VMID 内部节点电压，0x02：VEVALB，0x03：VCorrNQ
		接收	无数据段
12	MFOU 管脚输出数字信号	发送	1 字节，0x00：卡上到的数据(s_data)；0x01：内部 13.56MHz 时钟；0x02：有效信号(s_valid)
		接收	无数据段
13	防冲撞测试	发送	1 字节，0x00：表示无防冲撞；0x01：表示防冲撞
		接收	UID * 卡片的数量

ISO14443 模块命令段及数据段含义如表4.13 所示。

表 4.13　ISO14443 命令段及数据段含义

CMD	含义	类型	数据段的数据格式
01	请求卡类型	发送	0x01：表示请求所有；0x00：表示请求未休眠
		接收	2 字节卡片类型
02	寻卡	发送	无数据段
		接收	4 字节卡号
03	选定卡	发送	4 字节卡号
		接收	无数据段

续　表

CMD	含义	类型	数据段的数据格式
04	认证密钥	发送	(0x00：A，0x01：B) + 块号 + 6 字节密钥 + 4 字节卡号
		接收	无数据段
05	读块	发送	块号(1 字节)
		接收	16 字节块数据
06	写块	发送	块号(1 字节，不能为 0) + 16 字节块数据
		接收	无数据段
07	命令卡进入休眠状态	发送	无数据段
		接收	无数据段
08	充值	发送	4 字节钱数
		接收	无数据段
09	扣款	发送	4 字节钱数
		接收	无数据段
0A	读当前金额	发送	无数据段
		接收	当前金额 4 字节

门禁和 ETC 模块命令段及数据段含义如表 4.14 所示。

表 4.14　门禁和 ETC 模块命令段及数据段含义

CMD	含义	类型	数据格式
01	初始化	发送	无数据段
		接收	低频卡号(读到卡号即回应)
02	寻卡	发送	无数据段
		接收	超高频卡号(读到卡号即回应)

针对 LF 低频 125kHz 模块 P7，串口参数设置为[9600、8、1、N]，发送命令 0xAA 表示读卡打开天线，响应 6 字节，即 5 字节卡号 + 1 校验字节(卡号字节异或校验)。例如：0D 00 96 71 8C 66，发送命令为 0xBB，表示关闭天线，响应数据 0xB2。

针对 14443 高频模块 P8，14443 串口协议同原理机 14443 基本相同，不同的地方是发送和回应协议的 Type 值变为 0x03。

针对 UHF 超高频 900MHz 模块 P5，串口参数设置为［57600、8、1、N］。

针对微波 2.4GHz 模块 P6，一帧 29 个字节，数据帧的格式如下。

u8 DataHeadH;//帧头 0xEE

u8 DataDeadL;//帧头 0xCC

u8 LogicNetInfoChnane;//ZigBee 网络物理信道号

u8 NetInfoPanID［2］;//ZigBee 网络标识号（0－0x3FFF）

u8 NodeIEEEAddress［8］;//节点 IEEE 地址（64bits 字节域非 0xFF）

u8 NodeNwkAddress［2］;//节点网络地址（16bits 协调器地址为 0,其他设备动态分配）

u8 NodeFamilyAddress［2］;//父节点网络地址（16bits）

u8 NodeType;//节点类型（0:协调器;1:路由器;2:终端设备）

u8 RSSI;//节点链路信号质量

u8 power;//发送功率

u8 Baud［4］;//ZigBee 波特率

u8 Mode;//拓扑结构（0:start;1:tree;2:mesh）

u8 CMD;//上位机命令

u8 Peer_addr［2］;//透传对象 ID

u8 DataEnd;//节点包尾 0xFF

其中，CMD 的取值为：0x01 表示设置通信信道，0x02 表示设置发送功率，0x03 表示设置波特率，0x04 表示配置透传对象节点地址，0x05 表示获取 ZigBee 一帧数据的参数信息，0x06 表示进入透传，0x07 表示退出透传，0x08 表示设置 PANID。

4.2.2 实例 1：低频 125kHz 智能门禁

下面通过一个简单的 125kHz 实例向读者展示智能门禁的采集、传输与操作的基本流程。

1. 实例原理

当智能卡靠近 125kHz 读写器时，读写器把当前读到的智能卡号和相关信息与控制器中事先注册的卡的对应信息进行检查，若有效，控制器发送开锁命令给门禁，即完成开门动作；否则不开门。如图 4.14 所示。

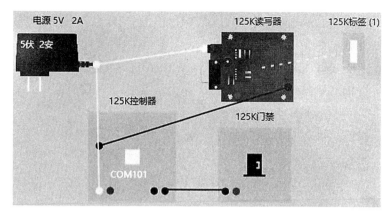

图 4.14　125kHz 门禁原理图

2. 125 读写模块编程

125K 低频 RFID 读写模块由 STM32 处理器、EM4095 射频芯片、125K 模块天线、RS232 接口、调试接口、ZigBee 模块接口等部分组成。处理器采用 STM32F103C8T6，STM32 通过串口 1 与射频芯片通信，通过串口 2 与上位机进行通信，如图 4.1 所示。

125K 读写模块通过 RS232 串口与上位机通信，进行寻卡、读卡、写卡、登陆等操作。工程文件在"125K 低频 RFID 读写模块 \ Object"目录中，主要代码如下。

步骤 1：MCU 初始化。

在使用 STM32 之前必须对用到的外设进行初始化。

```
RCC_ Configuration( );      //配置时钟
SHD_ MOD_ config( );        //连接 EM4095 的 SHD 和 MOD 引脚的 IO 口配置
PB8_ MOD_ L;                //拉低 MOD，使片上 VCO 进入自由运行模式
PB0_ SHD_ H;                //拉高 SHD，使 EM4095 进入睡眠模式
USARTInit( );               //串口初始化
timer1_ overlow_ init( );   //timer1 溢出函数初始化
timer1_ capture_ init( );   //timer1 捕获函数初始化
timer2_ overlow_ init( );   //timer2 溢出函数初始化
Delay_ ARMJISHU(1000);      //延时等待
ReadConfiguration( );       //读取 EM4095 配置
PB0_ SHD_ L;//拉低 SHD，回路允许发射射频磁场且开始对天线的振幅调制信号
```
进行解调
```
first_ read( );             //初次读取
```
步骤 2：接收到上位机发给单片机的串口 1 的信息以后，在中断函数中进行如下处理。
```
void USART1_IRQHandler( void) {
```

```
if( USART_GetITStatus( USART1 , USART_IT_RXNE) !  =  RESET) {
  //判断中断标志是否为1
    uart_in_buffer[ uart_in_write + + ] =   USART_ReceiveData( USART1) ;
      //将接收到的数据存到数组中
  if( ( uart_in_buffer[0] = = 0xff) && ( uart_head = = 0) ) {
    //判断是否字节0为0xff,且数据长度为0
      uart_head = 1;
USART_ClearITPendingBit( USART1 , USART_IT_RXNE) ;//清除中断标志
return;
  } else if( ( uart_in_buffer[1] = = 0xfe) && ( uart_head = = 1) ) {//判断是否字节1
为 0xfe 且数据长度为1
uart_head = 2;
    USART_ClearITPendingBit( USART1 , USART_IT_RXNE) ;//清除中断标志
return;
  } else if( ( uart_in_buffer[2] = = 0x01) && ( uart_head = = 2) ) {
      //判断是否字节2为0x01且数据长度为2
    uart_head = 3;
      USART_ClearITPendingBit( USART1 , USART_IT_RXNE) ;//清除中断标志
    return;
  } else if( ( ( uart_in_buffer[3] = = 0x01) || ( uart_in_buffer[3] = = 0x05) ||
    ( uart_in_buffer[3] = = 0x09) ) && ( uart_head = = 3) ) {
    //判断字节3是否为这几个命令字节,且数据长度为3
    uart_head = 4;
    USART_ClearITPendingBit( USART1 , USART_IT_RXNE) ;//清除中断标志
    return;
  } else if( uart_head = = 4) {//判断是否前四个字节校验正确,正确则返回
    USART_ClearITPendingBit( USART1 , USART_IT_RXNE) ;//清除中断标志
    return;
  } else { if( ( uart_in_buffer[0] !  = 0xff) || ( uart_in_buffer[1] !  = 0xfe)
    || ( uart_in_buffer[2] !  = 0x01) ) {
    uart_head = 5; }//如果前三个字节校验有误,uart_head 配置5
  uart_in_buffer[0] = uart_in_buffer[1] = uart_in_buffer[2] =
  uart_in_buffer[3] = uart_in_buffer[4] = uart_in_buffer[5] = 0;
    //将 uart_in_buffer[ ]中数据清零
```

```
        uart_in_write = 0;
        USART_ClearITPendingBit(USART1,USART_IT_RXNE);//清除中断标志
} } }
```

步骤 3：将处理完成的信息，发送给上位机，然后上位机分析完数据以后，将有效信息(比如卡片 ID 号码)显示出来。

```
while(1){
  if(uart_in_write > = UART_IN_BUFFER_SIZE)    //防止数据溢出
    uart_in_write = 0;
  if(uart_head = = 5)    //帧头校验 0xff 0xfe 0x01,结果为 5 时校验有误
  {    uart_head = 0;
    FormatResponse_Short(0x00,uart_in_buffer[5],0x02);    //无效指令回执
  } else if(uart_head = = 4){                // uart_in_buffer[ ]前四个字节校验正确
    if(uart_in_buffer[3] = = 1){        //如果数据长度为 1
      if(uart_in_write = = SHORT_IN)//接收到的串口数据字节数为 7
        receive_ok = 1;        //数据正确标志置 1
    } else if(uart_in_buffer[3] = = 5){        //如果数据长度为 5
      if(uart_in_write = = LARGE_IN)    //接收到的串口数据字节数为 11
        receive_ok = 1;
    } else if(uart_in_buffer[3] = = 9){如果数据长度为 9
      if(uart_in_write = = PASSWORD)//接收到的串口数据字节数为 15
        receive_ok = 1;}
      if(receive_ok = = 1){                //数据正确,需要校验和
        receive_ok = 0;uart_head = 0;check_sum = 0;
    for(i = 0;i < (uart_in_write-1);i + +){
      check_sum = check_sum + uart_in_buffer[i];}    //计算校验和
    if((check_sum = = uart_in_buffer[6]) ||
      (check_sum = = uart_in_buffer[10]) ||
      (check_sum = = uart_in_buffer[14]))
      {//判断接收的最后一个字节的数据是否等于校验和
    if(uart_in_buffer[4] >6){//无效指令
      for(i = 0;i < UART_IN_BUFFER_SIZE;i + +)
        {  uart_in_buffer[i] = 0;}//将数组清零
    uart_in_write = 0;
     Format Response_Short(0x00,uart_in_buffer[5],0x02);//无效指令回执
```

```
    } else { forward_ptr = forwardLink_data;
switch(uart_in_buffer[4]){//判断指令类型
   case 0x00://为0,EM4095译码配置
        manchester_decode_config();break;
   case 0x01://为1,修改配置字段
        if(uart_in_buffer[6] = = 0x03){      //RF/32
          config_data_rate = 15;     //set default values,
          uart_in_buffer[6] = 0x8f;
        } else if(uart_in_buffer[6] = = 0x04){      //RF/64
        config_data_rate = 0x1f;uart_in_buffer[6] = 0x9f;}
        Read Configuration();//读取EM4095配置,低字节数据
        write_tag_memory_word_low = ((uint16_t)uart_in_buffer[7] < < 8)
               + uart_in_buffer[6];     //高字节数据
        write_tag_memory_word_hi   = ((uint16_t)uart_in_buffer[9] < < 8)
               + uart_in_buffer[8];
        //将配置数据写入EM4305中uart_in_buffer[5]指定的地址,并获取应答状态
        check_stat = WriteWord ( uart_in_buffer[5],
        write_tag_memory_word_low,write_tag_memory_word_hi);
        FormatResponse_Short(0x01,uart_in_buffer[4],check_stat);
        //将应答状态发送给上位机
        break;
      case 0x02：  //为1,寻卡
        check_stat = ReadWord( uart_in_buffer[5]);
        //在uart_in_buffer[5]指定的地址中读取卡号
        FormatResponse_AddrWord( check_stat,uart_in_buffer[4],
        uart_in_buffer[5],read_tag_memory_word_low,
        read_tag_memory_word_hi);//回执寻卡数据
        break;
      case 0x03：  //为3,写卡
        write_tag_memory_word_low = ((uint16_t)uart_in_buffer[7] < < 8) +
            uart_in_buffer[6];
        write_tag_memory_word_hi   = ((uint16_t)uart_in_buffer[9] < < 8) +
            uart_in_buffer[8];
        check_stat = WriteWord( uart_in_buffer[5],
```

```
        write_tag_memory_word_low,write_tag_memory_word_hi);
    FormatResponse_Short(0x01,uart_in_buffer[4],check_stat);//回执上位机
    break;
case 0x04:  //为4,读卡
    for(i=0;i<200;i++){temp_array[i++]=0;}//初始化数组 temp_array
        [250]
    temp_num=0;
    check_stat=ReadWord(uart_in_buffer[5]);//读取 uart_in_buffer[5]
        指定地址中的数据
    FormatResponse_AddrWord(check_stat,uart_in_buffer[4],uart_in_buffer[5],
    read_tag_memory_word_low,read_tag_memory_word_hi);
        //将读卡数据回执上位机
    break;
case 0x05:  //为5,密钥登录
    write_tag_memory_login_low=((uint16_t)uart_in_buffer[7]<<8)+
        uart_in_buffer[6];
    write_tag_memory_login_hi=  ((uint16_t)uart_in_buffer[9]<<8)+
        uart_in_buffer[8];
    check_stat=login_em4305();//登录 EM4305
        FormatResponse_Short(0x01,uart_in_buffer[4],check_stat);
            //回执上位机
        break;
case 0x06:  //为6,修改密码`
    write_tag_memory_login_low=((uint16_t)uart_in_buffer[7]<<8)+
        uart_in_buffer[6];
    write_tag_memory_login_hi=  ((uint16_t)uart_in_buffer[9]<<8)+
        uart_in_buffer[8];
    check_stat=login_em4305();//登录 EM4305
    FormatResponse_Short(0x01,uart_in_buffer[4],check_stat);
        //回执上位机
    Delay_ARMJISHU(100);        //延时等待
    if(check_stat==0){              //如果登陆成功
        forward_ptr=forwardLink_data;
    read_tag_memory_word_low=((uint16_t)uart_in_buffer[11]<<8)+
```

```
                uart_in_buffer[10];
        read_tag_memory_word_hi    = ((uint16_t)uart_in_buffer[13] << 8) +
                uart_in_buffer[12];
        check_stat = WriteWord( uart_in_buffer[5],read_tag_memory_word_low,
            read_tag_memory_word_hi );  //向 EM4305 发送修改密码的信息
        FormatResponse_Short(0x01,uart_in_buffer[4],check_stat );}
            //回执上位机
        break;
    default:break;}} }else{ EmmitError(0x03);}//
        如果校验和不正确,发送错误应答数据
    for(i=0;i<UART_IN_BUFFER_SIZE;i++)//处理完毕,将 uart_in_buffer[ ]
        中数据清零
        { uart_in_buffer[i]=0;}
    uart_in_write =0;}}
}
```

通过前面3步就完成了上位机 STM32 单片机对 EM4305 卡的寻卡、读卡、写卡、登录等操作,以及上传信息到 PC 机的功能。

3. 电子锁模块编程

电子锁系统是由门禁控制器、锁具、通讯转换器等组成,主控芯片由 STM32F103C8T6 单片机实现。工程文件在"智能门禁模块\ MDK"目录中,主要代码如下。

```
RCC_Configuration();        //配置时钟
GPIO_Configuration();       //配置 IO 口
USART_Configuration();      //串口设置
NVIC_Configuration();       //中断设置
Delay_Init(72);             //延时函数配置
while (1){ ProcessCmd();  }  //进入主循环,主执行函数
void ProcessCmd(void){  //等待串口命令,判断是什么命令,然后执行相应操作
if( ControlCmd ==0x40){  //如果是开锁命令
    GPIO_SetBits( GPIOB,GPIO_Pin_8);  //开锁
    ControlCmd =0x00;
    DoorOpenTime =0x5f0000;                //延时长度 10s
} else if( ControlCmd ==0x41){              //如果是关锁命令
    GPIO_ResetBits( GPIOB,GPIO_Pin_8);//关锁
    ControlCmd =0x00;
```

```
        DoorOpenTime = 0x0;                    //无延时
    }
    if( ControlCmd = = 0x00 && DoorOpenTime  > 0)   //延时
        DoorOpenTime--;                        //延时
    elseif( ControlCmd = = 0x00 && DoorOpenTime = =0)
            //如果一段时间没有操作,那么执行关锁命令
        GPIO_ResetBits( GPIOB,GPIO_Pin_8);     //关锁
}
```

4. 门禁系统上位机编程

门禁系统上位机编程采用 C#开发, 主要使用的技术是串口编程和多线程编程:前者是为上位机与电子锁和读写器通信;后者实现自动获取读写器的响应帧信息,以及给电子锁发开锁命令。工程文件在"RFIDSys \ PracticeSystem"目录中。

5. 智能门禁演示

步骤 1:准备智能门禁电子锁模块、125K 读写器、125K 智能卡、USB 转 232 串口线、5V 电源,搭建实验环境,并烧写对应的镜像文件,如图 4.15 所示。

图 4.15　智能门禁实物

步骤 2:打开设备管理器查看设备对应串口号,比如电子锁串口号是 COM9,125K 读写器的串口号是 COM3,运行智能门禁上位机软件,并打开对应串口。

步骤 3:单击上位机程序的"开锁"按钮,会听到电子锁打开的声音并可看到门禁锁状态的变化,单击"关闭"按钮,会听到电子锁关闭的声音和看到门禁锁状态的变化。

步骤 4:单击上位机程序的"模拟门禁"按钮启动自动门禁识别系统,再把有效的 125K 的智能卡靠近读写器的识别区域,会周期性听到电子锁打开声音;单击"停止模拟"按钮,电子锁停止变化。实验结果如图 4.16 所示。

图 4.16 智能门禁上位机实时数据

4.2.3 实例 2：高频 ETC 应用设计

电子不停车收费（Electronic Toll Collection，简称 ETC）系统是一种主要用于公路、桥梁和隧道的新型电子自动收费技术。它通过车载电子标签与微波天线之间的专用短程通讯，在不需要司机停车和其他收费人员采取任何操作的情况下，自动完成收费处理全过程。

1. ETC 模块的三大关键技术

（1）车辆自动识别技术，主要由车载设备和路边设备组成，两者通过短程通信完成路边设备对车载设备信息的一次读写，即完成收（付）费所必需的信息交换手续。目前用于 ETC 的短程通信主要是微波和红外两种方式。

（2）自动车型分类技术，在 ETC 车道安装车型传感器测定车辆的车型，以便按照车型实施收费。

（3）违章车辆抓拍技术，主要由数码照相机、图像传输设备、车辆牌照自动识别系统等组成。对不安装车载设备车载单元（OBU）的车辆用数码相机抓拍，并传输到收费中心，通过车牌自动查找系统识别违章车辆的车主，展开通行费的补收手续。

2. ETC 工作原理

ETC 车道主要由 ETC 天线、车道控制器、金额显示器、自动栏杆机、车辆检测器等组成。车辆在通过收费站时，通过车载设备实现车辆识别、信息写入（入口）并自动从预先绑定的 IC 卡或银行账户上扣除相应资金（出口）。具体如下：

车主将载有车辆信息及车主信息的电子标签贴在车内前窗玻璃上，当车辆进入 ETC 收费车道，即 L1 天线的发射区时，处于休眠的电子标签受到微波激励而苏醒，随即开始工作，电子标签以微波方式发出电子标签标示和车型代码，天线接收确认电子标签有效后，以微波发出车道代码和时间信号，写入电子标签的存储器内，进口车道栏杆打开，车辆即可驶入高速公路。到达出口收费站时，当车辆驶入出口收费车道天线发射范围，经过唤醒、相互认证有效性等过程，天线读出车型代码以及 L1 代码和时间，传送给车道控制器，车道控制器存储原始数据并转换成数据文件，上传给收费站管理子系统并转送收费结算中心，经过验证，出口车道栏杆打开，车辆驶出高速公路；同时，收费结算中心从各个用户的账号中扣除通行费并显示余额。

3. 实例原理

ETC 模块功能由 STM32F103C8T6 单片机实现，当高频读写器读取到车内前窗玻璃上智能卡信息时，上传给上位机，随后上位机发送"起杆"指令，单片机会把指令转换成与指令相对应的脉冲宽度调制（PWM）波，PWM 波作用在舵机上，使舵机转过一定角度。收到"落杆"指令时，单片机会把指令转换成与指令相对应的 PWM 波，PWM 波使舵机回到起点。

4. ETC 模块编程

工程文件在"模拟 ETC 模块 \ Project"目录中，其中 Source 代码组中是一些用户编辑的函数，Driver 是 ST 官方提供的函数库，其他文件可以暂时不去理会。Delay. c 是一些延时函数；RCC. c 是时钟配置函数；Stm32f10x_it. c 是中断的服务程序，包括串口的接收等都在本文件中；Main. c 是主程序；Stm32f10x_iwdg. c 是看门狗文件；Server 是 ETC 电机控制文件；USART. c 是串口配置文件。

5. 高频 14443 读写编程

高频 14443 读写模块采用的是 STM32F103C8T6 芯片（不是单片机），通过串口 1 与 MFRC522 芯片通信，通过串口 2 与上位机进行通信，如图 4.2 所示。下面以上位机寻卡操作为例介绍编程方法，其他的操作与此类似。

步骤 1：STM32 设备初始化。

```
void STM32_Init( void) {
    RCC_Configuration( );       //时钟的初始化
    Delayms(100);              //等待时钟稳定
    USARTInit( );              //串口初始化
    timer3_initial( );         //定时器的初始化用于喂狗
    NVIC_Configuration( );      //中断向量初始化
    LED_config( );             //指示 LED 灯初始化
    Delayms(150);
}
```

步骤 2：RC522 芯片初始化，包括与单片机通信串口初始化，寄存器初始化等。

```
void RC522_Init( void) {
    PcdReset( );                   //RC522 复位
    USARTInit( );                  //重新修改 STM32 串口的波特率
    PcdAntennaOff( );              //天线重启
```

```
Delayms(10);
PcdAntennaOn();
M500PcdConfigISOType('A');        //RC522 寄存器的配置
Delayms(100);                     //LED 指示
Led_Turn_on_1();                  //打开指示灯
Delayms(100);
Led_Turn_off_1();                 //关闭指示灯
}
```

步骤 3：在 stm32f10x_it.c 中，接收到上位机串口命令后进行中断服务处理。

```
void USART2_IRQHandler(void){
 u8 RecvChar=0;
 u8 i=0;u16 time;
 if(USART_GetITStatus(USART2,USART_IT_RXNE)! = RESET){
   for(i=0;i<40;i++){
     time=1500;
     while((time)&&(! (USART_GetITStatus (USART2,USART_IT_RXNE)))){
       time--;}
     if(time = =0){
       Uart_RevLEN=i;  //保存接收到的串口数据字节数
       Uart_RevFlag=1;//数据有效标志位
       return;}
     USART_ClearITPendingBit(USART2,USART_IT_RXNE);
     RecvBuf[i] = USART_ReceiveData(USART2);
     switch(i){
       case 0:{ if (RecvBuf[0]! =0xff)return;  break;}
       case 1:{ if (RecvBuf[1]! =0xfe) return;  break;}
       case 2:{ if (RecvBuf[2]! =0x02) return;  break;}
       default:break;}
}}}
```

步骤 4：在主函数中，判断是否是寻卡命令，是否执行寻卡操作。

status = SreachCard(SelectedSnr);//包含寻卡和防碰撞两个操作，成功后返回四字节的卡序号

步骤 5：如果寻卡操作成功，则设置 Success_Flag=1；否则设置 Wrong_Flag=1。

```
if(status = = MI_OK){Wrong_Value = 0; Search_Sum = 0;
        Success_Flag = 1;FrameLen = 4;}
else{Wrong_Flag = 1; Wrong_Value = SEARCH_ERROR;}//寻卡操作失败
```

步骤6:操作完成以后向串口返回信息。

```
if(Wrong_Flag){Wrong_Flag = 0;USART_WrongSend(USART2);}
if(Success_Flag){Success_Flag = 0;USART_SendOneFrameData(USART2);}
```

6. ETC 上位机编程

ETC 系统上位机编程采用 C#开发，主要技术是串口编程和多线程编程；前者是为上位机与 ETC 模块和读写器通信；后者实现自动获取读写器的响应帧信息，以及给 ETC 模块发"起杆"或"落杆"指令。工程文件在"RFIDSys \ RFIDStudySys"目录中。

7. ETC 功能演示

步骤1：准备 ETC 模块、高频 14443 读写器、14443 智能卡、USB 转 232 串口线、5V 电源，搭建实验环境，并烧写对应镜像文件，如图4.17 所示。

步骤2：打开设备管理器查看设备对应串口号，比如 ETC 模块串口号是 COM9，14443 读写器的串口号是 COM3，运行模拟 ETC 上位机软件，并打开对应串口。

图 4.17　模拟 ETC 硬件模块

步骤3：单击上位机程序的"打开 ETC"按钮，会听到抬杆声音及看到 ETC 杆转向的变化，单击"关闭 ETC"按钮，会听到回杆声音以及看到 ETC 杆归位的变化。

步骤4：单击上位机程序的"模拟 ETC"按钮启动自动 ETC 收费系统，再把有效的 14443 的智能卡靠近 14443 读写器识别区域，会周期性听到"抬杆和回杆"的声音，看到 ETC 杆转向和卡内余额的变化情况；单击"停止模拟"按钮，杆转向停止变化；另外还可以对卡进行充值。如图4.18 所示。

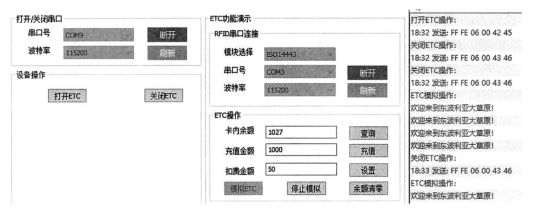

图 4.18　模拟 ETC 上位机实时数据

第5章 ZigBee 通信

ZigBee 技术是基于 IEEE802.15.4 标准的低功耗局域网通信协议，是一种短距离、低速率下的无线通信技术。其特点是短距离、低复杂度、自组织、低功耗、低数据速率、低成本，主要适合用于自动控制和远程控制领域，可以嵌入各种设备中。

5.1 ZigBee 基础知识

ZigBee 来源于蜜蜂的八字舞，由于蜜蜂(bee)是靠飞翔和嗡嗡(zig)地抖动翅膀的舞蹈来与同伴传递花粉所在方位信息，也就是说蜜蜂依靠这样的方式构成了群体中的通信网络。IEEE802.15 工作组联盟便以此作为这个新一代无线通信技术的名称，并制定规范。

5.1.1 ZigBee 通信概述

1. 什么是 ZigBee

简单地说，ZigBee 是一种可靠性高的无线数传网络，类似于 CDMA 和 GSM 网络。ZigBee 数传模块类似于移动网络基站。通讯距离从标准的 75 米到几千米，并且支持无限扩展。与移动通信的 CDMA 网或 GSM 网不同的是，ZigBee 网络主要是为工业现场自动化控制数据传输而建立，因而，它必须具有简单、使用方便、工作可靠、价格低的特点。而移动通信网主要是为语音通信而建立，每个基站的价值一般都在百万元人民币以上，而每个 ZigBee"基站"却不到千元人民币。

ZigBee 是一个由可多到 65535 个无线数传模块组成的无线数传网络平台，在整个网络范围内，每一个网络数传模块之间都可以相互通信，每个网络节点间的距离都可以从标准的 75 米进行无限扩展。每个节点不仅本身可以作为监控对象，例如对其所连接的传感器直接进行数据采集和监控，还可以自动中转别的网络节点传过来的数据资料。除此之外，每个网络全功能设备节点还可在自己信号覆盖的范围内，和多个不承担网络信息中转任务的孤立的精简功能子节点进行无线连接，其无线通信频率可在欧洲流行的 868MHz、美国流行的 915 MHz 和全球流行的 2.4GHz 三个频段上工作，各具有最高 20kbit/s、40kbit/s 和

250kbit/s 的传输速率，由于此三个频带物理层并不相同，其各自信道带宽也不同，分别为 0.6MHz、2MHz 和 5MHz，分别有 1 个、10 个、16 个信道。

2. ZigBee 节点类型

在 ZigBee 无线网络，节点（即无线模块）按照功能来划分，有协调器、路由器和终端 3 大类。它们的硬件设计可以完全一样，即完全一样的模块，之所以不一样，是因为下载了不同功能版本的代码。而不管是协调器、路由器还是终端，必须在同一个无线网络里。如果没有入网，那么充其量就是一个模块罢了。任何一个 ZigBee 无线网络，第一个节点一定是该网络的协调器，且网络里有且仅有一个协调器，而路由器和终端却可以有多个。

（1）协调器（Coordinator）是启动和配置网络的一种设备，根据选择的一个信道编号和网络标识来创建和维护网络，是网络的中心节点，一个网络只允许有一个协调器。

（2）路由器（Router）是一种支持关联的设备，能够将消息转发到其他设备。

（3）终端设备（End Device），具体执行数据采集与传输的设备，不能转发其他节点的消息。

每个节点设备都包括以下 2 种地址：

① IEEE MAC 地址：64 位，由 IEEE 组织进行分配，用于唯一的标识设备，全球没有任何两个设备具有相同的 MAC 地址。在 ZigBee 网络中，有时也叫 MAC 址为扩展地址。

② 16 位短地址：用于在本地网络中标识设备和发送数据，如果处于不同的网络中，有可能具有相同的短地址。当一个节点加入网络的时候，将由它的父节点给它分配短地址，而协调器的短地址永远是 0x0000。

组网时：协调器发送了一帧信标请求帧，发送这一帧也会得到周围具备介绍人资格的节点回复信标帧，协调器收到这些信标帧，用来判断周围的环境情况，为创建网络做准备。当协调器创建成功以后，就会发送一个数据帧，这个帧里面可以看到协调器的地址 0x0000 和用来区别不同的网络 PANID，可以把这个帧叫作网络连接状态帧。

入网时：路由器在入网之前，一直发送信标请求帧，它的作用是让在它附近的所有具备介绍人资格的节点都回复信标帧，这些返回的信标帧被这个想要加入的无线模块接收到，通过这些信标帧，选出最佳介绍人节点请求加入。而终端在入网前的行为和路由器代码模块在入网前的行为是一样的。

网络组建以后，网络里的节点可以进行相互通信，常见的数据通信方式有 4 种，即单播、广播、组播、绑定。

3. ZigBee 协议栈

协议栈是协议的实现，可以理解为代码、库函数，供上层应用调用，协议较底下的层与应用是相互独立的。商业化的协议栈只提供用户接口（其实和互联网行业的 API 模式很像）。就像用户调用地图 API 时不需要关心底层地图是怎么根据位置或坐标绘制的，也不用关心协议栈底层的实现，除非想做协议研究。开发人员仅仅通过使用协议栈来使用这个协议，进而实现无线数据收发。

ZStack 协议栈将各个层定义的协议都集合在一起，以函数形式实现并提供 API，供用户直接调用。协议栈按照功能来划分，ZStack 分成不同的层，比如 NWK（网络层）、APS（应用程序支持层）、APL（应用层）等，几乎每一个层都是一个任务，系统为每一个任务分配一个字节的唯一数值编号，每一个任务都能处理一些它们能够处理的事物，把这个数值编号叫作任务 ID，它们能够处理的事物叫作事件。

如何使用 ZStack 协议栈呢？以简单的无线数据通信为例，其一般步骤为：

（1）组网：调用协议栈组网函数、加入网络函数，实现网络的建立和节点的加入。

（2）发送：发送节点调用协议栈的发送函数，实现数据无线发送。

（3）接收：接收节点调用协议栈的无线接收函数，实现无线数据接收。

ZigBee 技术的先天性优势，使得它在物联网行业逐渐成为一个主流技术，在工业、农业、智能家居等领域得到大规模的应用。例如，它可用于厂房内进行设备控制，采集粉尘和有毒气体等数据；在农业上可以实现温湿度、pH 值等数据的采集并根据数据分析的结果进行灌溉、通风等联动动作；在矿井中可实现环境检测、语音通信和人员位置定位等功能。

5.1.2　ZigBee 硬件资源

ZigBee 无线传感器网络开发，首先需要硬件节点的支持，尤其需要支持 ZigBee 协议栈的硬件，常用硬件节点包括核心处理器、外围电路、下载调试仿真器等模块。下面基于CC2530 核心处理器，讲解无线短距离通信技术的设计方法。

1. 核心板硬件资源

CC2530 开发板主要包括 CC2530 单片机模块，ZigBee 核心处理器 CC2530、天线接口、晶振以及外围 IO 扩展接口，如图 5.1 所示。

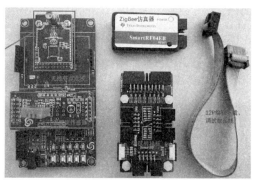

图 5.1　CC2530 核心板（左）和带传感器等外围电路的开发套件（右）

在开发套件中，仿真器使用调试转接板调试无线节点中的应用程序，同时还可以使用RS232 串口，把无线节点的数据上传给计算机或接收计算机的指令。

CC2530 核心板是一款完全兼容的 8051 单片机，同时支持 IEEE802.15.4 协议的无线射频单片机。模块的功能特征与主要参数指标如下。

(1)功能特征：支持 USB 高速下载、IAR 集成开发环境；支持在线下载、仿真、调试、烧写功能；支持 USB 供电、电池供电。C51 编程开发简单、方便、快捷。板载 LED指示灯，RS232 串口，可外接多种传感器模块(温湿度、红外、光敏、烟雾、超声波等)。

(2)CC2530 收发频率：收发频率范围为 2045～2480MHz；测试天线 3dBi 鞭状天线；输出功率4.5dBm(最小 -8dBm，最大 10dBm)；最大功率输出距离大于 300m。

(3)功耗：接收模式 24mA；发送模式 29mA；休眠模式 1.5mA；宽电源电压范围2.0～3.6V。

(4)微控制器：高性能和低功耗的增强型 8051 微控制器内核，32/64/128/256KB 系统可编程闪存，支持硬件调试，有 8KB RAM。

(5)外设接口：21 个可配置通用 IO 引脚，2 个同步串口，1 个看门狗定时器，5 个通道 DMA 传输，1 个 IEEE802.15.4 标准的 MAC 定时器和 3 个通用定时器，1 个 32MHz 睡眠定时器，1 个数字接收信号强度指示 RSSI/LQI 支持，8 通道 12 位 AD 模数转换器，可配置分辨率、内置电压、温度传感器检测，1 个 AES 安全加密处理器。

2. 底板硬件资源

进行 ZigBee 传感网开发需要用到相应硬件，针对不同传感器需要不同传感器信号调理电路；但是无线传感器的外围接口和通信部分的硬件电路是不变的，下面进行具体讲解。

(1)电源电路。

电源电路可以采用5V电源通过 DC-DC 变换器得到 3.3V 的电压，此外也可采用两节5 号电池供电的方案，主要提供核心板、传感器和外围设备等的所需能量，如图 5.2 所示。

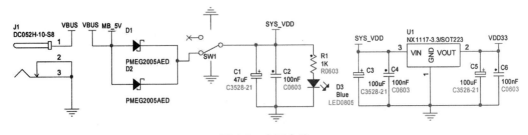

图 5.2　电源电路

(2)LED 电路。

LED 电路用来指示节点工作状态，如正在建立网络、加入网络、网络质量良好、正在传输数据等信息(如图 5.3 所示);另外也可用 1.8 寸 LCD 屏显示节点数据或工作状态。

图 5.3　LED 电路　　　　　　图 5.4　传感器数据采集串口电路

(3)串口电路。

串口电路主要用于实现程序下载与调试、无线底板与 PC 端的通信,以及 COMS、TTL 电平到 RS232 的转换等,传感器数据采集串口电路如图 5.4 所示。

(4)CC2530 通信接口。

接口 U2 用于 CC2530 核心板与底板连接,实现供电、传感器数据交互、程序调试等操作。核心板 24 个信号引脚的功能定义如图 5.5 所示。

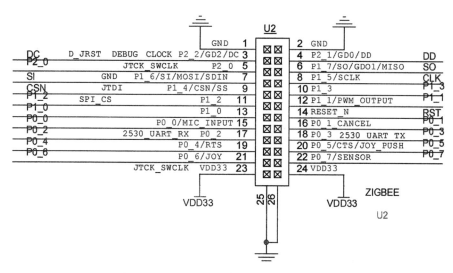

图 5.5　CC2530 通信接口引脚的功能定义

5.1.3　ZigBee 软件安装

为了进行基于 CC2530 物联网应用项目开发,需要安装集成开发工具、仿真器驱动、

ZigBee 协议栈以及调试和测试工具包。

1. 针对 CC2530 模块，安装 IAR 9.10 for 8051 和对应 SmartRF04EB 的仿真软件

搭建 CC2530 开发环境进行串口通信，需要安装以下三个软件。

（1）嵌入式 IAR Embedded Workbench for 8051 安装。

IAR Embedded Workbench for MCS-51 是 Windows 嵌入式单片机常见集成开发环境，该开发环境针对目标处理器集成良好的函数库和工具支持，其安装过程如下。

步骤 1：安装 IAR for 8051 软件包，双击 EW8051-9.10.1-Autorun.exe 进入欢迎界面，单击 Install IAR Embedded Workbench 选项，后续采用默认选项值进行安装，直到安装完毕。

步骤 2：第一次运行 IAR for 8051 时，系统会提示 IAR 未激活，如图 5.6 所示。运行 IAR Offline Activator 激活工具，在［Product］中选择 IAR Embedded Workbench for 8051，Standard，单击 Generate 按钮，生成 License Number。

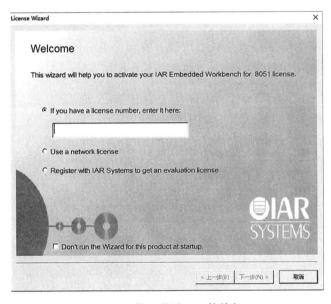

图 5.6　提示激活 IAR 软件包

步骤 3：在 IAR 主窗口 Help 菜单中单击 License Manager... 菜单项，进入 IAR License Manager 窗口，在菜单 License 中选择 offline Activation... 菜单项，进入 License 向导，输入其中的 License Number，比如 7117 - 595 - 415 - 8531，单击 Next，选择 No，即不使用硬件加密狗，继续单击 Next，提示 Save activation information，即选中 ActivationInfo.txt 文件保存的位置，如保存到 D 盘的根目录。

步骤 4：在图 5.6 中找到激活信息文件，单击 Activate License 按钮，系统提示保存激

活响应文件 ActivationResponse. txt，在 Use the response file to activate the license 向导窗口中，选择刚刚保存的激活响应文件，单击 Next，出现 Finished，表示激活完成。再回到 IAR 界面中查阅 License 激活状态，如图 5.7 所示。

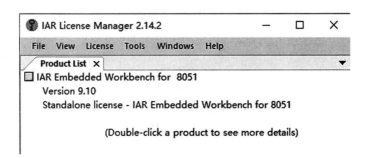

图 5.7　已激活 IAR 软件

步骤 5：新建 IAR for 8051 测试工程，单击菜单 Project，Rebuild All，若无错误无警告，表示此 IAR for 8051 开发环境安装成功，如图 5.8 所示。

图 5.8　搭建 IAR for 8051 开发环境

（2）安装 CC2530 烧写工具与仿真器驱动。

步骤 1：双击 Setup_SmartRFProgr_1. 12. 4. exe 文件，安装 CC2530 固件的烧写工具，默认安装完毕即可，仿真器 SmartRF04EB 的驱动也在此工具中。

步骤 2：用 USB 线把 SmartRF04EB 仿真器连接到 PC 机的 USB 口，首次在设备管理器中显示 SmartRF04EB 驱动未安装，右击选择手动安装，驱动位于 C：\ Program Files(x86) \ Texas Instruments \ SmartRF Tools \ Drivers \ Cebal 目录中，驱动安装成功后如图 5.9 所示。

图 5.9　安装仿真器 SmartRF04EB 驱动

2. CC2530 协议栈的安装、编译与下载

不同厂商提供的 ZigBee 协议栈有一定的区别，这里选用 TI 公司推出的 ZigBee 2007 协议栈。高效的传感网项目开发软件，需要安装此协议栈以后才能使用。

步骤1：双击 ZStack-CC2530-2.4.0-1.4.0. exe，默认安装完成后生成 C：\ Texas Instruments \ ZStack-CC2530-2.4.0-1.4.0 文件夹，文件夹内包括协议栈中各层部分源程序，有一些源程序被以库的形式封装。Documents 文件夹内包含一些与协议栈相关的帮助和学习文档；Projects 包含与工程相关的库文件、配置文件等，其中基于 ZStack 的工程应放在 C：\ Texas Instruments \ ZStack-CC2530-2.4.0-1.4.0 \ Projects \ zstack \ Samples 文件夹下，注意不要把 ZStack 放在比较深的文件夹内，否则 IAR 打开工程时可能一直打不开，也最好不要有中文！

步骤2：启动 IAR 软件，在菜单栏 File 中选中 Open Workspace，打开 C：\ Texas Instruments \ ZStack-CC2530-2.4.0-1.4.0 \ Projects \ zstack \ Samples \ SampleApp \ CC2530DB 的 SampleApp. eww，可以看到该工程的布局文件，如图 5.10 所示，以架构的思维去了解代码能让人思路更清晰。

工程文件布局的左边，App、HAL、MAC 和 MT 等文件夹对应 ZigBee 协议中不同的层，使用 ZStack 进行应用程序的开发，一般只需要修改 App 目录的文件即可。

★ 关于协议栈的编译与下载，请读者结合5.4节的数据传输实验进行学习，通过具体的实例来学习基于协议栈开发应用的流程是比较好的方法。

步骤3：在菜单栏 Project 中选中 ReBuild All 完全编译此工程，若无错误、无警告，表示 ZStack 安装成功。再搭建好硬件环境，选中 Download and Debug，检测镜像文件下载是否成功。

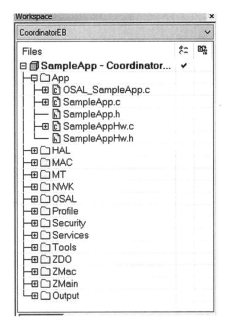

图 5.10　协议栈 SampleApp 工程文件布局

3. 安装辅助工具包

步骤 1：双击 Setup_SmartRF_Packet_Sniffer_2.15.2.exe 安装抓包工具，该软件主要用于 ZigBee 和 BLE 相关产品的数据抓包，主界面如图 5.11 所示。

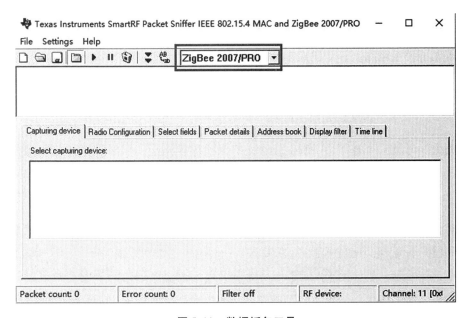

图 5.11　数据抓包工具

主窗口分为两个区域：显示解码后的数据包的每个域数据包列表区域和包含设备、无线设置、域选择、详细信息、地址表、显示筛选、时间轴等7个标签的区域。

步骤2：双击 Setup_ZigBee_Sensor_Monitor_1.3.2.exe 安装拓扑结构展示软件，该软件可用于查看网络拓扑结构图，支持星形网、树形网的动态显示，如图5.12所示。

图 5.12　TI 拓扑结构软件

软件使用方法：首先连接协调器，将例程烧录进去，这里的例程需为 TI 官方传感器监控例程，或为网上将 TI 官方按键去除的传感器监控例程，自己创建的例程是没有效果的；然后用串口线连接 PC 机和协调器，打开应用程序，单击开始按钮，观察现象。

至此，基于 ZigBee 无线通信设计的开发软件环境搭建完毕。

5.2　项目实施

ZigBee 传感网络涉及电子、电路、通信、射频等多学科的知识，这对于初学者来说，无形中增加了学习难度。鉴于此，本节通过三个典型例子，由浅入深地介绍 ZigBee 通信开发技术。

5.2.1　实例1：无协议栈 ZigBee 通信

本例主要通过几个基于 CC2530 节点板的无线射频实验，学习 ZigBee 射频通信的基本方法以及射频相关知识。

1. 点对点通信实验

点对点无线通信实验的目的一是通过一端控制另一端的方式实现通信，二是验证软硬件开发环境是否正确。这是基于 CC2530 的传感器采集数据通信应用设计的基础。

基本工作原理：采用两个 CC2530 无线模块进行点对点通信，节点1发送"LED"三个字符，节点2收到数据后，对接收到的数据进行判断，如果收到的数据是"LED"，则在串口助手中显示出来，同时节点2的 LED 灯闪烁一次，原理如图5.13所示。如果发送节点发送的数据目的地地址与接收节点的地址不匹配，接收节点将接收不到数据，LED 灯无反应。

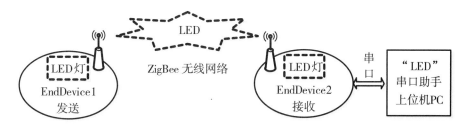

图 5.13　点对点通信原理图

（1）硬件接口连接。

接收节点上电后进行初始化，然后通过指令 ISRXON 开启射频接收器，等待接收数据，直到正确接收到数据为止，通过串口打印输出。发送节点上电后和接收节点进行相同的初始化，然后将要发送的数据输出到 TXFIFO 中，再调用指令 ISTXONCCA 通过射频前端发送数据。另外，CC2530 模块硬件上设计了两个 LED 灯（图 5 - 3 中的 D6 和 D7）用来编程调试使用。分别连接 CC2530 的 P1_0、P1_1 两个 IO 引脚。从图 5.13 中可以看出，两个 LED 灯共阳极，当 P1_0、P1_1 引脚为低电平时，LED 灯点亮。

（2）设计关键源码。

• 射频初始化函数

uint8 halRfInit(void)

功能描述：ZigBee 通信设置、自动应答有效、设置输出功率 0dbm、Rx 设置、接收中断有效。

• 发送数据包函数

uint8 basicRfSendPacket(uint16 destAddr, uint8 ∗ pPayLoad, uint8 length)

功能描述：发送数据包，入口参数 destAddr 是目标网络短地址，pPayLoad 为数据包头指针，length 为数据包长度。

• 接收数据函数

uint8 basicRfReceive(uint8 ∗ pRxData, uint8 len, int16 ∗ pRssi)

功能描述：从接收缓冲区中复制出最近接收到的数据包。入口参数 pRxData 是接收数据头指针，len 为数据长度，pRssi 为信号质量。

（3）源码实现。

步骤 1：在 IAR 集成开发环境主窗口中，在菜单 Project 中单击 Create New Project，新建 8051 空白工程 CC2530P2P. ewp，对应的工作区保存为 CC2530P2P. eww。

步骤 2：依次单击主菜单 File—New—File，新建 main. c 文件，其主要内容如下：

```
#include <iocc2530. h>
#include" hal_mcu. h"
#include" hal_assert. h"
#include" hal_board. h"
#include" hal_rf. h"
#include" basic_rf. h"
#include <stdio. h>
#define RF_CHANNEL   25//2. 4 GHz RF channel
#define PAN_ID        0x5000
#define SEND_ADDR     0x6001
#define RECV_ADDR     0x6005
#define NODE_TYPE   0//0(零)——接收节点,! 0(非零)——发送节点
static basicRfCfg_t basicRfConfig;
void main( void)
{   halMcuInit( );         //初始化 mcu
    hal_led_init( );        //初始化 LED
    hal_uart_init( );        //初始化串口
    if (FAILED = = halRfInit( ))HAL_ASSERT(FALSE);
        //halRfInit( )为射频初始化函数
    //Config basicRF
    basicRfConfig. panId = PAN_ID;             //ZigBee 无线网络地址
    basicRfConfig. channel = RF_CHANNEL;       //通信信道
    basicRfConfig. ackRequest = TRUE;          //应答请求
#if NODE_TYPE
    basicRfConfig. myAddr = SEND_ADDR;         //发送地址
#else
    basicRfConfig. myAddr = RECV_ADDR;         //接收地址
#endif
    if (basicRfInit( &basicRfConfig) = = FAILED)//Initialize BasicRF
        HAL_ASSERT(FALSE);
    for (uint8 i =0;i < 16;i + +)
    {   if ((i%2) = =0)   hal_led_on(1);
        //切换 D7 灯状态 8 次,表示节点准备通信
```

```
            else   hal_led_of f (1);
            halMcuWaitMs(100);}                      //延时大约 100ms
#if NODE_TYPE
    rfSendData();                                    //发送数据
#else
    rfRecvData();                                    //接收数据
#endif}
```

上述程序通过宏 NODE_TYPE 来确定是发送节点还是接收节点，rfSendData() 是发送节点函数，rfRecvData() 是接收节点的函数，这两个函数最终都会进入一个无限循环状态。

```
void rfSendData(void){
        char pTxData[] = {'L','E','D'};  //定义要发送的数据' LED '
        uint8 ret;
        static unsigned int send_counter =0;  //发送次数计数器
        basicRfReceiveOff();  //关闭射频接收器
        while (TRUE){          //点对点发送数据包
          ret = basicRfSendPacket(RECV_ADDR,(uint8*)pTxData,sizeof pTxData);
          printf("{data =send %d times}", ++send_counter);//在 PC 上显示发送次数
          if (ret == SUCCESS){       //发送成功 D7 闪烁 1 次,延时大约 1000ms
              hal_led_on(1);   halMcuWaitMs(100);
              hal_led_off(1);  halMcuWaitMs(900);
          } else {   hal_led_on(1);
halMcuWaitMs(1000);   hal_led_off(1);} }
}
```

在发送函数 basicRfSendPacket() 中，发送接口函数不停地向外发送数据，间隔大约 1000ms，并改变 D7 的状态。若节点配有 1.8 寸 LCD，其上也可显示发送次数。

```
void rfRecvData(void){
uint8 pRxData[128];
        int rlen;
        static unsigned int rec_counter =0;                      //接收次数计数器
        printf("{data =receive node start up...}");
        basicRfReceiveOn();                                      //开启射频接收器
         while (TRUE){
            while(! basicRfPacketIsReady());
            rlen = basicRfReceive(pRxData,sizeof pRxData,NULL);
```

```
if(rlen > 0){
  pRxData[rlen] = 0;
  printf((char *)pRxData);                    //将收到的数据和
  printf("  %d}", ++rec_counter);
        //接收到数据的次数在 LCD 和 PC 上显示出来
  if((pRxData[0] == 'L')&&(pRxData[0] == 'E')&&(pRxData[0]
      == 'D')){
    hal_led_on(1);   halMcuWaitMs(100);
    hal_led_off(1);  halMcuWaitMs(900);       //D7 闪烁 1 次
    } else hal_led_off(1);}                    //D7 熄灭
}
```

在接收 basicRfReceive( )函数中,函数接收发送节点传输的数据并用 D7 灯作指示,每收到 1 次数据,D7 灯闪烁 1 次,LCD 上也可显示接收数据和次数。

步骤 3:添加 main. c 文件到 CC2530P2P 工程,同时拷贝 CC2530 相关驱动文件,如 hal_mcu. c、clock. c、basic_rf. c 等到当前目录并添加到当前工程,导入结果如图 5. 14 所示。

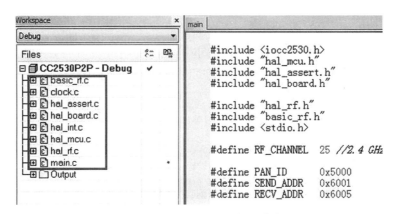

图 5. 14　工程 CC2530P2P 源文件布局

步骤 4:在图 5. 14 中,右击 CC2530P2P-Debug 工程文件名,选择 Options…,在 General Options 中设置 Target 的设备信息为 CC2530F256,如图 5. 15 所示。

同理,在 Debugger 选项中,选择 Setup 标签栏的 Driver 为 Texas Instruments。

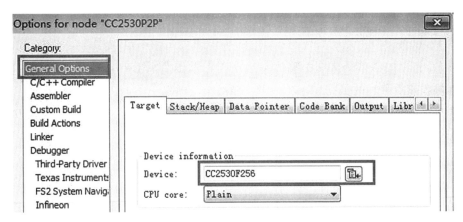

图 5.15　选择 CC2530 设备模块

（4）编译下载。

在 IAR 开发环境中编译、运行、调试 CC2530P2P 的程序。注意，本工程需要编译两次：第一次编译为发送节点 Enddevice1 固件，第二次编译为接收节点 Enddevice2 固件。通过 NODE_TYPE 宏选择并分别下载到两个 CC2530 模块中，再烧写发送和接收程序固件到对应的模块中，模块烧写固件时的连接如图 5.16 所示。

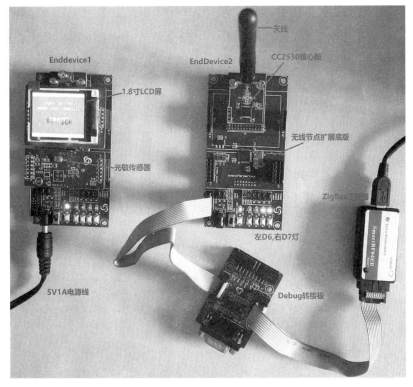

图 5.16　点对点通信实物连线图

（5）实例测试。

步骤 1：确保接收节点的串口与 PC 机的串口通过交叉串口线相连。先将接收节点上电，查看 PC 机上的串口调试助手输出；接下来将发送节点上电，再从 PC 机上串口调试助手观察接收节点收到的数据。

步骤 2：依次打开发送和接收的 CC2530 模块电源开关，两个模块的 D6 和 D7 灯快速闪烁 8 次后开始通信，通信时 D6 灯熄灭。接着发送节点的 D7 灯闪烁 1 次，表示发送"LED"数据 1 次，若对应接收节点 D7 也闪烁 1 次，说明接收节点收到了发送节点的数据。即发送节点将数据发送出去后，接收节点接收到数据，并通过串口调试助手打印输出。发送数据的最大长度为 125 字节，若加上发送的数据长度和校验，实际发送的数据长度可为 128 字节。

2. 广播通信实验

基本工作原理：在发送节点中设置目的地地址为广播地址 0xFFFF，让发送节点发送数据，接收节点在接收到数据后对接收到的数据的目的地地址进行判断，若目的地地址为自己的地址或广播地址则接收数据。

实验中一个节点通过射频向外广播数据"Hello，Beijing！"，如果数据成功发送出去则发送节点向串口打印"Packet Sent Successfull！"，否则打印"Packet Sent Failed！"。接收节点接收到数据后向串口打印输出"Packet Received！"和接收的数据内容。

步骤 1：在点对点射频实验基础上，首先在 main. c 文件中修改发送节点和接收节点的地址宏，其次修改 basicRfSendPacket 函数的第一个参数，将其改为广播地址 0xFFFF。

步骤 2：修改发送节点中发送数据的内容和对应宏 NODE_TYPE 的值为 1，然后编译并下载程序到发送节点，然后从串口调试助手观察收到的数据；修改接收节点地址和对应宏 NODE_TYPE 的值为 0，再重新编译并下载程序到接收节点。

步骤 3：将发送节点通过串口线连接到 PC 上，在 PC 机上打开串口调试助手，配置串口助手波特率为 19200。

步骤 4：复位发送节点，让节点发送数据，可以看到串口助手上打印出的发送情况，如图 5. 17（左）所示。将接收节点 1 和接收接点 2 依次通过串口线连接到 PC 上上电并可以看到串口助手上打印出接收的数据，如图 5. 17（右）所示。

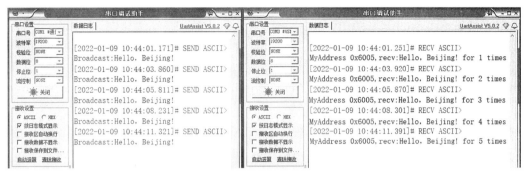

图 5.17　广播通信运行结果

3. RSSI 采集实验

接收信号强度指示 RSSI(Received Signal Strength Indication)是接收机测量电路所得到的接收机输入的平均信号强度指示；是无线发送层的可选部分，用来判定连接质量，以及是否增大广播发送强度。这一测量值一般不包括天线增益或传输系统的损耗。另外 RSSI 也可以通过接收到的信号强弱测定信号点与接收点的距离，根据相应数据进行定位计算，如 ZigBee 传感网 CC2531 芯片的定位引擎采用的就是这种技术和算法。

基本工作原理：CC2530 芯片中有专门读取 RSSI 值的寄存器，当数据包接收后，芯片中的协处理器将该数据包的 RSSI 值写入寄存器。RSSI 值和接收信号功率的换算关系如下：$P = RSSI\_VAL + RSSI\_OFFSET$［dBm］，其中 RSSI_OFFSET 是经验值，一般取 -45。在收发节点距离固定的情况下，RSSI 值随发射功率线性增长。

CC2530 芯片有一个内置的接收信号强度指示器，其数值为 8 位有符号的二进制补码，可以从寄存器 RSSIL. RSSI_VAL 读出。RSSI 值总是通过 8 个符号周期内取其平均值，但是当数据接收以后这个寄存器没有被锁定，因此不宜把寄存器 RSSIL. RSSI_VAL 的值作为 RSSI 值。另外，当 MDMCTRL0L. AUTOCRC 已经在初始化中的 BOOL halRfConfig 方法设置为 1 时，两个 FCS 字节被 RSSI 值、用于链路质量指示平均相关值和 CRC OK/not OK 所取代，第一个帧校验序列字节被 8 位的 RSSI 值取代，可以在接收数据时读出，最后将接收的数据和 RSSI 值打印输出。

实验中一个节点通过射频向另一个节点发送数据"Node：#"：如果数据发送成功，则发送节点 D7 灯闪烁；否则发送节点 D7 灯长亮(熄灭时间很短)。接收节点接收到数据后向串口打印输出接收的数据内容和接收到的 RSSI 值。源码实现解析过程如下。

步骤 1：宏定义和全局变量定义，工程文件的 main. c 以及发射节点的发送数据函数代码与点对点通信类似，而节点的接收数据函数实现如下。

```
void rfRecvData(void){    //接收数据
uint8 pRxData[128];       //待接收数据的缓冲区
int rlen;                 //接收到的数据的长度
```

```
basicRfReceiveOn( );      //打开接收器
while ( TRUE ){          //主循环
    while( ! basicRfPacketIsReady( ));//等待数据包准备好
rlen = basicRfReceive( pRxData,sizeof pRxData,NULL);//接收数据
if( rlen >0){    //判断接收到数据
    pRxData[ rlen ] =0;//字符串结束
printf( " %s RSSI:\r\n" ,( char * ) pRxData,basicRfGetRssi( ));//打印接收的数据和
RSSI 值
    }}}
```

步骤2：编译下载。首先，准备 3 个 CC2530 无线节点板，分别接上电源；其次，双击 rssi. eww 打开本实验工程，将工程文件中 main. c 中的变量 NODE_TYPE 的值设置为 0，单击菜单 Project-Rebuild All 重新编译工程；最后，将仿真器连接到第 1 个节点板并上电，然后单击菜单 Project-Download and Debug 下载程序到此接收节点 1 上。

步骤3：将文件 main. c 中变量 NODE_TYPE 的值设置为 1，单击菜单 Project-Rebuild All 重新编译工程，下载到第 2 个节点板，该节点板作为发送节点 1。同理，将变量 NODE _TYPE 的值设置为 2，编译和下载此节点板，该节点板称为发送节点 2。

步骤4：将接收节点通过串口线连接到 PC 上，打开串口调试助手，配置串口助手波特率为 19200。复位接收节点，然后复位发送节点 1 和节点 2。将两个发送节点放置在离接收节点 20cm 处，然后观察串口输出数据，如图 5.18(左)所示。

图 5.18　距离 20cm(左)和 1 米(右)的 RSSI 数据

步骤5：移动节点，增大收发节点间距离到 1 米，RSSI 值变化如图 5.18(右)所示。

从图 5.18 中的数据可以看出 RSSI 值的变化趋势基本一致，当收发节点距离增大，采集到的 RSSI 值将减小，但当数据接收以后 RSSIL 寄存器没有被锁定，因此不宜把寄存器 RSSIL. RSSI_VAL 的值作为 RSSI 值，实际用于计算时取接收帧中的 RSSI 值。在接收节点

的 LCD 上，也会有相应的信息显示。

4. 信道监听实验

ZigBee 中物理层上面是 MAC 层，核心是信道接入技术，信道接入通常包括时分复用技术（GTS）和随机信道接入技术（CSMA-CA）。不过 ZigBee 仅支持 CSMA-CA 技术。802.15.4 网络的所有节点都工作在一个信道上，因此，如果邻近节点同时发送数据就会产生冲突，为此采用 CSMA-CA 技术。简单来说，就是节点在发送数据之前先监听信道，如果这个信道空闲则可以发送数据，否则就进行随机退避，即延时一个随机时间，然后再进行信道监听，这个退避时间是指数增长的，但有一个最大值。即如果上一次退避后监听信道忙，则退避时间要倍增，这样做的原因是如果多次监听信道忙，则表明信道上传输的数据量很大，因此节点要等待更长时间，避免繁忙的监听。通过这种技术，所有节点可以共享一个信道。

在 MAC 层中还规定了两种信道接入模式：信标（beacon）模式和非信标模式。信标模式当中规定一种超帧格式，在超帧的开始发送信标，里面包含一定的时序和网络信息，紧接着是竞争接入时期，在这段时间内，各节点竞争接入信道，再后面是非竞争接入时期，节点采用时分复用方式接入信道，然后是非活跃时期，节点进入休眠状态，等待下一个超帧周期的开始又发送信标帧。而非信标模式则比较灵活，节点均以竞争方式接入信道，不需要周期性地发送信标帧。显然在信标模式下，由于有了周期性的信标帧，整个网络的各个节点都能够同步，但这种同步网络规模不会大。实际上 ZigBee 中更多的应用是非信标模式。

基本工作原理：CC2530 芯片使用 2.4GHz 频段定义的 16 个信道，各节点使用相同的信道才能进行通信。本实验在点对点通信的基础上进行修改，让接收节点在一个固定的信道上监听数据，当收到数据后返回给发送节点，发送节点通过设置不同的信道并发送数据，同时监听回复，如果收到回复则说明该信道在使用中，否则说明该信道没有被其他节点占用。

步骤 1：发送节点每隔 1 秒修改一次信道并发送一次数据，发送完数据后多次调用 halMcuWaitMs 函数实现延迟，并等待接收数据。其发射节点信道扫描函数如下：

```
void rfChannelScan(void){/* 扫描信道函数 */
uint8 pTxData[] = {'B','e','i','J','i','n','g',',','W','O','G',
'2','0','2','2' '\r','\n'};
//待发送的数据
basicRfReceiveOn();                          //打开接收器
for(uint8 channel = 11;channel < = 26;channel + +){  //依次扫描信道
    printf("scan channel %d...",channel);        //打印当前扫描的信道
    halRfSetChannel(channel);                //设置当前信道
    basicRfSendPacket(RECV_ADDR,pTxData,sizeof pTxData);//发送数据
```

```
for ( int i = 0 ; i < 1000 ; i + + ) {
    if ( basicRfPacketIsReady( ) ) {
        basicRfReceive( pRxData , 32 , NULL );      //接收到了数据
        break ;                                     //退出 for 循环
    }
    halMcuWaitMs( 1 );
}
if ( i > = 1000 ) {
    printf( " Not Use \r\n" );   //没有接收到数据
} else {
    printf( " In Use \r\n" );}   //接收到了数据
} }
```

步骤 2：接收节点在一个固定的频道一直监听数据，当收到数据后就发送回应数据包给发送节点。其主要实现代码如下：

```
void rfRecvData( void ) {              /*接收数据函数*/
uint8 pRxData[ 128 ];                  //用来存放接收到的数据
int rlen ;
basicRfReceiveOn( );                   //打开接收器
while ( TRUE ) {                       //主循环
    while( ! basicRfPacketIsReady( ) );     //等待,直到数据准备好
    rlen = basicRfReceive( pRxData , sizeof pRxData , NULL );   //接收数据
    if( rlen > 0 ) {                                       //接收到了数据
        basicRfSendPacket( basicRfReceiveAddress( ) , pRxData , rlen ) ;}//发送回应数据包
} }
```

步骤 3：编译和下载，准备 2 个 CC2530 无线节点板，分别接上电源。双击 ChanelScan. eww，打开本实验工程。将工程文件 main. c 的变量 NODE_TYPE 设置为 0，信道变量 RF_CHANNEL 设置为 13，选择菜单 Project-Rebuild All 新编译工程，将仿真器连接到第 1 个节点板并上电，然后单击菜单 Project-Download and Debug 下载程序到此节点板，作为接收节点。同理将变量 NODE_TYPE 设置为 1，重新编译工程，下载程序到第 2 个节点板，作为发送节点。

步骤 4：将接收节点上电并复位，将发送节点通过串口线连接到 PC 上，打开串口调试助手，配置串口助手波特率为 19200。上电并复位发送节点，可以看到串口上打印出信道监听结果，如图 5.19 所示。

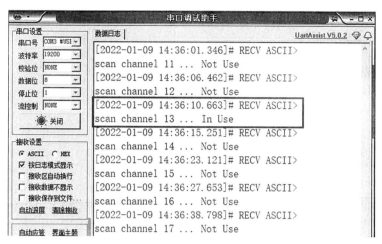

图 5.19　信道监听结果

修改发送节点的信道设置值，重复以上步骤，从图 5.19 中可以发现，信息 RF_ CHANNEL值设置不一样，结果也不一样。只有与接收端一致的 13 号信道显示在使用，即当接收节点进行信道扫描时，它只能在发送节点使用的信道上接收到数据。

5. 无线控制实验

基本工作原理：通过发送命令来实现对其他节点的外设控制。D7 灯连接到 CC2530 端口 P1_0，程序中应在初始化过程中对 D7 灯进行初始化，包括端口方向的设置和功能的选择，并给端口 P1_0 输出一个高电平使得 D7 灯初始化为熄灭状态。无线控制可以通过发送命令来实现：在 main. c 文件中添加宏定义#define COMMAND 0x10，让发送数据的第一个字节为 COMMAND，表明数据的类型为命令；同时，发送节点检测用户的按键操作，当检测到用户有按键操作时就发送一个字节为 COMMAND 的命令。当节点收到数据后，对数据类型进行判断，若数据类型为 COMMAND，则翻转端口 P1_0 的电平（在初始化中已将 D7 灯熄灭）。即可实现 D7 的状态改变。

步骤 1：本实验是在点对点通信的基础上修改而来的。实验中一个节点通过无线射频向另一个节点发送对 D7 灯的控制信息，节点接收到控制信息后根据控制信息点亮 D7 或让 D7 熄灭。其发送节点数据函数实现如下：

```
#define COMMAND        0x10            //控制命令
void rfSendData( void)⏐        /*发送数据函数 */
uint8 pTxData[ ] ={COMMAND}；  //待发送的数据
uint8 key1；
basicRfReceiveOff( )；            //关闭接收器
key1 = P0_1；
while（TRUE）⏐                 //主循环
```

```
if（P0_1 = =0 && key1！=0）{//如果有键(K4)按下
hal_led_on(1)；
basicRfSendPacket(RECV_ADDR,pTxData,sizeof pTxData)；//发送控制命令
hal_led_off(1)；}
key1 = P0_1；
halMcuWaitMs(50)；}}
```

其接收节点数据函数实现如下。

```
void rfRecvData(void){                /*接收数据函数*/
uint8 pRxData[128]；                   //用来存放待接收的数据
int rlen；
basicRfReceiveOn()；                   //打开接收器
while（TRUE){                          //主循环
   while(! basicRfPacketIsReady())；//等待数据准备好
   rlen = basicRfReceive(pRxData,sizeof pRxData,NULL)；//接收数据
if(rlen >0 && pRxData[0] = = COMMAND){//判断接收到的命令
if（ledstatus = = 0){
         hal_led_on(1)；  ledstatus =1；//开灯,灯状态标识为开
} else { hal_led_off(1)；ledstatus =0；//关灯,灯状态标识为关
}}}}
```

步骤 2：准备 2 个 CC2530 无线节点板,分别接上出厂电源。双击 ctrl. eww,打开本实验工程文件。将工程文件 main. c 中的变量 NODE_TYPE 设置为 0,单击菜单 Project-Rebuild All 重新编译工程；然后单击菜单 Project-Download and Debug 下载程序到节点板 1,此节点板作为接收节点。同理,将 NODE_TYPE 设置为 0,重新编译工程,下载程序到节点板 2,此节点板作为发送节点。

步骤 3：上电并复位接收节点和发送节点。按下发送节点板上的 K4 按键,观察接收节点上 D7 灯的显示情况。运行结果为接收节点上的灯会随着发送接点上的按键事件而亮灭。

从实验中可以观察到 D7 灯的亮灭,说明点对点的通信发送控制信息可以对节点的外设进行控制。另外,还可以修改程序,在主程序中添加一个宏定义#define LED_MODE_BLINK 0x02,在对数据的解析中添加对 LED_MODE_BLINK 的解析,让 D7 灯每隔 250 毫秒闪烁一次,让发送节点发送数据为 LED_MODE_BLINK,代替 LED_MODE_ON,紧接着在 COMMAND 的后面重新下载程序,可以观察到接收节点 D7 灯的闪烁。

5.2.2 实例 2：基于 ZStack 的自组网通信

为了便于熟悉 ZStack 协议栈提供的示例工程,下面先对各层进行简要介绍。

● App(Application Programming)，应用层是用户创建各种不同工程的区域，在这个目录中包含应用层内容和项目主要内容，在协议栈里面一般是以操作系统任务实现。

● HAL(Hardware Abstraction Layer)，硬件层包含与硬件相关的配置和驱动及操作函数。

● MAC(Media Access Control)，层目录包含 MAC 层的参数配置文件及其 MAC 的 LIB 库函数接口文件。

● MT(Monitor Test)，串口可控各层与各层进行直接交互，同时可以将各层的数据通过串口连接到上位机，以方便开发人员调试。

● NWK(Network Layer)，含网络层配置参数文件及网络层库函数接口文件。

● OSAL(Operating System Abstraction Layer)，协议栈的操作系统。

● AF(Application Framework)，包含 AF 层处理函数，ZStack 的 AF 层提供开发人员建立一个设备描述所需的数据结构和辅助功能，是传入信息的终端多路复用器。

● Security，包括安全层处理函数，比如加密函数等。

● Services，包括地址模式的定义及地址处理函数。

● Tools，工程配置目录包括空间划分及 ZStack 相关配置信息。

● ZDO(ZigBee Device Objects)，提供管理一个 ZigBee 设备的功能。ZDO 层的 API 为应用程序的终端提供了管理协调器、路由器或终端设备的接口，这包括创建、查找和加入一个网络，绑定应用程序终端以及安全管理。

● ZMac，MAC 层目录，包括 MAC 层参数配置及 MAC 层 LIB 库函数回调处理函数。

● ZMain，主函数目录，包括入口函数及硬件配置文件。

● Output，输出文件目录，这是 EW8051 IDE 自动生成的。

ZStack 协议栈是一个基于轮转查询式的操作系统，它的 main 函数在 ZMain 目录下的 ZMain.c 中，该协议栈总体上做两件工作：一个是系统初始化，即由启动代码来初始化硬件系统和软件构架需要的各个模块；另外一个就是开始启动操作系统实体。

（1）系统初始化。

系统启动代码需要完成初始化硬件平台和软件架构所需要的各个模块，为操作系统的运行做好准备工作。主要分为初始化系统时钟，检测芯片工作电压，初始化堆栈，初始化各个硬件模块，初始化 FLASH 存储，形成芯片 MAC 地址，初始化非易失变量，初始化 MAC 层协议，初始化应用帧层协议，初始化操作系统等十余部分。

（2）启动操作系统。

系统初始化为操作系统的运行做好准备工作以后，就开始执行操作系统入口程序，并由此彻底将控制权交给操作系统。其实，启动操作系统实体只有一行代码 osal_start_system()，该函数没有返回结果，通过将该函数一层层展开之后就知道该函数其实就是一个死循环。这个函数就是轮转查询式操作系统的主体部分，他所做的就是不断地查询每个任务是否有事件发生，如果发生，执行相应的函数，如果没有发生，就查询下一个任务。

（3）设备的选择。

ZigBee 无线通信中一般含有 3 种节点，可以在 IAR 开发环境下的 Workspace 下拉列表中选择设备类型。当选择协调器或路由节点时，编译连接命令文件应在工程的 Options \ Linker 的 Config 标签中选择 Texas Instruments \ ZStack-2.4.0-1.4.0 \ Projects \ Zstack \ Tools \ CC2530D 目录下的 f8w2530. xcl 文件；若选择设备类型为终端节点，编译连接命令文件应选择 f8w2530pm. xcl 文件。

（4）定位编译选项。

对于一个特定工程，编译选项存在两个地方，一些很少需要改动的编译选项在连接控制文件中，每一种设备类型对应一种连接控制文件，当选择相应设备类型后，会自动选择相应的配置文件：如选择终端节点后，f8wEndev. cfg、f8w2530. xcl 和 f8wConfig. cfg 配置文件被自动选择；选择协调器，则工程会自动选择 f8wCoord. cfg、f8w2530. xcl 和 f8wConfig. cfg 配置文件；选择路由器后，f8wRouter. cfg 和 f8w2530. xcl、f8wConfig. cfg 配置文件被自动选择。其实这些文件中就是一些工程中常用到的宏定义，由于这些文件用户基本不需要改动，所以在此不作介绍，用户可参考 ZStack 的帮助文档。

在 ZStack 协议栈的例程开发中，有时需要自定义添加一些宏定义来使能/禁用某些功能，这些宏定义的选项在 IAR 的工程文件中，下面进行简要介绍。

在 IAR 工程中选择 Project/Options/C/C + + Complier 中的 Processor 标签，Defined symbols 输入框中就是宏定义的编译选项。若想在这个配置中增加一个编译选项，只需将相应的编译选项添加到列表框中，若禁用一个编译选项，只需在相应编译选项的前面增加一个 x。很多编译选项都作为开关量使用来选择源程序中的特定程序段，也可定义数字量，如可添加 DEFAULT_CHANLIST 即相应数值来覆盖默认设置，DEFAULT_CHANLIST 在 Tools 目录下的 f8wConfig. cfg 文件中配置，默认选择信道 11。

（5）ZStack 中的寻址。

ZStack 符合 ZigBee 的分布式寻址方案来分配网络短地址。这个方案保证了在整个网络中所有分配的地址是唯一的，因为这样才能保证一个特定的数据包能够发给它指定的设备而不出现混乱。同时，这个寻址算法本身的分布特性保证设备只能与它的父辈设备通讯来接受一个网络地址，不需要整个网络范围内通讯的地址分配，这有助于网络的可测量性。

网络地址分配由 MAX_DEPTH、MAX_ROUTERS 和 MAX_CHILDREN 三个参数决定，这也是 Profile 的一部分。MAX_DEPTH 代表网络最大深度，协调器深度为 0，它决定物理上网络的长度；MAX_CHILDREN 决定一个协调器或路由器能拥有几个子节点；MAX_ROUTERS 决定一个协调器或路由器能拥有几个路由节点，是 MAX_CHILDREN 的子集。虽然不同的 Profile 有规定参数值，但用户针对自己的应用可修改这些参数，只是要保证这些参数新的赋值要合法，即整个地址空间不能超过216。当选择合法数据后，用户还要保证不再使用标准栈配置，取而代之是网络自定义栈配置，例如，在 nwk_globals.h 中将 STACK_ PROFILE_ID 改为 NETWORK_SPECIFIC，然后 MAX_DEPTH 参数将被设置为合适的值。此外，还必须设置 Cskipchldrn 数组和 CskipRtrs 数组。这些数组的值由 MAX_CHIL-DREN 和 MAX_ROUTER 构成。

下面针对寻址的模式进行简要介绍：

当 addrMode 为 Addr16Bit 时，说明是单播，数据包发给网络上单个已知地址的设备。

当 addrMode 为 AddrNotPresent 时，这是当应用程序不知道包的最终目的地地址时采用的方式，目的地地址在绑定表中查询，如果查到多个表项就可以发给多个目的地实现多播。

当 addrMode 为 AddrBroadcast 时，表示向所有同网设备发包，广播地址有两种：一种是目的地地址设为 NWK_BROADCAST_SHORTADDR_DEVALL(0xFFFF)，表明发给所有设备，包括睡眠设备；另一种是 NWK_BROADCAST_SHORTADDR_DEVRXON(0xFFFD)，这种广播模式表明不包括睡眠设备。

在应用中常需获取设备自己的短地址或者扩展地址，也可能需要获取父节点设备的地址。常用函数有：获取该设备网络短地址的方法是 NLME_GetShortAddr，获取 64 位扩展地址的方法是 NLME_GetExtAddr，获取父设备网络短地址的方法是 NLME_GetCoordShortAddr，获取父设备 64 位扩展地址的方法是 NLME_GetCoordExtAddr。

(6) ZStack 中的路由。

路由对应用层透明，应用层只需知道地址而不在乎路由过程。ZStack 路由发挥了网络的自愈机制，一条路由损坏了，可以自动寻找新的路由。ZStack 简化了 AODV，使之适应于无线传感器网络的特点，能在有移动节点、链路失效和丢包的环境下自组织按需距离向量路由协议工作。当路由器从应用层或其他设备收到单播的包时，网络层根据下列步骤转发。

如果目的地是自己的邻居，就直接传送过去。否则，该路由器检查路由表寻找目的地，如果找到了就发给下一跳，没找到就开始启动路由发现过程，确定了路由之后才发过去。路由发现基本按照 AODV 的算法进行，请求地址的源设备向邻居广播路由请求包(RREQ)，收到 RREQ 的节点更新链路花费域，继续广播路由请求。这样，直到目的地节点收到 RREQ，此时的链路花费域可能有几个值对应不同的路由，选择一条最好的作为路由。然后目的地设备发送路由应答包(RREP)，返回到源设备，路径上其他设备由此更新自己的路由表。这样一条新的路由就建成了。

(7) OSAL 调度管理。

为了方便任务管理，ZStack 协议栈定义了操作系统抽象层 OSAL(Operation System Abstraction Layer)。OSAL 完全构建在应用层上，主要是采用轮询概念，并且引入了优先级。它的主要作用是隔离协议栈和特定硬件系统，用户无需过多了解具体平台的底层，就可以利用操作系统抽象层提供的丰富工具实现各种功能：包括任务注册、初始化和启动，同步任务，多任务间的消息传递，中断处理，定时器控制，内存定位等。

OSAL 中判断事件发生是通过 tasksEvents[idx]任务事件数组来进行的。在 OSAL 初始化的时候，tasksEvents[]数组被初始化为零，一旦系统中有事件发生，就用 osal_set_event 函数把 tasksEvents[taskID]赋值为对应的事件。不同任务有不同 taskID，这样任务事件数组 tasksEvents 中就表示了系统中哪些任务存在没有处理的事件。然后就会调用各任务处理对应的事件，任务是 OSAL 中很重要的概念。任务通过函数指针来调用，参数有两个：任务标识符和对应的事件。ZStack 中有 7 种默认任务，它们存储在 taskArr 这个函数指针数组中。每个默认的任务对应着的是协议的层次。而且根据协议栈的特点，这些任务从上到下的顺序反映出了任务的优先级，如 MAC 事件处理 macEventLoop 的优先级高于网络层事件处理 nwk_event_loop。

若要深入理解 ZStack 协议栈中 OSAL 的调度管理，关键是要理解任务的初始化 osalInitTasks()、任务标识符 taskID、任务事件数组 tasksEvents、任务事件处理函数 tasksArr 数组之间的关系，如图 5.20 所示。

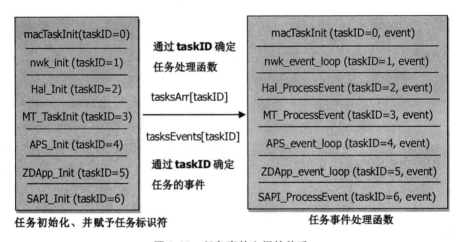

图 5.20　任务事件之间的关系

其中，tasksArr 数组中存储任务处理函数，tasksEvents 数组中存储各任务对应事件，由此便可得知任务与事件之间是多对多的关系，即多个任务对应着多个事件。系统调用 osalInitTasks 函数进行任务初始化时首先将 taskEvents 数组的各任务对应事件置 0，也就是各任务没有事件。当调用各层任务初始化函数后，系统就调用 osal_set_event(taskID, event)函数将各层任务的事件存储到 taskEvent 数组中。系统任务初始化结束之后就会轮询调用 osal_run_system 函数开始运行系统中所有的任务。

运行过程中任务标识符值越低的任务优先运行，执行任务过程中，系统就会判断各任务对应的事件是否发生，若发生则执行相应的事件处理函数。根据上述的解析过程可知，系统是按照死循环形式工作的，模拟了通常的多任务操作系统，把 CPU 分成 N 个时间片，在高速的频率下感觉就是同时运行多个任务了。

（8）串口通信设置。

串口通信的目的是协调器把整个网络的信息发给上位机进行可视化和数据存储等处理。同时在开发阶段需要有串口功能的支持，以了解调试信息。ZStack 已经把串口部分的配置简单化了，设置的位置是 mt_uart. c 文件的 MT_UartInit（）函数。配置方法是给 uart-Config 这一结构体赋值，它包括了波特率、缓冲区大小、回调函数等参数。需要注意的参数有几个：①波特率，赋值为宏 MT_UART_DEFAULT_BAUDRATE，进一步可知就是 38400 Baud，这决定了和上位机通信的速率。②流控，默认是打开的，本项目没有使用，改为关闭。③回调函数，在主动控制模块中会用到。

（9）配置信道。

每一个设备都必须有一个默认信道集（DEFAULT_CHANLIST）来控制信道集合。对一个协调器来说，这个表格用来扫描噪声最小的信道；对于终端节点和路由器来说，这个列表用来扫描并加入一个存在的网络。

①配置 PANID 和要加入的网络。

这个可选配置项用来控制路由器和终端节点要加入哪个网络。f8wConfg. cfg 文件中的 ZDO_CONFIG_PAN_ID 参数取值范围 0～0x3FFF，协调器使用这个值作为它要启动的网络的 PANID，而对于路由器节点和终端节点来说只要加入一个已经用这个参数配置了 PAN ID 的网络。如果要关闭这个功能，只需将这个参数设置为 0xFFFF。若要更进一步控制加入过程，需要修改 ZDApp. c 文件中的 ZDO_NetworkDiscoveryConfirmCB 函数。

②最大有效载荷大小。

对于一个应用程序最大有效载荷的大小取决于几个因素：MAC 层提供一个有效载荷长度常数 102；NWK 层需要一个固定头大小，一个有安全的大小和一个没有安全的大小；APS 层必须有一个可变的基于变量设置的头大小，包括协议版本；KVP 的使用和 APS 帧控制设置等等。其实，用户不必根据前面的要素来计算最大有效载荷大小。AF 模块提供一个 API，允许用户查询栈的最大有效载荷或者最大传送单元。用户调用函数 afDataReqM-TU，该函数将返回 MTU 或者最大有效载荷大小。通常 afDataReqMTU_t 结构只需要设置 KVP 的值，这个值表明 KVP 是否被使用。而 APS 保留。

③非易失性存储器。

ZigBee 设备有许多状态信息需要存储到非易失性存储空间中，这样能够让设备在意外复位或者断电的情况下复原；否则它将无法重新加入网络或者起到有效作用。为了启用这个功能，需要包含 NV_RESTORE 编译选项。注意，在一个真正的 ZigBee 网络中，这个选项必须始终启用，关闭这个选项的功能也仅仅是在开发阶段使用。ZDO 层负责保存和恢复网络层最重要的信息，包括最基本的网络信息；管理网络所需的最基本属性；儿子节点和父亲节点的列表，应用程序绑定表。此外，如果使用了安全功能，还要保存类似于帧个数这样的信息。当一个设备复位后重新启动，这类信息将恢复到设备当中，可以使设备重新恢复到网络当中。

在 ZDAPP_Init 层中，函数 NLME_RestoreFromNV 的调用指示网络层通过保存在非易失性存储器(NV)中的数据重新恢复网络。如果网络所需的 NV 空间没有建立，这个函数调用将同时初始化这部分空间。NV 同样可以用来保存应用程序的特定信息，如用户描述符。NV 中用户描述符 ID 项是在 ZComDef. h 文件中定义 ZDO_NV_USERDESC 宏。ZDApp_Init 函数调用函数 osal_nv_item_init( )函数来初始化用户描述符所需要的 NV 空间。如果这个函数是第一次调用，这个初始化函数将为用户描述符保留空间；并且将它设置为默认值 ZDO_DefaultUserDescriptor。当需要使用用户描述符时，就像在 ZDObject. c 文件中 ZDO_ProcessUserDescReq 函数一样，调用 osal_nv_read 函数从 NV 中获取用户描述符。若要更新 NV 中的用户描述符，就像在 ZDObject. c 文件中的 ZDO_ProcessUserDescSet 函数一样，调用 osal_nv_write 函数更新 NV 中的用户描述符。

★ NV 中的项都是独一无二的。如果用户应用程序要创建自己的 NV 项，那么必须从应用值范围 0x0201 ~ 0x0FFF 中选择 ID。

下面从功能上理解 Z-Stack 协议栈。展示 ZigBee 无线网络中的数据传输过程，在开发过程中完全不必关心协议的具体实现细节，只需要关心一个核心问题，应用程序数据从哪里来，到哪里去。

基于 Z-Stack 的自组网通信的基本思路是：从终端 Enddevice 发送一个 CC2530 片上温度的数据，接收端 Coordinator 接收到数据后，给出 LED 灯相应的提示，再通过串口给 PC 上传当前接收到的数据，数据传输实验原理如图 5.21 所示。

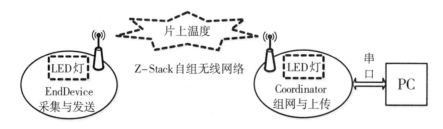

图 5.21 基于 Z-Stack 的自组网通信原理图

这个功能看似很简单，但需要思考几个问题：数据在协议栈里面是如何流动的；如何调用协议栈提供的发送函数；如何使用协议栈进行数据的接收；如何理解协议栈；协议栈正式采用分层的思想，都具有哪些功能；如何利用协议栈提供的函数来实现基本的无线传感器网络应用程序开发；系统硬件对协议栈都提供了哪些支持。

1. 协调器编程

在本实例中，一个节点配置为协调器，负责 ZigBee 网络的组建；另一节点配置为一个终端节点，上电后加入协调器建立的网络，然后发送片上温度给协调器。

在 ... \ zstack \ Samples \ GenericApp 目录中把 GenericApp. c 文件复制 2 份到当前目录，分别命名为 Coordinator. c 和 Enddevice. c。将 GenericApp 工程中的 GenericApp. c 文件删除，添加 Coordinator. c 和 Enddevice. c 两个源文件，GenericApp 工程文件布局如图 5.22 所示。

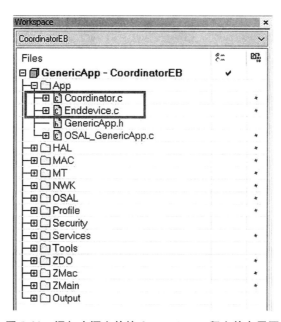

图 5.22　添加完源文件的 GenericApp 工程文件布局图

在 Coordinator. c 文件中，大部分代码是从 GenericApp. c 文件复制得到的，本书只是为了讲解基于 Z-Stack 的自组网通信相关技术，因此对其中的代码进行了裁减。

```
const cld_t GenericApp_ClusterList[ GENERICAPP_MAX_CLUSTERS ] =
{ GENERICAPP_CLUSTERID };
```

GENERICAPP_CLUSTERID 是在 GenericApp. h 文件中定义的宏，

这主要是为了跟协议栈里的数据格式保持一致。

```
const SimpleDescriptionFormat_t GenericApp_SimpleDesc = {
  GENERICAPP_ENDPOINT,
  GENERICAPP_PROFID,
  GENERICAPP_DEVICEID,
```

```
        GENERICAPP_DEVICE_VERSION,
        GENERICAPP_FLAGS,
        GENERICAPP_MAX_CLUSTERS,
        (cld_t *)GenericApp_ClusterList,
        GENERICAPP_MAX_CLUSTERS,
        (cld_t *)GenericApp_ClusterList};
```

SimpleDescriptionFormat_t 描述一个 ZigBee 设备节点的基本信息：包括断点号、设备 ID、版本号、蔟 ID 等信息。ZigBee 通信都会用到该结构体。

```
    void GenericApp_Init(byte task_id){
        GenericApp_TaskID = task_id;//任务 ID,也表示任务优先权,越小优先级越高
        GenericApp_NwkState = DEV_INIT;//节点状态变量,DEV_INIT = 未链接 ZigBee 网络
        GenericApp_TransID = 0;   //发送数据包的序号,初始化为 0
        GenericApp_DstAddr.addrMode = (afAddrMode_t)Addr16Bit;//单播通信
        GenericApp_DstAddr.endPoint = GENERICAPP_ENDPOINT；  //初始化端口号
        GenericApp_DstAddr.addr.shortAddr = 0x0000；  //协调器的固定地址
        // Fill out the endpoint description.
        GenericApp_epDesc.endPoint = GENERICAPP_ENDPOINT;
        GenericApp_epDesc.task_id = &GenericApp_TaskID;
        GenericApp_epDesc.simpleDesc
                = (SimpleDescriptionFormat_t *)&GenericApp_SimpleDesc;
        GenericApp_epDesc.latencyReq = noLatencyReqs;
        afRegister(&GenericApp_epDesc);
        RegisterForKeys(GenericApp_TaskID);
        // Update the display
        HalLedBlink(HAL_LED_1,0,50,500);   //开发板 D7 灯闪烁
        HalLedSet(HAL_LED_2,HAL_LED_MODE_ON);//点亮开发板 D6 灯
        ZDO_RegisterForZDOMsg(GenericApp_TaskID,End_Device_Bind_rsp);
        ZDO_RegisterForZDOMsg(GenericApp_TaskID,Match_Desc_rsp);
    }
```

以上是协调器任务初始化的部分代码，主要实现端口的初始化，格式比较固定，读者可以以此代码作为自己应用程序的参考。其中 GenericApp_TaskID 由协议栈的操作系统 OSAL分配。GenericApp_TransID 是数据包发送序号，每发送 1 个数据包，序号会自动加 1，在接收端可以查看接收数据包的序号来计算丢包率。GenericApp_DstAddr 与 GenericApp_epDesc 对通信双方节点进行描述，格式比较固定一般不需要修改。函数 afRegister()将节

点的描述符进行注册，只有注册后，才可以使用 OSAL 提供的系统服务。函数 HalLedBlinr( ) 的参数含义分别为：HAL_LED_1 表示无线节点板上 LED 灯 D7；0 是闪烁次数，但是 0 表示的是一直闪，不是不闪；50 就是亮灭各一半；500 是周期，就是 0.5 秒。D7 灯的闪烁状态用来指示协调器正在建立 ZigBee 网络的情况。

```
UINT16 GenericApp_ProcessEvent( byte task_id,UINT16 events ){
    afIncomingMSGPacket_t *MSGpkt; //指向接收消息结构体的指针
    if ( events & SYS_EVENT_MSG )  {
      MSGpkt = ( afIncomingMSGPacket _ t * ) osal _ msg _ receive ( GenericApp _ TaskID );
        while ( MSGpkt )    {
          switch ( MSGpkt- > hdr. event ){
            case AF_INCOMING_MSG_CMD：
              GenericApp_MessageMSGCB( MSGpkt );//完成对接收数据的处理
              break;
            case ZDO_STATE_CHANGE：
              GenericApp_NwkState = ( devStates_t )( MSGpkt- > hdr. status );
              if ( GenericApp_NwkState = = DEV_ZB_COORD )
                //若当前开发板是协调器且组网成功,点亮开发板 D7 灯
                HalLedSet( HAL_LED_1,HAL_LED_MODE_ON );//D7 灯
              break;  }
          osal_msg_deallocate( (uint8 * )MSGpkt );
        // 处理完一个消息后,再从消息队列里接收消息,然后对其进行处理,//
        直到所有消息都处理完为止
          MSGpkt = ( afIncomingMSGPacket_t * )osal_msg_receive( GenericApp_
            TaskID );}
        return ( events ^ SYS_EVENT_MSG );  }
    return 0;}
```

上述代码是消息处理函数，大部分代码是固定的。osal_msg_receive( ) 函数从消息队列上接收消息，该消息中包含了接收到的无线数据包；AF_INCOMING_MSG_CMD 宏对接收到的消息进行判断，如果接收到了无线数据，调用 GenericApp_MessageMSGCB 函数对数据进行相应的处理；接收到的消息处理完后，调用 osal_msg_deallocate( ) 函数释放接收消息所占据的存储空间，因为在 ZigBee 协议栈中，接收到的消息是存放在堆上的，所以需要调用此函数将其占据的堆内存释放，否则容易引起内存泄漏。

```
void GenericApp_MessageMSGCB( afIncomingMSGPacket_t *pkt ){
```

```
char buf[64];
uint16 len;
switch ( pkt- > clusterId )  {
   case GENERICAPP_CLUSTERID：
len = pkt- > cmd. DataLength；
      if ( len >0){
osal_memcpy( buf,pkt- > cmd. Data,len)；buf[ len] =0；
debug_str( buf)；}//通过协议栈提供的串口驱动,把接收的数据包输出到 PC
      HalLedBlink( HAL_LED_1,0,50,500)；//接收到数据包,
      开发板 D7 灯闪烁 1 次
      break；}
}
```

上述代码中，新增加一行 D7 灯闪烁语句，表示协调器接收到一个数据包，协调器上的 D7 灯闪烁一次。到此为止，协调器的编程已经基本结束。

在 Workspace 工作日下面的下拉列表框中选择 CoordinatorEB，然后右键单击 Enddevice. c 文件，在弹出的下拉菜单中选择 Options，在弹出对话框中，选中 Exclude from build，此时，呈灰白显示的 Enddevice. c 文件不参与协调器工程的编译，如图 5. 23 所示。

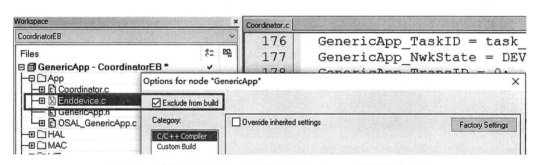

图 5. 23　选择 Exclude from bulid 后 Enddevice. c 文件呈灰白显示

此时，打开 Tools 文件夹，可以看到 f8weEndev. cfg 和 f8wRouter. cfg 文件也是呈灰白显示状态，说明该文件也不参与编译，ZigBee 协议栈正是使用这种方式实现对源文件编译的控制。

文件 f8w2530. xcl、f8wConfig. cfg 和 f8wCoord. cfg 等包含了节点的配置信息，一般不需要改动。f8wConfig. cfg 包含了信道选择、网络号等有关的连接命令。例如：下列代码第 1 行定义了建立网络的信道默认为 11，即从 11 信道上建立 ZigBee 无线网络；第 2 行定义了 ZigBee无线网络的网络号。

-DDEFAULT_CHALIST = 0x00000800　　//11 - 0x0B

-DZDAPP_CONFIG_PAN_ID = 0xFFFF

因此，如果想在其他信道上建立 ZigBee 网络和修改网络号，就可以在此修改。

★ 协调器的功能体现在网络建立阶段，ZigBee 网络中，只有协调器才能建立一个新的网络，一旦网络建立以后，该设备的作用就是一个路由器。

下面讲解一下 ZigBee 协议栈的编译与下载：选择工具栏上的 Make 按钮，即可开始协议栈的编译；编译完成后，在窗口下方会自动弹出窗口，显示编译过程中的警告和出错信息；最后，用 SmartRF04EB 下载器将 CC2530 开发板和电脑连接起来，然后选择工具栏上的 Download and Debug 按钮，即可开始程序的下载。

2. 终端节点编程

首先，在 Workespace 工作区下拉列表框中选择 EndDeviceEB，然后右键单击 Coordinator. c 文件，在下拉菜单中选择 Options，选中 Exclude from bulid。

因为终端节点 Enddevice. c 是从 GenericApp. c 文件复制而来，所以任务初始化与消息接收处理函数与协调器代码类似，下面仅列举 Enddevice. c 的关键代码。

```
UINT16 GenericApp_ProcessEvent( byte task_id,UINT16 events ){
    afIncomingMSGPacket_t *MSGpkt;   //指向接收消息结构体的指针
    if ( events & SYS_EVENT_MSG )   {
        MSGpkt = ( afIncomingMSGPacket_t * ) osal_msg_receive( GenericApp_
            TaskID );
        while ( MSGpkt )   {
            switch ( MSGpkt- > hdr. event ){
                case AF_INCOMING_MSG_CMD：
                    GenericApp_MessageMSGCB( MSGpkt );//完成对接收数据的处理
                    break;
                case ZDO_STATE_CHANGE：
                GenericApp_NwkState = ( devStates_t )( MSGpkt- > hdr. status );
                    if ( GenericApp_NwkState = = DEV_END_DEVICE ){
                        //若当前开发板是终端节点且入网成功,点亮开发板 D7 灯
                        HalLedSet( HAL_LED_1,HAL_LED_MODE_ON );//D7 灯
            osal_start_timerEx( GenericApp_TaskID,GENERICAPP_SEND_MSG_EVT,
                GENERICAPP_SEND_MSG_TIMEOUT );}
                    break;  }
            osal_msg_deallocate( ( uint8 * )MSGpkt );
        MSGpkt = ( afIncomingMSGPacket_t * )osal_msg_receive( GenericApp_
```

```
        TaskID );}
      return ( events ^ SYS_EVENT_MSG ) ;    }
    if ( events & GENERICAPP_SEND_MSG_EVT )   {
  GenericApp_SendTheMessage( );
```

osal_start_timerEx(GenericApp_TaskID , GENERICAPP_SEND_MSG_EVT ,
GENERICAPP_SEND_MSG_TIMEOUT);

```
      return ( events ^ GENERICAPP_SEND_MSG_EVT ) ;   }
    return 0 ;
  }
```

上述代码加粗部分是用于读取节点的设备类型，对节点的设备类型进行判断，如果是终端节点，再启动定时器周期性地无线发送数据包给协调器。

```
float getTemperature(void) {/* 得到当前 CC2530 开发板的片上温度值 */
  unsigned int   value ;
  ADCCON3 = (0x3E) ;//选择 1.25V 为参考电压;12 位分辨率;对片内温度传感器采样
  ADCCON1 | = 0x30 ;  //选择 ADC 的启动模式为手动
  ADCCON1 | = 0x40 ;   //启动 AD 转化
  while( ! ( ADCCON1 & 0x80 ) );//等待 ADC 转化结束
  value = ADCL > > 2 ;
  value | = ( ADCH < < 6 ) ;          //取得最终转化结果,存入 value 中
   return value * 0.06229-311.43 ;//根据公式计算出温度值
  }
void GenericApp_SendTheMessage( void ) {
  float avgTemp = 0 ;
  char pTxData[ ] = " " ;//存放要发送的数据
  avgTemp = getTemperature( ) ;
  for( int i = 0 ;i < 64 ;i + + ) {
    avgTemp + = getTemperature( ) ;
    avgTemp = avgTemp/2 ;}   //每采样 1 次,取 1 次平均值
  pTxData[ 0 ] = ( unsigned char )( avgTemp )/10 + 48 ;       //十位
  pTxData[ 1 ] = ( unsigned char )( avgTemp ) %10 + 48 ;      //个位
  pTxData[ 2 ] = '. ';                        //小数点
  pTxData[ 3 ] = ( unsigned char )( avgTemp * 10 ) %10 + 48 ;   //十分位
  pTxData[ 4 ] = ( unsigned char )( avgTemp * 100 ) %10 + 48 ;  //百分位
  pTxData[ 5 ] = '\0 ';                        //字符串结束符
```

```
if ( AF_DataRequest( &GenericApp_DstAddr,&GenericApp_epDesc,
    GENERICAPP_CLUSTERID, ( byte )osal_strlen( pTxData ) +1,
    ( byte * )&pTxData,&GenericApp_TransID,
    AF_DISCV_ROUTE,AF_DEFAULT_RADIUS) = = afStatus_SUCCESS ) {
    HalLedBlink( HAL_LED_1,0,50,500);//发送数据 1 次,D7 闪烁 1 次
    } else {   //终端 CC2530 的片上温度发送失败! D7 熄灭
    HalLedSet( HAL_LED_1,HAL_LED_MODE_OFF);}
}
```

上述代码中,数据发送函数 AF_DataRequest( )的第一个参数 GenericApp_DstAddr 是一个 afAddrType_t 结构体类型的变量,该类型定义如下:

```
typedef struct{
  union {
uint16      shortAddr;
    ZLongAddr_t extAddr;
  } addr;
afAddrMode_t addrMode;
  byte endPoint;
  uint16 panId;  // used for the INTER_PAN feature
}afAddrType_t;
```

该地址格式主要用在数据发送函数中。

在 ZigBee 网络中,要向某个节点发送数据,需要从以下两个方面来考虑。

(1)使用何种地址格式标识该节点的位置。因为每个节点都有自己的网络地址,所以可以使用网络地址来标识该节点,afAddrType_t 结构体中定义了用于标识该节点网络地址的变量 unit16 shortAddr。

(2)以何种方式向该节点发送数据。向节点发送数据可以采用单播、广播和多播的方式,在发送数据前需要定义好具体采用哪种模式发送,afAddrType_t 结构体中定义了用于标识发送数据方式的变量 afAddrMode_t addrMode。

在刚接触 ZigBee 协议栈时,只关注数据发送长度和指向发送数据缓冲区的指针即可(如上述加粗字体部分),随着对该函数使用次数增多,慢慢就会熟悉各参数含义。

按照协调器编译下载程序的方法,编译下载终端节点的代码到另一块 CC2530 开发板上。

3. 实例测试

打开连接协调器 PC 中的串口调试助手,波特率设为 38400,打开协调器电源开关,然后打开终端节点电源开关,几秒钟后发现协调器 D7 灯已经闪烁起来,同时,串口助手

显示正在接收数据，如图 5.24 所示，说明协调器已经收到终端节点发送的数据。

从图 5.24 可见，终端节点每隔 2 秒发送一次片上温度的数据，协调器收到该数据后通过串口发送到 PC 机，基于 Z-Stack 的自组网通信已经建成。用户可以通过修改 pTxData 中的数据实现类似的功能，这就是使用协议栈进行程序开发的便利之处，用户只需要关注所发送的数据，不用太多考虑协议的具体实现细节。

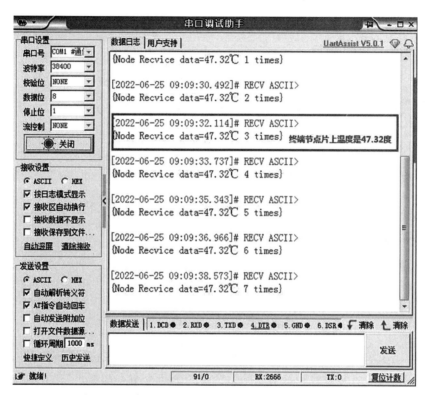

图 5.24　串口助手显示接收到的终端节点片上温度

5.2.3　实例 3：基于 ZigBee 传感器综合设计

经过前面的学习，基本实现了利用 ZigBee 协议栈进行数据传输的目标，在无线传感器网络中，大多数传感节点负责数据的采集工作。现在的问题是，传感器的数据如何与 ZigBee 无线网络结合起来构成真正意义上的无线传感器网络呢？或者说，如何将读取的传感器数据利用 ZigBee 无线网络进行传输呢？下面通过一个简单的实验展示传感器数据采集、传输与显示的基本流程。

1. 实例原理

协调器建立 ZigBee 无线网络，终端节点自动加入该网络中，然后终端节点和路由节点分别周期性地采集光敏传感器、超声波传感器数据并将其发送给协调器，协调器收到光敏和测距数据后，通过串口将其输出到 PC 机，如图 5.25 所示。

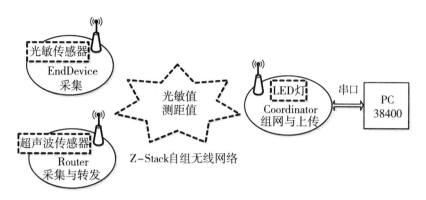

图 5.25　基于 Z-Stack 的传感器通信原理图

★ 在具体的无线传感器网络中，传感器可能有多种多样，例如温湿度、压力、烟雾浓度、霍尔、人体红外、三轴加速度等传感器，传感器采集数据的流程基本都相同。

在具体项目开发过程中，通信双方需要提前定义好数据通信的格式，一般需要包含数据头、数据、校验位、数据尾等信息。在本实例中，每个节点数据包都使用一个结构体来实现，其中包含数据包的帧头、帧尾；此外还包含节点设备类型、网络地址、父节点网络地址以及所采集的传感器数据；在有些情况下还包含校验信息，如 CRC 校验码。如表 5.1 所示。

表 5.1　数据包的结构(16 进制格式)

帧头	设备类型	节点地址	父节点地址	传感器数据	校验码	帧尾
2Bytes	1Bytes	2Bytes	2Bytes	7Bytes	2Bytes	2Bytes

其中，帧头使用"0xEB 0x90"两个字节，帧尾使用"0x55 0xAA"两个字节，设备类型 0x09 表示协调器，0x07 表示路由器，0x06 表示终端节点，传感器数据由一个字节表示传感器类型，后六个字节表示当前传感器的数据，不够六个字节用"*"补齐。

例如，路由器节点采集温湿度时，可以使用如下方式填充数据包，如表 5.2 所示。

表 5.2　路由器节点采集温湿度时的数据包(16 进制格式)

帧头	设备类型	节点地址	父节点地址	传感器数据	校验码	帧尾
EB90	07	6002	0000	0118262435**	697C	55AA

设备类型 0x07 表示节点是路由器，后面紧跟的是节点网络地址 0x6002 和父节点网络地址 0x0000。传感器数据第一个字节 0x01 表示节点类型是温湿度传感器；第二、三个字节 0x1826 为温度的整数和小数部分，即温度为 24.38 摄氏度；第四、五个字节 0x2435 为湿度的整数和小数部分，即当前湿度为 36.53%；第六、七个字节是填充位（传感器数据部分占 6 个字节，温湿度只占 4 个字节，故剩下两个字节用"*"填充即可）。

2. 协调器编程

对于协调器而言，负责收集终端节点和路由器节点发送来的数据，接收到数据后通过串口发送到 PC 机即可。

首先，需要在 Coordinator. h 文件中定义数据包的格式，文件内容如下：

```
#ifndef GENERICAPP_H
#define GENERICAPP_H
#include" ZComDef. h"
#define GENERICAPP_ENDPOINT            10
#define GENERICAPP_PROFID             0x0F04
#define GENERICAPP_DEVICEID           0x0001
#define GENERICAPP_DEVICE_VERSION      0
#define GENERICAPP_FLAGS               0
#define GENERICAPP_MAX_CLUSTERS        1
#define GENERICAPP_CLUSTERID           1
// Send Message Timeout
#define GENERICAPP_SEND_MSG_TIMEOUT    5000   // Every 5 seconds
#define GENERICAPP_SEND_MSG_EVT        0x0001
typedef union datapkt  {
    unsigned char databuffer[18];
    struct DataPacket{
      unsigned char Head[2];
      unsigned char NodeType;
      unsigned char NodeAddr[2];
      unsigned char ParentNodeAddr[2];
      unsigned char SensorData[7];
      unsigned char crc16[2];
      unsigned char Tail[2];
    } BUF;
  } RxTxDataPacketBuffer;
```

```
extern void GenericApp_Init( byte task_id );
extern UINT16 GenericApp_ProcessEvent( byte task_id,UINT16 events );}
#endif
```

上述代码中粗体字代码使用一个联合体表示整个数据包，里面有两个成员变量：一个是数组 databuffer，该数组有十八个字节元素；另一个是结构体，该结构体包括了表 5 - 2 中数据包七个成员，结构体占用的空间也是十八个字节。

Coordinator. c 文件的内容是从 GenericApp. c 文件复制而来，任务初始化与消息接收处理函数与本书 5.2 节中的协调器代码类似，下面仅列举与传感器数据接收有关的代码。

```
void GenericApp_MessageMSGCB( afIncomingMSGPacket_t *pkt ){
  RxTxDataPacketBuffer RxTxBuf;
    switch ( pkt- >clusterId )  {
      case GENERICAPP_CLUSTERID：
        debug_str("{Node Receive data =");   //显示将收到的数据
        osal_memcpy( &RxTxBuf,pkt- >cmd. Data,sizeof( RxTxBuf) );
        debug_str( RxTxBuf. databuffer);      //串口数据输出
        HalLedBlink( HAL_LED_1,0,50,500);//接收到数据,协调器 D7 灯闪烁 1 次
        break;}
}
```

上述代码中，粗体字代码 RxTxBuf 用来存储接收到的传感器数据，协调器将接收到的数据通过串口发送给 PC 机即可。

按照 5.2 节程序编译与下载的方法，编译下载协调器代码到一块 CC2530 开发板上。

3. 路由器节点编程

Router. c 文件内容从 GenericApp. c 文件复制而来，任务初始化与消息接收处理函数与 5.2 节终端节点代码类似，下面仅列举与传感器有关的代码。首先，安装超声波传感器到路由器节点上，同时把 ys-srf05. h、ys-srf05. c 文件拷贝并添加到当前工程。在 Workspace 工作区界面下拉列表框中选择 RouterEB，然后分别右键单击 Enddevice. c 和 Coordinator. c 文件，在弹出的下拉菜单中选择 Options，在弹出对话框中，选中 Exclude from bulid，此时呈灰白显示的 Enddevice. c 和 Coordinator. c 文件不参与工程编译，如图 5.26 所示。

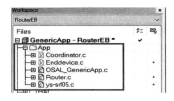

图 5.26　Router 对应的布局文件

超声波传感器对应的头文件 ys-srf05. h 内容如下：

```
#ifndef __YS_SRF05_H__
#define __YS_SRF05_H__
        void srf05Init(void);
        int srf05Distance(void);
#endif
```

上述文件主要声明测距初始化和读取函数 srf05Init() 和 srf05Distance()。

ys-srf05. c 文件内容如下：

```
#include <ioCC2530. h>
#include" ys-srf05. h"
#define    PIN_EN_CFG       (P0SEL & = ~0x20,P0DIR I = 0x20)
#define    PIN_ECHO_CFG     (P0SEL & = ~0x02,P0DIR & = ~0x02)
#define    WAVE_EN_PIN      P0_5
#define    WAVE_INPUT_PIN   P0_1
static char clkidx;
static unsigned int clk;
static unsigned clks[] = {32000,16000,8000,4000,2000,1000,500,250};
#pragma optimize = none
void Delay_10us(void){
  unsigned short i;
  for(i=0;i<100;i++)   asm(" NOP");
}
void srf05Init(void){
  PIN_EN_CFG;
  PIN_ECHO_CFG;
  WAVE_EN_PIN =0;
  clkidx = (CLKCONCMD > >3)&0x07;
  clk = (clks[clkidx]/128);
}
static void srf05Start(void){
  WAVE_EN_PIN =1;
  Delay_10us();   Delay_10us();
  WAVE_EN_PIN =0;
}
```

```
unsigned int srf05Distance( void ) {
    int i = 0;
    float cnt = 0;
    unsigned int d;
    T1CNTL = 0x00;
    T1CNTH = 0x00;
    srf05Start( );
    while ( ( 0 = = WAVE_INPUT_PIN) && + +i );
    if ( i = = 0 ) return -1;
    T1CTL = 0x0D;//128div
    i = 0;
    while ( WAVE_INPUT_PIN && + +i );
    T1CTL = 0x00;
    if ( i = = 0 ) return-1;
    cnt = ( T1CNTH < <8) | ( T1CNTL);
    d = ( int) ( ( cnt)/ clk * 17);
    return d;
}
```

　　srf05Distance( )是超声波测距检测函数，超声波发射器向某一方向发射超声波，在发射的同时开始计时，超声波在空气中传播，途中碰到障碍物会立即返回来，超声波接收器收到反射波就立即停止计时。(超声波在空气中的传播速度为 340m/s，根据计时器记录的时间 t，就可以计算出发射点距障碍物的距离 s，即：s = 340 × t/2)

　　Router. c 文件内容如下：

```
#include" ys-srf05. h"
#define SEND_SRF05_DATA_EVT   0x01
void GenericApp_Init( byte task_id ) {
    GenericApp_TaskID = task_id;
    GenericApp_NwkState = DEV_INIT;
    GenericApp_TransID = 0;
GenericApp_DstAddr. addrMode = ( afAddrMode_t) Addr16Bit;
    GenericApp_DstAddr. endPoint = GENERICAPP_ENDPOINT;   //协调器端口
GenericApp_DstAddr. addr. shortAddr = 0x0000;//协调器
    GenericApp_epDesc. endPoint = GENERICAPP_ENDPOINT;
    GenericApp_epDesc. task_id = &GenericApp_TaskID;
```

```
GenericApp_epDesc. simpleDesc
        = ( SimpleDescriptionFormat_t * ) &GenericApp_SimpleDesc;
GenericApp_epDesc. latencyReq = noLatencyReqs;
afRegister( &GenericApp_epDesc );
RegisterForKeys( GenericApp_TaskID );
HalLedBlink( HAL_LED_1,0,50,500 ) ;//D7 闪烁,路由器正在入网
HalLedSet( HAL_LED_2,HAL_LED_MODE_ON );
ZDO_RegisterForZDOMsg( GenericApp_TaskID,End_Device_Bind_rsp );
ZDO_RegisterForZDOMsg( GenericApp_TaskID,Match_Desc_rsp );
}
```

上述是路由器任务初始化部分代码,主要实现端口的初始化。GenericApp_DstAddr 函数定义目标设备配置信息,这里指协调器的配置信息,Addr16Bit 表示单播传输数据,宏定义 SEND_SRF05_DATA_EVT 用来表示定时测距值的事件,HalLedBlink 函数对应 D7 灯,灯的闪烁状态用来指示路由器正在入网状态。

```
UINT16 GenericApp_ProcessEvent( byte task_id,UINT16 events ){
  afIncomingMSGPacket_t * MSGpkt;
  if ( events & SYS_EVENT_MSG )   {
    MSGpkt = ( afIncomingMSGPacket_t * )osal_msg_receive( GenericApp_TaskID );
    while ( MSGpkt )   {
      switch ( MSGpkt- > hdr. event )   {
        case ZDO_STATE_CHANGE:
          GenericApp_NwkState = ( devStates_t )( MSGpkt- > hdr. status );
          if ( GenericApp_NwkState = = DEV_ROUTER){
osal_start_timerEx( GenericApp_TaskID,SEND_SRF05_DATA_EVT,1000 );
            HalLedSet( HAL_LED_1,HAL_LED_MODE_ON );}//常亮,路由器入网成功
          break;}
        osal_msg_deallocate( ( uint8 * )MSGpkt );
        MSGpkt = ( afIncomingMSGPacket_t * )osal_msg_receive( GenericApp_
          TaskID );}
      return ( events ^ SYS_EVENT_MSG);   }
  if ( events & SEND_SRF05_DATA_EVT ){
    GenericApp_SendTheMessage( );
    osal_start_timerEx( GenericApp_TaskID,SEND_SRF05_DATA_EVT,2000 );
    return ( events ^SEND_SRF05_DATA_EVT );   }
```

```
return 0;
}
```

上述代码是路由器的事件处理函数，主要完成 ZDO_STATE_CHANGE(网络状态变化事件)和 SEND_SRF05_DATA_EVT(数据发送事件)的处理。每隔一秒触发一次数据发送事件，获取当前超声波传感器测距数据并发送给协调器。

```
void GenericApp_SendTheMessage( void ){
    RxTxDataPacketBuffer theSensorData;   //存放超声波测距值
    unsigned int distance = 0;
    distance = srf05Distance();
    halMcuWaitMs(500);
    theSensorData.BUF.Head[0] = 0xEB;
    theSensorData.BUF.Head[1] = 0x90;
    theSensorData.BUF.NodeType = 0x07;// 节点类型 = DEV_ROUTER
    nwk = NLME_GetShortAddr();
    binToStr(theSensorData.BUF.NodeAddr,(char *)&nwk,2);
    nwk = NLME_GetCoordShortAddr();
    binToStr(theSensorData.BUF.ParentNodeAddr,(char *)&nwk,2);
    theSensorData.BUF.SensorData[0] = 0x01;//超声波传感器类型用 0x01 标识
    theSensorData.BUF.SensorData[1] = distance/0xFF;
    theSensorData.BUF.SensorData[2] = distance % 0xFF;
    theSensorData.BUF.SensorData[3] = '*';
    theSensorData.BUF.SensorData[4] = '*';
    theSensorData.BUF.SensorData[5] = '*';
    theSensorData.BUF.SensorData[6] = '*';
    theSensorData.BUF.crc16[0] = 0x00;
    theSensorData.BUF.crc16[1] = 0x00;
    theSensorData.BUF.Tail[0] = 0x55;
    theSensorData.BUF.Tail[1] = 0xAA;
    if ( AF_DataRequest( &GenericApp_DstAddr,&GenericApp_epDesc,
        GENERICAPP_CLUSTERID,18,(byte *)&theSensorData,&GenericApp_TransID,
        AF_DISCV_ROUTE,AF_DEFAULT_RADIUS ) == afStatus_SUCCESS )
        HalLedBlink( HAL_LED_1,0,50,500 );//路由器发送数据一次,D7 闪烁一次
    else   HalLedSet( HAL_LED_1,HAL_LED_MODE_OFF );//D7 熄灭   }
}
```

以上代码是测距发送函数，调用 srf05Distance( )函数读取超声波传感器测距数据，然后将当前节点网络地址、父节点网络地址以及帧头帧尾等信息填充到 theSensorData 相应的数据域中，最后调用 AF_DataRequest( )函数实现数据的发送。

```
void binToStr( unsigned char *dest,char *src,unsigned char length )｛
    unsigned char *xad,i=0,ch;
        xad = src + length-1；
        for (i=0;i<length;i++,xad--)    ｛
            ch = (*xad <<4)&0x0F；
            dest[i>>1] = ch +((ch <10)? '0':'7')；
            ch = *xad & 0x0F；
            dest[(i>>1)+1] = ch +((ch <10)? '0':'7')；｝｝
```

以上函数是将二进制转发为十六进制，主要是为了便于显示。

按照 5.2 节中的程序编译下载方法，编译下载路由器代码到另一块 CC2530 开发板上。

4. 终端节点编程

Enddevice.c 文件内容是从 GenericApp.c 文件复制而来，任务初始化与消息接收处理的函数，终端节点与路由器的编程方法类似，数据采集的对象仅换成光敏传感器而已。下面仅列出与光敏传感器相关的源文件内容。

```
int getADC( void )｛   /* 得到光敏传感器的值*/
    unsigned int   value；
    P0SEL |= 0x02；
    ADCCON3 = 0xB1； //选择 AVDD5 为参考电压;12 分辨率;P0_1 引脚,ADC 模式
    ADCCON1 |= 0x30；        //选择 ADC 的启动模式为手动
    ADCCON1 |= 0x40；        //启动 AD 转化
    while( ! ( ADCCON1 & 0x80 ) )；//等待 ADC 转化结束
    value =   ADCL >> 2；
    value |= ( ADCH << 6 )；  //取得最终转化结果,存入 value 中
    return ( ( value ) >> 2 )；
    
｝
```

上述文件主要表明光敏传感器读取函数 getADC( )。光传感器是利用光敏元件将光信号转换为电信号的传感器，它的敏感波长在可见光波长附近，包括红外线波长和紫外线波长。光传感器不只局限于对光的探测，它还可以作为探测元件组成其他传感器，对许多非电量进行检测，只要将这些非电量转换为光信号的变化即可。

```
void GenericApp_SendTheMessage( void )｛
    char StrAdc[10]；
```

```
int AdcValue =0;
AdcValue = getADC( );//采集光敏传感器数据
RxTxDataPacketBuffer theSensorData;
theSensorData. DataPacketBuffer. Head[0] =0xEB;
theSensorData. DataPacketBuffer. Head[1] =0x90;
theSensorData. theSensorData. NodeType =0x06;//节点类型 = DEV_END_DEVICE
nwk = NLME_GetShortAddr( );
binToStr( theSensorData. BUF. NodeAddr,( char * )&nwk,2);
nwk = NLME_GetCoordShortAddr( );
binToStr( theSensorData. BUF. ParentNodeAddr,( char * )&nwk,2);
theSensorData. BUF. SensorData[0] =0x02;//光敏传感器类型用 0x02 标识
theSensorData. BUF. SensorData[1] = AdcValue/10;
theSensorData. BUF. SensorData[2] = AdcValue%10;
theSensorData. BUF. SensorData[3] = '*';
theSensorData. BUF. SensorData[4] = '*';
theSensorData. BUF. SensorData[5] = '*';
theSensorData. BUF. SensorData[6] = '*';
theSensorData. BUF. crc16[0] =0x00;
theSensorData. BUF. crc16[1] =0x00;
theSensorData. BUF. Tail[0] =0x55;
theSensorData. BUF. Tail[1] =0xAA;
if ( AF_DataRequest( &GenericApp_DstAddr,&GenericApp_epDesc,
    GENERICAPP_CLUSTERID,18,(byte * )&theSensorData,&GenericApp_TransID,
    AF_DISCV_ROUTE,AF_DEFAULT_RADIUS ) == afStatus_SUCCESS )
    HalLedBlink(HAL_LED_1,0,50,500);//终端节点发送数据一次,D7 闪烁一次
    else  HalLedSet( HAL_LED_1,HAL_LED_MODE_OFF );//D7 熄灭
```

在终端节点 Enddevice. c 文件的 GenericApp_ SendTheMessage 函数中调用 getADC( )函数,读取当前的光敏值并填入数据发送包,再调用 AF_ DataRequest( )函数发送给协调器。

按照 5.2 节中的程序编译下载方法,编译下载路由器代码到第三块 CC2530 开发板上。

5. 实例测试

先打开协调器电源,再打开路由器和终端节点电源,注意观察开发板灯的状态,然后用串口线将协调器和 PC 机连接起来,打开串口调试助手,此时会看到相应的数据信息,用手放在终端节点 CC2530 单片机终端或路由器节点上下移动,可见光敏值和测距值会跟着变化,其结果如图 5.27 所示。

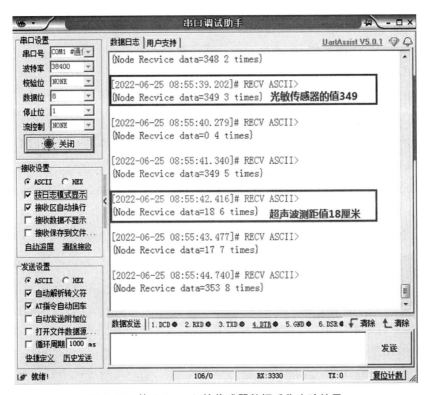

图 5.27　基于 Z-Stack 的传感器数据采集实验结果

★ 在进行上述三个节点测试时，先给协调器供电，因为协调器负责建立 ZigBee 网络。

本实例只是展示了在无线传感器网络中，传感器数据如何通过 ZigBee 无线网络来进行传输，用户可以结合自身项目需要，将所使用的传感器 Sensor. h 和 Sensor. c 文件添加到对应的工程中。

第6章 蓝牙通信

蓝牙是一种短距离的、保证可靠接收和信息安全的、开放的无线通信技术规范，它可以在世界上的任何地方实现短距离的无线语音和数据通信，具有低成本、低功耗、组网简单和适于语音通信等优点。其最初设计的主要目的是取代设备之间通信的有线连接，以便实现移动终端与移动终端、移动终端与固定终端之间的通信以无线方式连接起来。蓝牙的无线通信连接技术使得人们从有线连接的束缚中解放出来，已经成为近年来发展最快的无线通信技术之一，具有广阔的应用前景。蓝牙使当前的一些便携移动设备和计算机设备能够不需要电缆就能连接到互联网，并且可以无线接入互联网。

6.1 蓝牙通信基础知识

蓝牙技术从 1998 年诞生发展至今，已经经历了从 V1.0 到 V5.0 的 5 个版本，其程序写在一个 9×9mm 的微芯片中，工作在全球通用的 2.4GHz 频段，使用 IEEE802.15 协议，数据速率为 $1 \sim 2$Mb/s(比如 BT5.0，适合室内定位、物联网场景)。蓝牙网络采用一种无基站、灵活的 Ad-Hoc 的组网方式，理论上，一个蓝牙主端设备可同时与 7 个蓝牙从端设备进行通讯。蓝牙技术及蓝牙产品的特点主要有：

(1)蓝牙技术的适用设备多，无需电缆，通过无线使电脑和电信联网进行通信。

(2)蓝牙技术的工作频段全球通用，可以让全球范围内用户无界限的使用，解决了蜂窝式移动电话的国界障碍。蓝牙技术产品使用方便，利用蓝牙设备可以搜索到另外一个蓝牙设备，并迅速建立起两个设备之间的连结，在控制软件的作用下，可以自动传输数据。

(3)蓝牙技术的安全性和抗干扰能力强，由于蓝牙技术具有跳频的功能，有效避免了 ISM 频带遇到干扰源。蓝牙技术的兼容性较好，蓝牙技术已经能够发展成为独立于操作系统的一项技术，实现了在各种操作系统中良好的兼容性能。

(4)传输距离较短。现阶段，蓝牙技术的主要工作范围在 10 米左右，经过增加射频功率后的可以扩大到 100 米，如蓝牙 5.0 可达 300m。只有这样才能保证蓝牙在传播时的工作质量与效率，提高蓝牙的通信速度。另外，在蓝牙设备连接过程中，还可以有效地降低该设备与其他电子产品之间的干扰，从而保证蓝牙设备正常运行。蓝牙技术不仅有较高的传播质量与效率，同时还具有较高的安全性。

（5）通过跳频扩频技术进行传播。蓝牙技术在实际应用期间，可以用原有的频点进行划分、转化，如果采用一些跳频速度较快的蓝牙技术，那么整个蓝牙系统中的主单元都会通过自动跳频的形式进行转换，从而实现随机地进行跳频。

6.1.1 蓝牙技术概述

1. 蓝牙通信的主从关系

每一对设备之间进行蓝牙通讯时，必须以一个为主角色（Master），另一个为从角色（Slave），才能进行通信，通信时必须由主端进行查找，发起配对，建链成功后，双方即可收发数据。一个具备蓝牙通讯的设备可以在两个角色间切换：平时工作在从模式，等待其他主设备来连接；需要时转换为主模式，向其他设备发起呼叫。蓝牙设备以主模式第一次发起呼叫时，需要知道对方的蓝牙地址、配对密码等信息，配对完成后可直接发起呼叫。

2. 蓝牙的呼叫过程

蓝牙主端设备发起呼叫，首先是查找，找出周围可找到的蓝牙设备。主端设备找到从端蓝牙设备后，与从端蓝牙设备进行配对，一般需要输入从端设备的 PIN 码，也有的设备不需要输入。配对完成后，从端蓝牙设备会记录主端设备的信任信息，此时主端即可向从端设备发起呼叫，已配对的设备在下次呼叫时，不再需要重新配对。已配对设备，作为从端蓝牙设备也可以发起建链请求，但作数据通信的蓝牙模块一般不发起呼叫。链路建立成功后，主、从两端之间即可进行双向的数据或语音通讯。在通信状态下，主端和从端设备都可以发起断链，断开蓝牙链路。

3. 蓝牙一对一的串口数据传输应用

蓝牙数据传输应用中，一对一串口数据通信是最常见的应用之一，蓝牙设备在出厂前即提前设好两个蓝牙设备之间的配对信息，主端预存有从端设备的个人识别号码（PIN）、地址等，两端设备加电即自动建链，通过串口传输，无需外围电路干预。一对一应用中从端设备可以设为两种类型：一是静默状态，即只能与指定的主端通信，不被别的蓝牙设备查找；二是开发状态，既可被指定主端查找，也可以被别的蓝牙设备查找建链。

4. 最大发射功率

蓝牙设备的最大发射功率可分为 3 级：100mw（20dBm）、2.5mw（4dBm）、1mw（0dBm）。当蓝牙设备功率为 1mw 时，其传输距离一般为 0.1～10m。当发射源接近或是远离而使蓝牙设备接收到的电波强度改变时，蓝牙设备会自动地调整发射功率。当发射功率提高到 10mw 时，其传输距离可以扩大到 100m。蓝牙支持单点对单点和单点对多点的通信方式，在非对称连接时，主设备到从设备的传输速率为 721kbps，从设备到主设备的传输速率为 57.6kbps；对称连接时，主、从设备之间的传输速率各为 432.6kbps。蓝牙标准中规定了在连接状态下有保持模式、呼吸模式和休眠模式 3 种电源节能模式，再加上正常的活动模式，一个使用电源管理的蓝牙设备可以处于这 4 种状态并进行切换，按照电能损耗由高到低的排列顺序为：活动模式、呼吸模式、保持模式、休眠模式。其中，休眠模式节能效率最高。蓝牙技术的出现，为各种移动设备和外围设备之间的低功耗、低成本、短距离的无线连接提供了有效途径。

5. 蓝牙模块的引脚连接方式

通常，正常通信表示为自己的发送端(TXD)必须连接另一个设备的接收端(RXD)；同理，自己的接收端(RXD)必须连接另一个设备的发送端(TXD)。蓝牙模块与各种 TTL (Transistor-Transistor Logic)电平设备相连的方式也是一样的。在实现蓝牙通信的例子中，需要准备好两个蓝牙 4.0 模块和一个 TTL 转 USB 模块。把其中一个蓝牙 4.0 模块与 TTL 转 USB 模块相连。在蓝牙通信时，设备的 TXD 永远接另一个设备的 RXD，即蓝牙 4.0 的接收端要与 USB 转 TTL 模块的发送端连接，如图 6.1 所示。

图 6.1 蓝牙 4.0 模块与 TTL 电平设备相连

在图 6.1 中，当蓝牙 4.0 模块与 USB 转 TTL 模块连接没有问题的时候，将 USB 转 TTL 模块插入个人计算机的 USB 接口上，连接正确时会看到 USB 转 TTL 模块灯常亮，蓝牙 4.0 模块为闪烁状态，如果蓝牙 4.0 模块为常亮的情况，表示已经配对成功。

检查 USB 转 TTL 模块是否正常工作，可以检查端口是否识别。具体操作如下：电脑桌面上右击"计算机"图标，依次选择"管理"—"设备管理"—"端口"，查看是否识别。

如果运行 PC 上的串口助手界面没有反馈"OK"，则要分别检查以前操作是否正确，具体方式如下：

(1)检查硬件连接，即蓝牙模块的 TXD 是否与 USB 转 TTL 模块的 RDX 进行连接，蓝牙模块的 RDX 是否与 USB 转 TTL 模块的 TXD 进行连接。

(2)检查 USB 转 TTL 模块的驱动是否正确安装，PC 端的操作系统是否能正确识别连接的端口号。

(3)检查串口调试小助手的端口号是否设置正确，是否单击了"打开串口"按钮。

（4）串口调试小助手的命令栏内的 AT 后面是否加"回车"按键。

6. 常见的蓝牙 AT 指令

AT 指令不区分大小写，均以回车、换行字符结尾，常见蓝牙 AT 指令如表 6.1 所示。

表 6.1　蓝牙 AT 指令

指令	格式	响应	参数
测试指令	AT	OK	无
查询设备名称	AT + NAME?	+ NAME：< Param > OK 成功；FAIL 失败	Param：设备名称，如 HC-05
获取软件版本号	AT + VERSION	+ VERSION：< Param > OK	Param：软件版本号
设置串口参数	AT + UART = < Param1 >，< Param2 >，< Param3 >	OK	Param1：波特率，十进制（4800，9600，19200，38400，57600，115200，23400，460800，921600） Param2：停止位(0 - 1 位，1 - 2 位) Param3：校验位（0-None，1-Odd，2-Even.） 默认设置(9600，0，0)
获取蓝牙地址	AT + ADDR?	+ ADDR：< Param > OK	Param：模块蓝牙地址
设置连接模式	AT + CMODE = < Param >	OK	Param： 0：指定蓝牙地址连接模式(指定蓝牙地址由绑定指令设置) 1：任意蓝牙地址连接模式(不受绑定指令设置地址的约束) 2：回环角色(Slave-Loop) 默认连接模式：0
设置模块角色	AT + ROLE = < Param >	OK	Param：0 从角色，1 主角色，2 回环角色（Slave-Loop)
查询模块角色	AT + ROLE?	+ ROLE：< Param > OK	Param：0 从角色，1 主角色，2 回环角色（Slave-Loop)

续　表

指令	格式	响应	参数
初始化 SPP 库	AT + INIT	OK 成功 FAIL 失败	无
设置查询访问码	AT + IAC = < Param >	OK 成功 FAIL 失败	Param：查询访问码 默认值：9e8b33
设置设备类	AT + CLASS = < Param >	OK	Param：设备类，蓝牙设备类实际上是一个 32 位的参数，该参数用于指出设备类型，以及所支持的服务类型 默认值：0
设置查询访问模式	AT + INQM = < Param > , < Param2 > , < Param3 >	OK 成功 FAIL 失败	Param：查询模式 0-inquiry_mode_standard 1-inquiry_mode_rssi Param2：最多蓝牙设备响应数 Param3：最大查询超时
查询周边蓝牙设备	AT + INQ	+ INQ： < Param1 > , < Param2 > , < Param3 > , OK	Param1：蓝牙地址 Param2：设备类 Param3：RSSI 信号强度
连接蓝牙设备	AT + LINK = < Param >	OK 成功 FAIL 失败	Param：远程设备蓝牙地址

6.1.2　蓝牙硬件技术

HC05 蓝牙通讯模块具有"命令响应"和"自动连接"两种工作模式。在自动连接模式下模块又可分为主、从和回环三种工作角色：主角色是指查询周围 SPP 蓝牙从设备并主动发起连接，从而建立主、从蓝牙设备间的透明数据传输通道；从角色是指被动连接；回环角色是指被动连接，接收远程蓝牙主设备数据并将数据原样返回给远程蓝牙设备。

当模块处于自动连接模式时，将自动根据事先设定的方式进行数据传输。当处于命令响应模式时，能执行所有 AT 命令，用户可向模块发送各种 AT 指令为模块设定控制参数或发布控制命令。通过控制模块外部引脚（PIO11）输入电平，可以实现模块工作状态的动态转换。

　　基于 HC05 蓝牙模块通信实例的硬件环境主要包括 STM32 调试转接板、JLink ARM 仿真器、PC 机、串口线、蓝牙模块无线节点板两个，如图 6.2 所示。

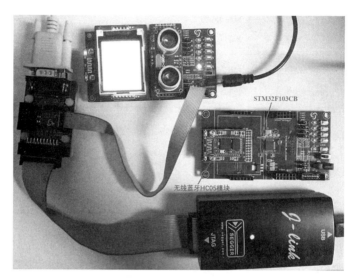

STM32F103CB

无线蓝牙HC05模块

图 6.2　基于 HC-05 蓝牙模块的通信实例硬件环境

　　从图 6.2 中可知，蓝牙模块与底板通信时，采用的是 STM32F103CB 主控芯片。无线信号包括蓝牙应用受周围环境的影响很大，如树木、金属等障碍物会对无线信号有一定的吸收和反射，从而在实际应用中，数据传输距离受一定的影响。

6.1.3　蓝牙软件安装

1. 安装 IAR for ARM 集成开发环境

　　步骤 1：双击配套工具文件中的 EWARM-CD-7403-8938. exe，进入欢迎界面，单击 Install IAR Embedded Workbench 选项，后续采用默认选项值安装，直到安装完毕。第一次运行 IAR for ARM 时，系统会提示 IAR 需激活。

　　步骤 2：安装 JLink 驱动，双击 Setup_JLinkARM_V426. exe 即可安装，安装成功后，将 JLink 的 USB 线一端连接 PC 机的 USB 口，另一端连接 JLink 仿真器的 USB 口。打开设备管理器，在"通用串行总线控制器"列表中，如果可找到刚刚安装的 J-Link 设备，则说明电脑可正常识别设备。同时，在"开始"程序列表里面会出现一个 SEGGER 的文件夹。

　　另外，安装完驱动程序之后需进行相应的配置才能将例程正确地烧写到无线节点板中，设置方法与图 2.11 一致。

　　步骤 3：测试蓝牙通信的集成开发环境，运行 IAR Embedded Workbench for ARM 7.40 进入集成开发环境主界面，打开蓝牙 AT 指令实例 BT_AT. eww 工程，单击 Project 菜单的 Rebuild All，若无错误会生成镜像文件 BT_AT. hex，表明当前 Win10 环境下的 IAR for ARM

软件开发环境配置正确，如图 6.3 所示。

图 6.3　蓝牙模块 IAR for ARM 7.40 开发环境

步骤 4：搭建好图 6.2 所示的硬件环境，给对应设备上电，单击 Project 菜单下的 Download and Debug，下载程序时软件可能会自动提示"升级防火墙程序"，如图 6.4 所示。如果 JLink 没什么问题，不要随便对它进行升级操作，务必选择"否"，这样可以避免一些不必要的麻烦。原因是 Jlink 的 PC 软件和硬件上的固件不匹配，升级仅是重新烧写了 Flash，但却不能保证其硬件能支持升级固件的功能。当选择"否"后，集成开发环境可能会自动退出，表明当前环境不支持在线下载。下面介绍第二种方法。

图 6.4　仿真器 JLink 仿真器防火墙固件升级

步骤 5：运行 J-Flash ARM 程序，在主菜单 Options 中单击 Project Settings，在 Target interface 下拉框中选择 SWD，然后在 MCU 的 Device 下拉框中选择 ST STM32F103CB，最后单击"确定"。在主菜单 File 中打开镜像文件 BT_AT.hex，如图 6.5 所示。

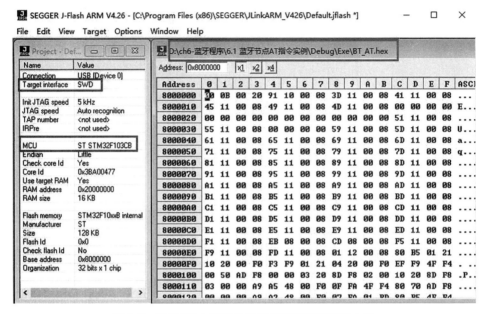

图6.5　设置 JLink 下载参数和打开下载的镜像文件

步骤6：在主菜单 Target 中依次单击 Connect、Erase chip 和 Program & Verify，即可将程序烧写到无线节点底板的 STM32F103CB 处理器中，如图 6.6 所示。

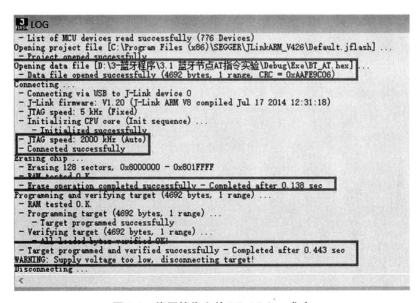

图6.6　烧写镜像文件 BT_AT.hex 成功

在程序烧写的过程中，Connect 一般都会成功，有时会出现擦除镜像文件失败，如图6.7 所示。原因可能是无线节点板电压过低，此时需单独给底板供电；同时也需要把 JLink 仿真器连接到 PC 机的 USB 口上。若还是擦除失败，可对无线节点和 JLink 仿真器进行重新上电后再进行下载。

图 6.7　擦除镜像文件失败

若出现图 6.8 的提示或 Failed to program and verify target，原因可能是芯片选择或 Debug 跳线设置有误，或是节点无电供应，或是节点板串调试板的数据线接触不良，需逐一核对。

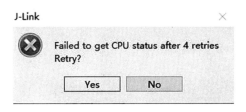

图 6.8　找不到目标处理器

步骤 7：打开串口调试助手，波特率设置为 115200，单击"打开串口"。然后复位蓝牙节点，则调试助手可打印出 AT 指令的测试信息，如图 6.9 所示。

若开启手机或移动平板的蓝牙功能也能搜寻到名称为 UICC_HC05 的蓝牙从模块，进而可根据配对码"1234"进行配对，进行点对点的组网操作。

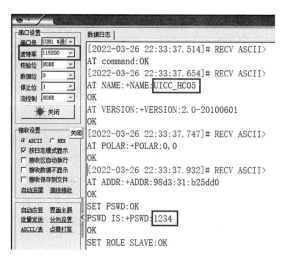

图 6.9　AT 指令的测试信息

2. 安装 Android Studio 开发环境

步骤 1：可以从官网中（https://developer. android. google. cn/studio/）下载最新 Windows SDK 推荐的 Android Studio 安装包，比如 android-studio-2021. 1. 1. 22-windows. exe，如图 6.10 所示。

图 6.10　Android Studio 安装包

步骤 2：双击 android-studio-2021. 1. 1. 22-windows. exe，安装过程中，Android Studio 的安装路径默认即可，即 C：\ Program Files \ Android \ Android Studio，单击 Next，在"选择开始菜单文件夹"单击 Insatll。因 Android Studio 安装包本身较大，安装需要一定的时间，请保证网络的正常连接，直到安装完毕。

在第一次准备运行 Android Studio 开发环境时，需要进行一些参数配置，比如：若询问是否有配置文件导入，选择不导入；弹出 Android Studio First Run 窗口，启动时提示不能访问 Android SDK 插件列表，是否设置代理，单击 Cancel 按钮；进入 Android Studio 安装向导界面，单击 Next 按钮，如果默认安装 Android Studio，则可以选择第一项 Standard，如果需要自定义安装 Android Studio，则选中第二项 Custom 即可。

步骤 3：除了在真实平台上运行安卓 App，在开发的过程中常用模拟器来进行软件的测试。创建模拟器有两种方法：一种是用 Device Manager 进行创建；另外一种是利用第三方模拟器，比如夜神安卓模拟器 Nox，后者的开发效率通常比前者高。

步骤 4：创建第一个 Android 项目 MyIOTApplication，完成自定义显示内容，并规范编码，最后模拟器上显示"Hello IOT World!"，或者是在安卓手机或物联网网关上运行。

双击桌面 Android Studio 快捷方式，进入 Welcome to Android Studio 窗口。单击窗口中的 Create New Project，选择 Phone and Tablet 中的一个 Activit(相当于一个手机或物联网网关的屏幕)，App 启动后就会进入此屏幕。这里可选择为空白案例 Empty Activity，单击 Next，设置"项目名称、包名、存放目录、语言、API 等级"等。Name 为应用名称，开头必须是大写字母，比如 MyIOTApplication；com. example. myiotapplication 为包名；Language 选择 Java；再单击 Finish 按钮，项目就建好了。

步骤 5：第一次安装时进行环境配置，系统会自动进行 gradle 下载，第一次下载一般需要 10 分钟左右，原因是 Android Studio 采用 gradle 的方法自动构建项目，即项目刚开始创建的时候，gradle 会自动生成整个应用的结构与依赖，此时它会去联网进行下载，耐心等待就好。Android 项目创建好且分析完成之后，会自动打开项目开发主界面，再单击"运行"即可。主界面和模拟结果如图 6.11 所示。

图6.11　主界面和模拟结果

至此，蓝牙通信模块开发所需要的软件环境搭建完毕。

6.2 项目实施

为了便于理解和应用蓝牙通信技术，先学习蓝牙无线模块通信核心代码。

6.2.1 蓝牙无线模块通信核心代码

工作原理：采用 STM32 节点板与 HC05 蓝牙模块组合成从设备，将插入 PC 机的 USB 蓝牙模块作为主设备，PC 端的主设备向 STM32 节点板的从设备发送数据，如图 6.12 所示。

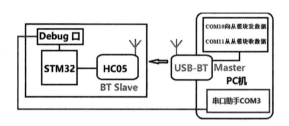

图 6.12 蓝牙模块通信核心实现的工作原理

测试过程中，PC 端蓝牙主模块搜寻周围从模块设备，搜到蓝牙设备之后，输入设备配对码，配对连接成功后，PC 端蓝牙主设备可以向蓝牙从模块发送数据，从模块接收到数据后通过 PC 端串口助手的 COM3 将其显示出来。

Slave 从节点实现串口初始化、蓝牙模块初始化操作，模式节点 main( ) 函数核心的代码如下：

```
#include < stdio. h >
#include < math. h >
#include" stm32f10x. h"
#include" usart. h"
#include" delay. h"
extern char _recv_buf[320];
void main( void){
    char ch；
    uart1_init( )；  //串口 1 初始化,实现串口的打印和输入
    delay_init(72)；  //系统延时初始化 72MHz
    hc05_init( )；    //蓝牙节点初始化
```

```
    while(1){
        printf("receive:\n\r");
        while(1){
            printf("%s\n\r",_recv_buf);
            memset(_recv_buf,0,320);
            delay_ms(1000);
        }}}
```
蓝牙模块初始化 hc05_init( )函数核心代码如下：
```
void hc05_init(void){
    uart2_init(38400);
    uart2_set_input(uart_recv_call);
    hc05_gpio_init();
    hc05_enter_at();
    delay_ms(1000);
    //测试指令
    while(hc05_command_response("AT\r\n",1));
printf("AT command:%s\n\r",_recv_buf);
    //查询设备名称
    while(hc05_command_response("AT+NAME? \r\n",2));
printf("AT NAME:%s\n\r",_recv_buf);
    //设置 LED 指示驱动及连接状态输出极性
    while(hc05_command_response("AT+POLAR=0,0\r\n",1));
    //查询—LED 指示驱动及连接状态输出极性
    while(hc05_command_response("AT+POLAR? \r\n",2));
    printf("AT POLAR:%s\n\r",_recv_buf);
    //设置—串口参数
    //while(hc05_command_response("AT+UART=115200,0,0\r\n",1));
    //获取模块蓝牙地址
    while(hc05_command_response("AT+ADDR? \r\n",2));
    printf("AT ADDR:%s\n\r",_recv_buf);
    //设置模块为从角色
    while(hc05_command_response("AT+ROLE=0\r\n",1));
    printf("SET ROLE SLAVE %s\n\r",_recv_buf);
//设置蓝牙的连接模式为任意蓝牙地址连接模式(不受绑定指令设置地址的约束)
```

```
        while(hc05_command_response(" AT + CMODE = 1\r\n" ,1));
        printf(" SET CMODE %s\n\r" ,_recv_buf);
        memset(_recv_buf,0,320);//将接收缓冲区清零
        hc05_exit_at();
        uart2_init(115200);
    }
```

步骤1：编译固化节点程序到蓝牙无线节点。

搭建如图6.2所示的硬件环境，调试转接板连接 JLink 仿真器到 PC 机和 STM32 无线节点板。IAR 开发环境下双击例程 bt_slave. eww，在菜单 Project 中选择 Rebuild All，重新编译工程。给无线节点板通电，然后打开 J-Flash ARM 软件，单击 Target 中 Connect 让仿真器与无线节点板进行连接。连接成功后，选择菜单 Project 中 Download and debug 将程序烧写到 STM32 无线节点板中。下载完后可以单击 Debug 中 Go 程序全速重新运行；也可以将无线节点板重新上电或者按下复位按钮让刚才下载的程序重新运行。

步骤2：PC 端蓝牙模块驱动安装与配置。

将 USB 蓝牙无线通信模块插到 PC 的 USB 接口上，第一次使用时可能会提示安装蓝牙驱动(如 Windows10 系统)，PC 会自动联网安装驱动，安装完成后在电脑的右下角会显示蓝牙图标，在计算机"设备管理器"中的"网络适配器"目录下显示当前蓝牙设备"Bluetooth Device(Personal Area Network)"。鼠标右击计算机桌面右下角的蓝牙设备图标，选择"添加蓝牙设备"，再单击"添加蓝牙或其他设备"，继续选择要添加的设备类型为"蓝牙"，USB 蓝牙适配器已经扫描到正在以 Slave 模式运行的蓝牙无线节点，用鼠标选中扫描到的蓝牙设备 UICCHC05S，输入设备的 PIN 为 1234，单击"连接"按钮，连接成功后，设备名称下会显示"已配对"，如图6.13所示。

图6.13　Win10 环境下添加蓝牙设备 UICCHC05S

步骤3：蓝牙核心模块数据通信测试。

鼠标右击桌面"此电脑"图标，选择"管理"，在弹出的界面中选择左栏中的设备管理器，展开中间一栏中的端口（COM 和 LPT），可以看到多了两个蓝牙链接上的标准串行 COM 口，如图6.14 所示。

图 6.14　Win10 环境下添加蓝牙设备端口

在图6.14 中，显示有两个蓝牙串口，分别为 COM10 和 COM11。在 PC 机上打开串口助手，串口号选择 COM10，即选择"蓝牙链接上的标准串行（COM10）"，设置波特率为115200，担任发送角色。再用串口线连接蓝牙无线从模块节点与 PC 机，在 PC 机上再打开一个串口助手，串口号选择"USB Serial Port（COM3）"，设置波特率为115200。

打开两个串口，通过 PC 端的 USB 蓝牙主模块给蓝牙无线从模块发送数据"Hello BT"，结果如图6.15 所示。

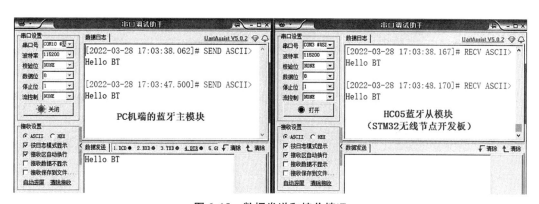

图 6.15　数据发送和接收情况

做完测试后，应及时删除 USB 蓝牙主设备：右击任务栏蓝牙设备图标，选择"显示蓝牙设备"，双击 UICCHC05S 图标即可删除设备，最后拔掉 PC 机上的 USB 蓝牙主设备。

6.2.2 实例 1：两个蓝牙模块之间的组网

1. 实例原理

蓝牙主模块与从模块相连时，从模块将从 COM5（因实际机器不同，对应的串口号也可能不一样）采集到的数据经过处理后通过 UART1 发送给 STM32，STM32 经过 UART2 发送给蓝牙从模块，蓝牙从模块通过无线的方式将数据发送给蓝牙主模块，蓝牙主模块将接收到的数据通过 UART2 发送给 STM32，STM32 通过 UART1 将数据处理后经过调试板传给 PC 机的 COM 串口，至此，一个完整的蓝牙通信数据传输完毕。例如，利用两个 HC05 模块的 STM32 无线节点构成蓝牙组网设备，将其中一个蓝牙模块设置成主模式，另一块蓝牙设置成从模式，完成主、从蓝牙模块透明传输，如图 6.16 所示。其中，两个蓝牙模块通过 AT 指令设置相同的波特率和透传模式，再分别设置主、从模块，主、从模块连接成功后，即可进行两个模块的通信。

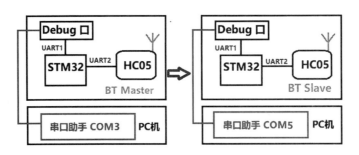

图 6.16 两个蓝牙模块间组网的工作原理

测试过程当中，蓝牙主模块搜寻到周围的从模块的地址后，根据输入选择的地址序号来决定与哪个从模块进行连接，连接成功后，主模块通过 PC 端的串口助手 COM3 发送数据"hello"，从模块就会接收到数据，并通过 PC 端的串口助手 COM5 将其显示出来。

★ 由于主模块最多只能搜索 8 个蓝牙模块地址，因此当多个实验箱都在进行蓝牙实验时，有可能导致搜索不到本实验箱的从模块地址，此时用户可以手动输入。

2. 操作方式

替代串口线透明数据需要 2 个蓝牙模块，一个模块工作在主模式下，一个模块工作在从模式下。当两模块设置为相同的波特率，上电之后，主、从模块则自动连接，形成串口透明，此时的数据传输则是全双工的。步骤如下：①发送 AT 指令，设置主、从模块为相同的波特率；②发送 AT 指令，设置主模块为主模式，从模块为从模式；③发送 AT 指令，设置主模块为搜索所有从设备；④模块上电，主模块自动去查找该通道的从模块，此时主模块和从模块的 PIO1 脚输出为高低脉冲，连接成功之后，主、从模块的 PIO1 管脚输出为高电平，需连接一个 BT LED 进行状态显示；⑤连接成功之后，两个模块就能进行串口数据的全双工通信了。

3. 通信测试

测试中需要用到两个串口，但是每台计算机一般只有一个串口，因此从模块和主模块各需一组设备构建。

步骤 1：两组硬件环境搭建方法如图 6.2 所示，调试转接板连接 JLink 仿真器到 PC 机和 STM32 无线节点板，转接板另一端的串口连接 PC 机串口，将连接好的硬件平台通电。

步骤 2：用 IAR 开发环境打开例程 bluetooth. eww，在 Worksplace 下面有一个下拉框，主、从模块分别选择 Master 或 Slave 模式，单击菜单 Project 中 Rebuild All 重新编译工程，可分别对应地生成 bt_master. hex 和 bt_slave. hex 镜像文件。

步骤 3：执行 J-Flash ARM 软件，先将 bt_master. hex 烧写进主模块的 STM32 无线节点中，同理，再烧写 bt_slave. hex 到从模块的 STM32 无线节点板中。下载完后可以单击 De-bug 中 Go 程序重新运行；也可以将节点重新上电或者按下复位按钮，让下载程序重新运行。

★ 最好让两个模块同时复位运行，这样方便两个模块连接。

步骤 4：程序成功运行后，在 PC 机上打开串口助手来监听两个串口发送和接收数据的情况，设置接收的波特率为 115200。串口助手 1 监测 Master 显示如下：

AT command：OK

AT NAME：+ NAME：HC05

OK

AT VERSION：+ VERSION：2. 0-20100601

OK

AT POLAR：+ POLAR：0,0

OK

AT UART：+ UART：115200,0,0

OK

AT ADDR：+ ADDR：2022:2:190147

OK

SET ROLE MASTER OK

AT ROLE：+ ROLE：1

OK

SET CMODE OK

AT INIT:OK

AT IAC=9e8b33:OK

AT CLASS=0:OK

AT INQM=1,9,10:OK

Please wait for 10 seconds

AT INQ：

+INQ:2022:2:190079,0,FFDA

+INQ:2022:2:190079,0,FFDD

+INQ:2022:2:190079,0,FFDA

+INQ:2022:2:190079,0,FFDD

+INQ:2022:2:190079,0,FFDA

+INQ:2022:2:190079,0,FFDB

+INQ:2022:2:190079,0,FFDD

+INQ:2022:2:190079,0,FFDF

+INQ:2022:2:190079,0,FFDB

OK

select the device you want to connect

1-> 2022,2,190079

if the above bluetooth address have not your origin address,please input it.

1 #或者手动输入"2022,2,190079"进行连接

在串口助手的显示中，"2022，2，190079"为 Master 蓝牙扫描到的 Slave 模式的蓝牙地址，根据提示输入需要连接的蓝牙地址序列号，然后按回车键进行连接。

在多组进行测试时，为了避免连接混乱，建议用户先查询 Slave 模块蓝牙地址，再根据 Master 串口显示的地址进行选择。查询蓝牙地址可以用串口调试助手监听 Slave 模块，根据串口显示内容即可获取蓝牙地址。如果没有显示本组的 Slave 模块地址，可以手动输入地址，在手动输入地址过程中要注意如下细节：监测 Slave 模块串口数据，找到从模块地址，假如从模块显示的地址为"AT ADDR：+ADDR：2022：2：190147"，那么"2022：2：190147"就是该蓝牙模块地址，以"2022，2，190147"格式输入按回车键即可进行连接。连接成功后串口助手工监测 Slave 显示的数据如下：

Connect the device

AT+LINK=2022,2,190147

Link success

Enter some characters：

hello

从显示情况可以得知，主从蓝牙模块已经成功连接，并提示用户输入通信的字符，在此输入"hello"，监听 Slave 模式的蓝牙串口显示的数据如下。

AT command：OK

AT NAME：+ NAME：HC5

OK

AT VERSION：+ VERSION：4.0

OK

AT POLAR：+ POLAR：0,0

OK

AT UART：+ UART：115200,0,0

OK

AT ADDR：+ ADDR：2022：2：190147

OK

SET ROLE SLAVE OK

AT ROLE：+ ROLE：0

OK

SET CMODE OK

receive：

hello

…

另外，可以观察蓝牙设备上 LED 灯的情况来判断两个蓝牙模块的连接情况。若 LED 指示灯长亮，则表示连接成功；不亮或闪烁则表示连接不成功。因为蓝牙主模块设置的是搜索所有从模块，如果同时打开多个蓝牙从模块，主模块会随机与其中一个进行连接，建议使用时只打开一个蓝牙从模块。

6.2.3 实例 2：蓝牙模块与手机通信

蓝牙模块支持 1200 ~ 1382400bps 的波特率，支持主、从模式和简并行过程(SPP)串行服务，非常方便和手机、PC 机等连接。

1. 实例原理

HC05 蓝牙模块已集成到 STM32 无线开发板，用手机连接蓝牙模块时，只需要把 STM32 无线开发板设置成从设备，蓝牙手机充当主模块，手机和 STM32 无线开发板进行蓝牙组网，就可完成主、从设备间透明传输，如图 6.17 所示。

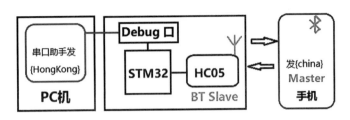

图 6.17　蓝牙模块与手机通信的工作原理

图 6.17 中，STM32 开发板可通过 AT 指令设置波特率和透传模式，主、从模块连接成功后，即可进行两个模块间的互相通信，比如，在手机端发送"{china}"给从设备，从设备可以收到此数据并在 PC 端的串口助手中显示出来；同理在从设备中通过串口助手发送"{HongKong}"给手机，手机端 App 也可以显示对应的数据。

2. 蓝牙从设备编程与固件下载

步骤 1：蓝牙从设备硬件环境搭建方法如图 6.2 所示，JLink 仿真器通过调试转接板连接 STM32 开发板，调试转接板的 9 针串口还需要连接 PC 机串口，将连接好的硬件平台通电。

步骤 2：用 IAR 开发环境打开例程 bt_slave. eww，单击菜单 Project 中 Rebuild All 重新编译工程，可生成 bt_slave. hex 镜像文件。

步骤 3：执行 J-Flash ARM 软件，先将 bt_slave. hex 烧写到 HC05 蓝牙从设备中，下载完后给从设备重新上电或者按下 STM32 开发板复位按钮让下载程序重新运行。

3. 手机端蓝牙主设备的 App 编程与安装

在进行手机端蓝牙主设备编程前，先介绍一些主要相关的 API。所有的蓝牙 API 都在 android. bluetooth 包下，下面有一些类和接口的摘要，需要用它们来建立蓝牙连接。

● BluetoothAdapter

BluetoothAdapter 是所有蓝牙交互的入口，代表本地蓝牙适配器。使用这个类，你能够发现其他的蓝牙设备，查询已配对设备的列表，使用已知的 MAC 地址来实例化一个 BluetoothDevice 对象，并且创建一个 BluetoothServerSocket 对象来监听与其他设备的通信。

● BluetoothDevice

代表一个远程的蓝牙设备。使用这个类通过 BluetoothSocket，可查询如名称、地址、类和配对状态等设备信息来请求跟远程设备的连接。

● BluetoothSocket

代表蓝牙 Socket 的接口，类似 TCP 的 Socket。这是允许一个应用程序跟另一个蓝牙设备通过输入流和输出流进行数据交换的连接点。

● BluetoothServerSocket

代表一个打开的监听传入请求的服务接口(类似于 TCP 的 ServerSocket)。为了连接两个 Android 设备,一个设备必须用这个类打开一个服务接口。当远程蓝牙设备请求跟本设备建立连接时,BluetoothServerSocket 会在连接被接收时返回一个被连接的 BluetoothSocket 对象。

● BluetoothClass

描述了蓝牙设备的一般性特征和功能。这个类是一个只读的属性集,这些属性定义了设备的主要和次要设备类和服务。但是,这个类并不保证描述设备所支持的所有蓝牙配置和服务,但这种对设备类型的提示是有益的。

● BluetoothProfile

代表一个蓝牙配置的接口。蓝牙配置是基于蓝牙通信设备间的无线接口规范,如免提电话的配置。

● BluetoothHeadset

提供对使用蓝牙耳机的移动电话的支持。它同时包含 Bluetooth Headset 和 HandsFree 的配置。

● BluetoothA2DP

定义如何把高品质的音频通过蓝牙连接从一个设备流向另一个设备。A2DP 是 Advanced Audio Distribution Profile 的缩写。

● BluetoothHealth

代表一个健康监测设备配置的控制蓝牙服务的代理。

● BluetoothHealthCallback

用于实现 BluetoothHealth 回调的抽象类。必须继承这个类,并实现用它的回调方法来接收应用程序的注册状态和蓝牙通道状态变化的更新。

● BluetoothHealthAppConfiguration

代表蓝牙相关的第三方健康监测应用程序所注册的与远程蓝牙健康监测设备进行通信的配置。

● BluetoothProfile. ServiceListener

BluetoothProfile IPC 客户端连接或断开服务通知接口,是运行特殊配置的内部服务。

下面基于 Android studio 平台,介绍开发蓝牙通信 App 的一般步骤。Compile Sdk 和 TargetSdk 软件版本均为 26,Min Sdk 版本为 22。

步骤 1:声明蓝牙权限。

①要在新建蓝牙项目中的 AndroidManifest. xml 文件中声明两个权限:BLUETOOTH 权限和 BLUETOOTH_ ADMIN 权限。其中,BLUETOOTH 权限用于请求连接和传送数据;BLUETOOTH_ADMIN 权限用于启动设备、发现或进行蓝牙设置,如果要拥有该权限,必

须先拥有 BLUETOOTH 权限。

②因为 android 6.0 之后采用新的权限机制来保护用户的隐私，如果设置的 targetSdk-Version 大于或等于 23，则需要另外添加 ACCESS_COARSE_LOCATION 和 ACCESS_ FINE _LOCATION 定位权限，否则可能会出现搜索不到蓝牙设备的问题。

```
< uses-permission android:name = " android. permission. ACCESS_FINE_
    LOCATION" / >
< uses-permission android:name = " android. permission. BLUETOOTH" / >
< uses-permission android:name = " android. permission. BLUETOOTH_
    ADMIN" / >
< uses-permission-sdk-23 android:name = " android. permission. ACCESS_
    COARSE_LOCATION" / >
```

步骤 2：启动和关闭蓝牙。

①要先获取 BluetoothAdapter 蓝牙适配器对象，再检测设备是否支持蓝牙。

BluetoothAdapter blueadapter = BluetoothAdapter. getDefaultAdapter ( )；//获取蓝牙适配器

if(blueadapter = = bull) return；　　//表示手机不支持蓝牙

②启动蓝牙功能。用 isEnable( )方法来检查蓝牙当前状态，如果无法返回 false，则蓝牙没启动；用 enable( )方法打开本地蓝牙适配器。

if (！ blueadapter. isEnabled( ))　　//判断本机蓝牙是否打开

{ blueadapter. enable( );}　　//如果没打开，则打开蓝牙

③使用 disable( )方法可以关闭本地蓝牙适配器。

步骤 3：发现蓝牙设备。

①开启当前蓝牙的可见性。安卓设备默认是不能被搜索的，如果想要本机设备可被搜索，可以以 BluetoothAdapter. ACTION_REQUEST_DISCOVERABLE 动作为 startActivity( )方法的参数，这个方法会提交一个开启蓝牙可见的请求。默认情况下，设备在 120 秒内可以被搜索，也可以自定义一个间隔时间，但是规定的最大值为 300 秒，0 秒则表示设备可以一直被搜索，自定义时间通过 EXTRA_DISCOVERABLE_DURATION 参数来定义，代码如下：

```
if ( blueadapter. getScanMode( )！ = BluetoothAdapter. SCAN_MODE_
    CONNECTABLE_DISCOVERABLE )
{//不在可被搜索的范围
Intent discoverableIntent = new Intent( BluetoothAdapter. ACTION_REQUEST_
    DISCOVERABLE) ;
discoverableIntent. putExtra( BluetoothAdapter. EXTRA_DISCOVERABLE_
```

DURATION,300);

//设置本机蓝牙在 300 秒内可见

startActivity(discoverableIntent);}

②开启蓝牙后，调用 startDiscover()方法搜索蓝牙。注意，只有开启了蓝牙可见性的设备才会响应。该搜索过程为异步操作，调用后将以广播的机制返回搜索到的对象，搜索的过程一般为 12 秒，搜索过程中页面会显示搜索到的设备。

```
public void doDiscovry(){
if (blueadapter. isDiscovering()){
```

//判断蓝牙是否正在扫描,如果是调用取消扫描方法;如果不是,则开始扫描

```
blueadapter. cancelDiscovery();
} else blueadapter. startDiscovery();}
```

③注册广播。通过 blueadapter. startDiscovery()方法来搜索蓝牙设备，要获取到搜索的结果需要注册广播，先定义一个列表。

```
public ArrayAdapter adapter;
ListView listView = (ListView) findViewById( R. id. list);//控件列表
```

//定义一个列表,存储蓝牙设备的地址。

```
public ArrayList < String >  arrayList = new ArrayList < >();
```

//定义一个列表,存储蓝牙设备地址,用于显示。

```
public ArrayList < String >  deviceName = new ArrayList < >();
```

④将搜索到的蓝牙设备显示在控件列表上。

```
adapter = new ArrayAdapter( this,android. R. layout. simple_expandable_list_item_1,
deviceName);
listView. setAdapter(adapter);
```

⑤定义广播和处理广播消息。

```
IntentFilter intentFilter = new IntentFilter( BluetoothDevice. ACTION_FOUND);//注
册广播接收信号
registerReceiver(bluetoothReceiver,intentFilter);//用 BroadcastReceiver 取得结果
private final BroadcastReceiver bluetoothReceiver = new BroadcastReceiver(){
@ Override
public void onReceive( Context context,Intent intent){
String action = intent. getAction();
if ( BluetoothDevice. ACTION_FOUND. equals( action)){
BluetoothDevice device = intent. getParcelableExtra( BluetoothDevice. EXTRA_DEVICE);
deviceName. add("设备名:"+ device. getName() +" \n"  +"设备地址:"
```

+ device. getAddress( ) + " \n") ;

//将搜索到的蓝牙名称和地址添加到列表

arrayList. add(device. getAddress( )) ；　//

adapter. notifyDataSetChanged( ) ;}}} ;

⑥搜索完设备后，要记得注销广播。注册后的广播对象在其他地方有强引用，如果不取消，activity 会释放不了资源。

protected void onDestroy( ){

super. onDestroy( ) ;//解除注册

unregisterReceiver(bluetoothReceiver) ;}

⑦查询 targetSdkVersion 是否大于或等于23。

若是大于或等于23，除添加蓝牙权限外，还要动态获取位置权限，才能将搜索到的蓝牙设备显示出来。若是小于23，则不需要动态获取权限。动态申请权限如下。

@ Override

protected void onActivityResult(int requestCode,int resultCode,Intent data){

super. onActivityResult(requestCode,resultCode,data) ;

if (requestCode = = REQUEST_ENABLE_BT){

if (resultCode = = RESULT_OK){textView. setText("打开蓝牙成功");}

if (resultCode = = RESULT_CANCELED){textView. setText("放弃打开蓝牙");}

} else {textView. setText("蓝牙异常");}}

@ Override

public void onRequestPermissionsResult(int requestCode,String permissions[ ],

　　int[ ] grantResults){

switch (requestCode){

case PERMISSION_REQUEST_COARSE_LOCATION：

if (grantResults[0] = = PackageManager. PERMISSION_GRANTED){}break;}}

步骤4：配对蓝牙设备。

蓝牙的配对和连接有两种方式。一种是每个设备作为一个客户端去连接一个服务器端，向对方发起连接；另一种则是作为服务器端来接收客户端发来连接的消息。蓝牙之间的数据传输采用的是和 TCP 传输类似的传输机制。

①作为客户端连接。

首先要获取一个代表远程设备 BluetoothDevice 的对象，然后使用该 BluetoothDevice 的对象来获取一个 BluetoothSocket 对象。BluetoothSocket 对象调用 connect 方法可以建立连接。蓝牙连接整个过程需要在子线程中执行的，要将 scoket. connect 方法放在一个新的子线程中；因为如果将这个方法也放在同一个子线程中解决的话，就会永远报错 read failed， socket might closed or timeout，read ret：-1。借鉴网上的方法：再开一个子线程专门执行 socket. connect( )方法，问题就可以解决了。

另外，在获得 socket 的时候，尽量不使用 UUID 方式。因为这样虽然能够获取到 Socket 但是不能进行自动提示配对，所以使用的前提是已经配对了的设备；使用反射的方式，能够自动提示配对，也适合于机间通信。

final BluetoothSocket socket = (BluetoothSocket) device. getClass ( ). getDeclaredMethod ("createRfcommSocket"，new Class[ ]｛int. class｝). invoke(device，1)；

需要把注册广播时的 device 作为参数传进线程中。注意，传进来的 device 的值为远程设备的地址，若不是或有出入，则可能会出现 NullPointerException 异常，并提示尝试调用一个空的对象。为了解决这个问题，可以把显示获得的 device 名字、地址和传入线程的 device 的地址分在不同的集合类。传入线程的 device 使用只有设备地址的集合类。在连接蓝牙之前，还要先取消蓝牙设备的扫描，否则容易连接失败。

adapter. cancelDiscovery( )；//adapter 为获取到的蓝牙适配器

socket. connect( )；//连接

②作为服务端连接。

服务端接收连接需要使用 BluetoothServerSocket 类，它的作用是监听进来的连接，在一个连接被接收之后，会返回一个 BluetoothSocket 对象，这个对象可以用来和客户端进行通信。与客户端一样，服务端也要在子线程中实现。通过调用 listenUsingRfcommWithService Record(String，UUID)方法可以得到一个 BluetoothServerSocket 的对象，然后再用这个对象来调用 accept 方法来返回一个 BluetoothSocket 对象。由于 accept 方法是个阻塞的方法，它会直到接收到一个连接或异常之后才会返回，所以要放在子线程中。

bluetoothServerSocket = bluetoothAdapter. listenUsingRfcommWithServiceRecord(bluetoothA-dapter. getDefaultAdapter ( ) . getName ( )，UUID. fromString ("00001101-0000-1000-8000-00805F9B34FB"

bluetoothServerSocket = (BluetoothServerSocket) bluetoothAdapter. getClass ( ). getMethod ("listenUsingRfcommOn"，new Class[ ]｛int. class｝). invoke(bluetoothAdapter，10)；

socket = bluetoothServerSocket. accept( )；

接收连接代码中注释掉的内容一般通过反射的方式来接收，由于使用时容易出现异常，所以暂时不推荐这个方法。另外，与 TCP 不同的是，这个连接时只允许一个客户端连接，因此在 BluetoothServerSocket 对象接收到一个连接请求时就要立刻调用 close 方法把服务器端关闭。

步骤 5：客户端发送数据。

当两个设备成功连接后，双方都会有一个 BluetoothSocket 对象，这时就可以在设备之间传送数据。先使用 getOutputStream 方法获取输出流来处理传输，再调用 write 方法。

os = socket. getOutputStream( )； //获取输出流

if (os ！ = null)｛ os. write(message. getBytes(" UTF-8"))；｝

　　//判断输出流是否为空

os. flush( )； //将输出流的数据强制提交

os. close( )； //关闭输出流

将输出流中的数据提交后，要记得关闭输出流，否则，可能会造成只能发送■次数据。

步骤6：服务端接收数据。

先使用 getInputStream 方法获取输入流来处理传输，再调用 read 方法获取数据。

InputStream im = null；

im = bluetoothSocket. getInputStream( )；

byte buf[ ] = new byte[1024]；

if (is ！ = null)｛

is. read(buf,0,buf. length)；//读取发来的数据

String message = new String(buf)；//把发来的数据转化为 String 类型

BuletoothMainActivity. UpdateRevMsg(message)；//更新信息在显示文本框

is. close( )；//关闭输入流

使用服务端接收数据时，要先从客户端向服务端发起连接，只有接收到连接请求之后，才会返回一个 BluetoothSocket 对象。有 BluetoothSocket 对象后才能获取输入流。下面是将接收的数据显示在界面的方法：

在 Activity 中定义 Handler 类的对象 handler。

public static void UpdateRevMsg(String revMsg)｛

mRevMsg = revMsg；

handler. post(RefreshTextView)；｝

private static Runnable RefreshTextView = new Runnable( )｛

@ Override

public void run( )｛textView2. setText(mRevMsg)；｝｝；

③实例测试。

步骤1：搭建如图 6.2 所示的 HC05 蓝牙从设备硬件环境，将连接好的硬件平台通电。

步骤2：用 Android Studio 打开 BlueTooth 工程，单击菜单 Run 中的 Run app 重新编译工程，生成 BlueTooth. apk 文件。然后安装 BlueTooth. apk 到安卓平台的手机，安装结束后手机上会出现一个 BlueTooth 图标。

步骤3：进入手机端的"设置"界面，开启"蓝牙"功能，查询附近可用的 HC05 蓝牙从设备。比如，在"可用设备"中显示的 98：D3：31：10：02：AC(UICCHC05S) 蓝牙设备，

如图 6.18 所示。选中 UICCHC05S 可用设备，系统会弹出蓝牙配对请求对话框，输入配对的 PIN，单击确定即可配对成功，如图 6.19 所示。

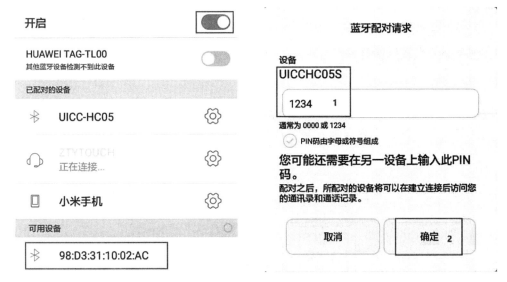

图 6.18　开启蓝牙查询可用设备　　　　　图 6.19 蓝牙模块配对操作

步骤 4：运行手机端 BlueTooth，在下拉列表中选 UICC-HC05 从设备，单击"连接"建立好手机与从设备的无线通信链路。在手机端数据发送区域输入"｛china｝"，单击"发送"按钮，串口助手会显示接收到此数据；相反，在串口助手中数据发送区域输入"｛HongKong｝"，手机端的数据接收区域会显示对应的数据，如图 6.20 和图 6.21 所示。

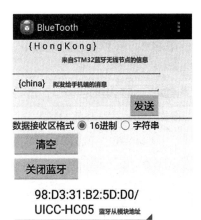

图 6.20　HC05 蓝牙模块数据接收与发送情况　　图 6.21 手机端蓝牙数据接收与发送情况

至此就完成了 STM32 无线开发板与手机之间的蓝牙数据通信项目。

6.2.4 实例 3：基于蓝牙的传感器数据通信应用设计

在 HC05 模块与手机间的蓝牙通信实例中，通信数据是字符串常量；而在实际物联网工程应用中情况更为复杂，需要利用终端设备采集和传输所在区域的相关模拟量和数字量，以及对终端设备发送控制信号。下面以 STM32 开发板为例，介绍此开发板作为终端设备，把采集的光敏传感器数据实时通过蓝牙通信的方式发送给手机。

1. 实例原理

将光敏传感器和 HC05 蓝牙模块集成到 STM32 开发板上，用手机连接 STM32 开发板时，只需要把 STM32 开发板设置成从设备，利用手机和 STM32 开发板即构成蓝牙组网设备，可完成主、从模块透明传输，如图 6.22 所示。

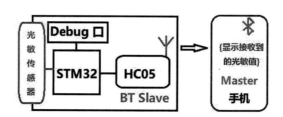

图 6.22 蓝牙模块与手机通信的工作原理

图 6.22 中，从设备采集光敏传感器的数据，经过 STM32 处理后发送给 HC05 蓝牙模块，后者以无线的方式发送给手机，手机端 App 可以显示对应的光敏数据。

2. 蓝牙从设备编程与固件下载

步骤 1：蓝牙从设备硬件环境搭建方法如图 6.2 所示，JLink 仿真器通过调试转接板连接 PC 和 STM32 无线节点板将连接好的硬件平台通电。

步骤 2：用 IAR 打开例程 bt_slave.eww，编写光敏传感器数据采集程序。代码如下：

```
#include" adc. h"
ADC_InitTypeDef ADC_InitStructure;
DMA_InitTypeDef DMA_InitStructure;
__IO uint16_t ADCConvertedValue;
void temp_init( void) {
    ADC_InitTypeDef ADC_InitStruct;
    // GPIO_InitTypeDef GPIO_InitStruct;
    RCC_APB2PeriphClockCmd( RCC_APB2Periph_ADC1,ENABLE);
    ADC_DeInit( ADC1) ;  //设置 ADC 的工作模式,此处设置为独立工作模式
    ADC_InitStruct. ADC_Mode = ADC_Mode_Independent;
```

```
        ADC_InitStruct. ADC_DataAlign = ADC_DataAlign_Right;//ADC 数据右对齐
        ADC_InitStruct. ADC_ContinuousConvMode = DISABLE;//ADC 工作在单次模式
//定义触发方式,此处为软件触发
        ADC_InitStruct. ADC_ExternalTrigConv = ADC_ExternalTrigConv_None;
//设置进行规则转换的 ADC 通道数目,此处为 1 个通道
        ADC_InitStruct. ADC_NbrOfChannel =1；  //ADC 工作在多通道模式还是单通道模式
ADC_InitStruct. ADC_ScanConvMode = DISABLE；
        ADC_Init(ADC1,&ADC_InitStruct);
        ADC_RegularChannelConfig(ADC1,ADC_Channel_16,1,ADC_SampleTime_
            239Cycles5);
        ADC_TempSensorVrefintCmd(ENABLE);
        ADC_Cmd(ADC1,ENABLE);
        ADC_ResetCalibration(ADC1);
        while(ADC_GetResetCalibrationStatus(ADC1));
        ADC_StartCalibration(ADC1);
        while(ADC_GetCalibrationStatus(ADC1));  //使能 ADC1 的软件转换启动功能
        ADC_SoftwareStartConvCmd(ADC1,ENABLE);}
void RCC_Configuration(void){//ADC 时钟配置程序
#if defined (STM32F10X_LD_VL)||defined (STM32F10X_MD_VL)||defined
    (STM32F10X_HD_VL)
        RCC_ADCCLKConfig(RCC_PCLK2_Div2);
#else
        RCC_ADCCLKConfig(RCC_PCLK2_Div4);
#endif
        RCC_APB2PeriphClockCmd(RCC_APB2Periph_ADC1 | RCC_APB2Periph_
            GPIOB,ENABLE);}
void GPIO_Configuration(void){//stm32 ADC GPIO 配置程序
        GPIO_InitTypeDef GPIO_InitStructure;
        GPIO_InitStructure. GPIO_Pin = GPIO_Pin_0;
        GPIO_InitStructure. GPIO_Mode = GPIO_Mode_AIN;
        GPIO_Init(GPIOB,&GPIO_InitStructure);}
void adc_init(void){//stm32 ADC 初始化
        ADC_InitTypeDef ADC_InitStruct;
        RCC_Configuration();
```

```
        GPIO_Configuration();
        ADC_DeInit(ADC1);
    //设置 ADC 的工作模式,此处设置为独立工作模式
        ADC_InitStruct. ADC_Mode = ADC_Mode_Independent;
ADC_InitStruct. ADC_DataAlign = ADC_DataAlign_Right;//ADC 数据右对齐
//设置为 DISABLE,ADC 工作在单次模式。ENABLE,工作在连续模式
        ADC_InitStruct. ADC_ContinuousConvMode = DISABLE;
//定义触发方式,此处为软件触发
        ADC_InitStruct. ADC_ExternalTrigConv = ADC_ExternalTrigConv_None;
//设置进行规则转换的 ADC 通道数目。此处为 1 个通道
        ADC_InitStruct. ADC_NbrOfChannel = 1;
//ADC 工作在多通道模式还是单通道模式
ADC_InitStruct. ADC_ScanConvMode = DISABLE;
        ADC_Init(ADC1,&ADC_InitStruct);
        //设置指定 ADC 的规则组通道,设置它们的转化顺序和采样时间
        //设置 ADC1,模拟通道8,采样序列号为1,采样时间为71.5周期
        ADC_RegularChannelConfig(ADC1,ADC_Channel_8,1,ADC_SampleTime_
            71Cycles5);
        ADC_Cmd(ADC1,ENABLE);//ADC1 使能
        ADC_ResetCalibration(ADC1);//重置指定的 ADC1 的校准寄存器
        //获取 ADC1 重置校准寄存器的状态,直到校准寄存器重设完成。
        while(ADC_GetResetCalibrationStatus(ADC1));
        ADC_StartCalibration(ADC1);//开始指定 ADC 的校准状态
        //获取指定 ADC 的校准程序,直到校准完成。
        while(ADC_GetCalibrationStatus(ADC1));
        //使能 ADC1 的软件转换启动功能
        ADC_SoftwareStartConvCmd(ADC1,ENABLE);}
uint16_t read_ADC(void){   //读取 ADC1 采回来的值
        ADC_SoftwareStartConvCmd(ADC1,ENABLE);   //启动 ADC1 转换
        while(! ADC_GetFlagStatus(ADC1,ADC_FLAG_EOC));//等待 ADC 转换完毕
        return ADC_GetConversionValue(ADC1);        //读取 ADC 数值
}  //输出 16 位的 ADC 采样值
```

在工程的 main. c 文件,条件光敏传感器初始化和其数据获取函数,代码如下:
#include < stdio. h >

```
#include <math.h>
#include"stm32f10x.h"
#include"usart.h"
#include"delay.h"
extern char _recv_buf[320];
extern char user_uart_recv_buf[128];
extern int user_uart_recv_state;
extern int user_uart2_recv_state;
extern char user_uart2_recv_buf[128];
extern int user_uart2_len;
void main(void){
    int value;
    char buf[32];
    delay_init(72);
    uart1_init();//串口1初始化,实现串口的打印和输入
    adc_init();   //光敏传感器初始化
    delay_ms(1000);
    hc05_init();//蓝牙节点初始化
    while(1){
        memset(buf,0,32);
        value=4096-read_ADC();   //当前光敏值
        sprintf(buf,"{value=%d}",value);
        uart2_putstr(buf);
        delay_ms(1000);
    }}
```

单击菜单 Project 中 Rebuild All 重新编译工程，可生成 bt_slave.hex 镜像固件。

步骤3：执行 J-Flash ARM 软件，将固件 bt_slave.hex 烧写到从设备 STM32 无线节点开发板中，下载完后给从设备重新上电或按下 STM32 开发板的复位按钮让程序重新运行。

步骤4：手机端的 App 编写，打开蓝牙以及配对操作，与6.2.2节实例相同。

步骤5：从设备名称为 UICCHC05S，地址为98：D3：31：10：02：AC。从设备上电后即可采集光敏传感器的数据，并向配对好的主设备发送数据。运行手机端 BlueTooth，在下拉列表中选中 UICCHC05S 从设备，单击"连接"建立好手机与从设备的无线通信链路。此时，手机端数据接收区域即可显示收到的光敏传感器数据，如图6.23和图6.24所示。

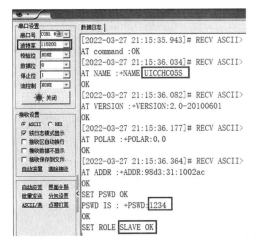 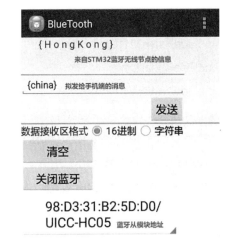

图 6.23　蓝牙从模块光敏传感器节点参数　　图 6.24　手机端蓝牙接收传感器数据

至此，完成了 STM32 无线开发板与手机之间的蓝牙传感器数据的通信。在实际工程中，如智能家居或智能农业，往往会用到多个传感器和执行器，为了提高代码的重复利用率，此时需对来自从设备传感器数据的传输格式进行规范定义。

例如，CYB 全功能物联网实验箱上，传感器数据的蓝牙通信协议接口的波特率为9600，一帧数据为定长 46 字节，格式如下：

u8 DataHeadH;//包头 0xEE

u8 DataDeadL;//包头 0xCC

u8 NetID;//所属网络标识 01（ZigBee）02（IPv6）03（WiFi）04（Bluetooth）05（RFID）

u8 NetInfoChnanelList[8];//蓝牙名称

4u8 NetInfoPanID[2];//蓝牙服务 UUID（0xFFE0/0xFFE1）

5u8 NodeIEEEAddress[8];//节点 MAC 地址（48bits 占数组低 6 字节）

u8 NodeNwkAddress[4];//保留

u8 NodeFamilyAddress[4];//保留

u8 NodeType;//节点类型（0:主节点,1:从节点）

u8 NodeState;//节点状态（0:掉线,1:在线）

u8 NodeDepth;//CMD（0、自动上报 1、搜索 2、连接 3、断开 4、控制）

u8 NodeLinkRSSI;//保留

u8 NodePosition;//节点位置（同 ZigBee 部分）

u8 SensorType;//传感器类型

u8 SensorIndex;//传感器 ID

u8 SensorCMD;//传感器命令序号

u8 Sensordata1;//传感器数据 1

u8 Sensordata2;//传感器数据 2

u8 Sensordata3;//传感器数据 3

u8 Sensordata4;//传感器数据 4

u8 Sensordata5;//传感器数据 5

u8 Sensordata6;//传感器数据 6

u8 DataResv1;//保留字节 1

u8 DataResv2;//保留字节 2

U8 DataEnd;//节点包尾 0xFF

传感器的底层协议如表 6.2 所示。

表 6.2　传感器底层协议

传感器编号与名称	发送	返回	备注
0x01 磁检测传感器	CC EE 01 NO 01 00 00 FF 查询是否有磁场	EE CC 01 NO 01 00 00 00 00 00 00 00 00 FF	01：有磁场 00：无磁场
		EE CC 01 NO 01 00 00 00 00 00 01 00 00 FF	
0x02 光照传感器	CC EE 02 NO 01 00 00 FF 查询是否有光照	EE CC 02 NO 01 00 00 00 00 00 00 00 00 FF	01：有光照 00：无光照
		EE CC 02 NO 01 00 00 00 00 00 01 00 00 FF	
0x03 红外对射传感器	CC EE 03 NO 01 00 00 FF 查询红外对射传感器是否有障碍	EE CC 03 NO 01 00 00 00 00 00 00 00 00 FF	01：有障碍 00：无障碍
		EE CC 03 NO 01 00 00 00 00 00 01 00 00 FF	
0x04 红外反射传感器	CC EE 04 NO 01 00 00 FF 查询红外反射传感器是否有障碍	EE CC 04 NO 01 00 00 00 00 00 00 00 00 FF	01：有障碍 00：无障碍
		EE CC 04 NO 01 00 00 00 00 00 01 00 00 FF	
0x05 结露传感器	CC EE 05 NO 01 00 00 FF 查询是否有结露	EE CC 05 NO 01 00 00 00 00 00 00 00 00 FF	01：有结露 00：无结露
		EE CC 05 NO 01 00 00 00 00 00 01 00 00 FF	

续　表

传感器编号与名称	发送	返回	备注
0x06 酒精传感器	CC EE 06 NO 01 00 00 FF 查询是否检测到酒精	EE CC 06 NO 01 00 00 00 00 00 00 00 00 FF	01：有酒精 00：无酒精
		EE CC 06 NO 01 00 00 00 00 00 01 00 00 FF	
0x07 人体检测传感器	CC EE 07 NO 01 00 00 FF 查询是否检测到人	EE CC 07 NO 01 00 00 00 00 00 00 00 00 FF	01：有人 00：无人
		EE CC 07 NO 01 00 00 00 00 00 01 00 00 FF	
0x08 三轴加速度传感器	CC EE 08 NO 01 00 00 FF 查询 XYZ 轴加速度	EE CC 08 NO 01 XH XL YH YL ZH ZL 00 00 FF	XH，XL，YH， YL，ZH，ZL
0x09 声响检测传感器	CC EE 09 NO 01 00 00 FF 查询是否有声响	EE CC 09 NO 01 00 00 00 00 00 00 00 00 FF	01：有声音 00：无声音
		EE CC 09 NO 01 00 00 00 00 00 01 00 00 FF	
0x0A 温湿度传感器	CC EE 0A NO 01 00 00 FF 查询湿度和温度	EE CC 0A NO 01 00 00 HH HL TH TL 00 00 FF	HH，HL， TH，TL
0x0B 烟雾传感器	CC EE 0B NO 01 00 00 FF 查询是否检测到烟雾	EE CC 0B NO 01 00 00 00 00 00 00 00 00 FF	01：有烟雾 00：无烟雾
		EE CC 0B NO 01 00 00 00 00 00 01 00 00 FF	
0x0C 振动检测传感器	CC EE 0C NO 01 00 00 FF 查询是否检测到振动	EE CC 0C NO 01 00 00 00 00 00 00 00 00 FF	01：有振动 00：无振动
		EE CC 0C NO 01 00 00 00 00 00 01 00 00 FF	

第7章　WiFi 通信

WiFi(Wireless Fidelity)，是一种可以将个人计算机、掌上电脑(PDA)、手机等终端以无线方式互相连接的技术。随着信息技术飞速发展，人们对网络通信的需求不断提高，希望不论在何时、何地与何人都能够进行包括数据、语音、图像等任何内容的通信，并希望能实现计算机主机在网络中漫游。而计算机网络由有线向无线、由固定向移动、由单一业务向多媒体的发展，也推动了 WiFi 的发展。

7.1　WiFi 通信基础知识

WiFi 由 WiFi 联盟所持有，也是一种无线局域网技术，目的是改善基于 IEEE 802.11 标准的无线产品之间的互通性，现在已涵盖 IEEE 802.11a、IEEE 802.11b 等多个标准。

7.1.1　WiFi 技术概述

WiFi 在无线局域网领域内称为"无线相容性认证"，WiFi 既是一种商业认证，又是一种无线联网技术。以前，网络主要通过网线来连接，而现在可以通过无线电波来覆盖。最常见的联网设备是无线路由器，在无线路由器电波覆盖的有效范围内都可以采用 WiFi 连接方式进行联网。如果无线路由器连接了一条 ADSL 或者其他上网接口，则无线路由器又被称为"热点"(AP)。

基于 WiFi 的高速无线联网模式已融入人们的日常生活，各厂商目前都积极将该技术应用于从手机到计算机的各种设备中。与传统联网技术相比，WiFi 具有以下突出的优势。

(1)无线电波覆盖范围广。

蓝牙的电波覆盖范围非常小，而 WiFi 的电波覆盖半径则大得多，完全能满足许多办公室范围的上网需求。

(2)传输速度非常快。

虽然基于 WiFi 技术的无线通信质量和数据传输质量较蓝牙稍低，但传输速度非常快，符合个人和社会信息化的需求。

（3）设备提供商进入该领域的门槛比较低。

设备提供商在机场、车站、咖啡店、图书馆等人员较密集的地方设置"热点"，并通过高速线路将因特网接入热点，由于"热点"所发射出的电波可以达到距接入点半径 10 ～ 100m 的地方，因此将支持用户 WLAN 的笔记本或手机靠近该区域内，就可以高速接入因特网。此时，设备提供商不用耗费资金来进行网络布线，从而节省了大量的成本。

（4）无须布线。

WiFi 最主要的优势在于不需要布线，因此非常适合移动办公用户的需要，具有广阔的市场前景。目前，它已经从传统的医疗保健、库存控制和管理服务等特殊行业向更多领域拓展，如家庭应用和教育机构等领域。

（5）健康安全。

IEEE 802.11 规定的发射功率不可超过 100mW，实际发射功率约 60 ～ 70mW，与此相比，手机的发射功率约为 200mW ～ 1W，手持式对讲机高达 5W。同时，由于无线网络并不直接接触人体，因此具有更高的安全性。

（6）组建方法简单。

架设一般无线网络的基本设备包括无线网卡及一台 AP，AP 主要在媒体访问控制层中扮演无线工作站和有线局域网络之间的桥梁，使无线工作站可以快速且轻易地与网络相连。无线网卡和 AP 通过简单配置就能以无线模式配合有线架构来分享网络资源，架设费用和复杂程度远远低于传统的有线网络。

（7）工作距离长，安全性高。

在网络建设完备的情况下，WiFi 的真实工作距离较大，而且解决了高速移动时的数据纠错、误码等问题；同时设备与设备、设备与网关之间的切换和安全认证都得到了很好的解决。

1. 一般组成结构

架设无线网络的基本配备就是无线网卡及一台 AP，如此便能以无线的模式配合既有的有线架构来分享网络资源，架设费用和复杂程度远远低于传统的有线网络。有了 AP，就像一般有线网络的 Hub，无线工作站可以快速且轻易地与网络相连。特别是对于宽带的使用，WiFi 更显优势，有线宽带网络（ADSL、小区 LAN 等）到户后，连接到一个 AP，然后在电脑中安装一块无线网卡即可。普通的家庭有一个 AP 已经足够，甚至用户的邻里得到授权后，则无需增加端口，也能以共享的方式上网。

2. 主要功能

无线网络上网可以简单地理解为无线上网，是当今使用最广的一种无线网络传输技术。几乎所有智能手机、平板和笔记本电脑都支持 WiFi 上网。实际上就是把有线网络信号转换成无线信号，比如手机如果有 WiFi 功能，在有 WiFi 无线信号的时就可以不通过移动网络上网，节省了流量费。

WiFi 上网在大城市比较常用，虽然 WiFi 技术传输的无线通信质量不是很好，数据安全性能比蓝牙差一些，传输质量也有待改进，但传输速度非常快，可以达到 54Mbps，符合个人和社会信息化的需求。WiFi 信号也是由有线网提供的，如家里的 ADSL、小区宽带等，只要接一个无线路由器，就可以把有线信号转换成 WiFi 信号。我国有许多地方实施了"无线城市"工程，使这项技术得到推广。

3. 主要版本

IEEE 最初制定的无线局域网标准主要用于解决办公室局域网和校园网中用户的使用，以及终端的无线接入问题，其业务主要限于数据传输，其速率最高只能达到 2Mb/s。由于它在速率和传输距离上都不能满足人们不断增长的需要，因此，IEEE 小组又相继推出了 802.11a、802.11b、802.11g、802.11n 和 802.11ac 等一系列标准，如表 7.1 所示。

表 7.1　WiFi 主要版本

WiFi 版本	WiFi 标准	发布时间	最高速率	工作频段
WiFi 7	IEEE 802.11be	2022 年	30Gbps	2.4GHz、5GHz、6GHz
WiFi 6	IEEE 802.11ax	2019 年	11Gbps	2.4GHz、5GHz
WiFi5	IEEE 802.11ac	2014 年	1Gbps	5GHz
WiFi 4	IEEE 802.11n	2009 年	600Mbps	2.4GhHz、5GHz
WiFi 3	IEEE 802.11g	2003 年	54Mbps	2.4GHz
WiFi 2	IEEE 802.11b	1999 年	11Mbps	2.4GHz
WiFi 1	IEEE 802.11a	1999 年	54Mbps	5GHz
WiFi 0	IEEE 802.11	1997 年	2Mbps	2.4GHz

随着最新的 802.11ax 标准发布，新的 WiFi 标准名称将定义为 WiFi6，因为 WiFi 联盟从这个标准起，将原来的 802.11a/b/g/n/ac 之后的 ax 标准定义为 WiFi6，从而也可以将之前的依次追加为 WiFi1/2/3/4/5。

2.4GHz 频段支持 802.11b/g/n/ax 标准，5GHz 频段支持 802.11a/n/ac/ax 标准，由此可见，802.11n/ax 同时工作在 2.4GHz 和 5GHz 频段，所以这两个标准是兼容双频工作。

7.1.2　WiFi 组网及应用

1. WiFi 网络的组成

WiFi 网的物理组成或物理结构通常由站、无线介质、基站或接入点和分布式系统等几部分组成。

（1）站 STA（Station）。

站也称主机或终端，是 WiFi 网最基本的组成单元。站在无线局域网中通常用作客户端，它是具有无线网络接口的计算设备，它包括以下几个部分。

①终端用户设备。

终端用户设备是站与用户的交互设备。这些终端用户设备可以是台式计算机、便携式计算机和掌上计算机等，也可以是其他智能终端设备。

②无线网络接口。

无线网络接口是站的重要组成部分，它负责处理从终端用户设备到无线介质间的数字通信，一般采用调制技术和通信协议的无线网络适配器或调制解调器。无线网络接口与终端用户设备之间通过计算机总线如 PCI、PCMCIA 等或接口如 RS-232、USB 等相连，并由相应的软件驱动程序，建立客户应用设备或网络操作系统与无线网络接口之间的联系。常用的驱动程序标准有网络驱动程序接口标准和开放数据链路接口等。

③网络软件。

网络操作系统、网络通信协议等网络软件运行于无线网络的不同设备上。客户端的网络软件运行在终端用户设备上，它负责完成用户向本地设备发出命令，并将用户接入无线网络。当然，对无线局域网的网络软件有特殊的要求。

WiFi 网中的站是可以移动的，因此通常也称为移动主机或移动终端。如果从站的移动性来分，无线局域网中的站可分为三类：固定站（如台式机）、半移动站（如便携机）和移动站（如掌上机或车载台）。

固定站是指位置固定不动的站，半移动站是指经常改变其地理位置的站，但它在移动状态下并不要求保持与网络的通信；而移动站则要求能够在移动状态也可保持与网络的通信，其典型的移动速率限定在 $2 \sim 10 \mathrm{m/s}$。

WiFi 网中的站之间可以直接相互通信，即组网为两个用户设备间搭建了一个透明串口通路，如图 7.1 所示。

图 7.1　点对点通信

常见组网方式是基于 AP 的无线组网方式，即通过基站或接入点进行远程通信，如图 7.2 所示。这种组网方式里面，由一个 AP 和许多 STA 组成，其特点是 AP 处于中心地位，STA 之间的相互通信都通过 AP 转发完成。

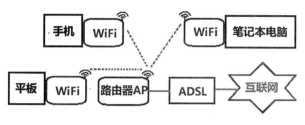

图 7.2 远程通信

在无线局域网中，站之间的通信距离由于天线的辐射能力有限和应用环境的不同而受到限制。把无线局域网所能覆盖的区域范围称为服务区域(Service Area，SA)；而把无线局域网中移动站的无线收发信机及地理环境所确定的通信彻盖区域称为基本服务区(Basic Service Area，BSA)，也常称为小区，它是构成无线局域网的最小单元。在一个 BSA 内彼此之间相互联系，相互通信的一组主机组成了一个基本业务集(Basic Service Set，BSS)。由于考虑到无线资源的利用率和通信技术等因素，BSA 不可能太大，通常直径在 100m 内，也就是说同一 BSA 中的移动站之间的距离应小于 100 m。

WLAN 中的站或终端可以是各种类型，如 IP 型和无线 ATM 型。无线 ATM 型包括无线 ATM 终端和无线 ATM 终端适配器，空中接口为无线用户网络接口。

(2)无线介质。

无线介质是无线局域网中站与站之间、站与接入点之间通信的传输介质。在这里指的是空气，它是无线电波和红外线传播的良好介质。WiFi 网中的无线介质由 WiFi 网物理层标准定义。

(3)无线接入点。

无线接入点 AP 类似蜂窝结构中的基站，是无线局域网的重要组成单元。无线接入点是一种特殊的站，它通常处于 BSA 的中心，固定不动。其基本功能为：作为接入点，完成其他非 AP 的站对分布式系统的接入访问和同一 BSS 中的不同站间的通信连接；作为无线网络和分布式系统的桥接点，完成无线局域网与分布式系统间的桥接功能；作为 BSS 的控制中心完成对其他非 AP 站的控制和管理。

无线接入点是具有无线网络接口的网络设备，主要包括：至少一个与分布式系统的接口；至少一个无线网络接口和相关软件；桥接软件、接入控制软件、管理软件等 AP 软件和网络软件。无线接入点也可以作为普通站使用，称为 AP Client。WiFi 网中的接入点也可以是各种类型，如 IP 型和无线 ATM 型。无线 ATM 型的接入点与 ATM 交换机的接口为移动网络与网络接口。

(4)分布式系统。

一个 BSA 所能覆盖的区域受到环境和收发信机特性的限制。为了覆盖更大的区域，就需要把多个 BSA 通过分布式系统连接起来，形成一个扩展业务区(Extended Service Area，

ESA)。而通过分布式系统(DS)互相连接起来的属于同一个 ESA 的所有主机组成一个扩展业务组(Extended Service Set，ESS)。

分布式系统(DS)是用来连接不同 BSA 的通信信道，称为分布式系统信道(Distribution System Medium，DSM)。DSM 可以是有线信道，也可以是频段多变的无线信道。这样在组织无线局域网时就有了足够的灵活性。在多数情况下，有线分布式系统(DS)系统与骨干网都采用有线局域网，而无线分布式系统可通过 AP 间的无线通信(通常为无线网桥)取代有线电缆来实现不同 BSS 的连接。

分布式系统的入口(Portal)是一个逻辑的接入点，它既可以是一个单一的设备，如网桥、路由器或网关等，也可以和 AP 共存于同一设备中。在目前的设计中，Portal 和 AP 大都集成在一起，而 DS 与骨干网一般是同一个有线局域网。从 WiFi 网发往骨干网的数据都必须经过 Portal，反之亦然。这样通过 Portal 就把 WiFi 网和骨干网连接起来。如同现有的能连接不同拓扑结构有线局域网的有线网桥一样，Portal 必须能够识别 WiFi 网的帧、DS 上的帧、骨干网的帧，并且能相互转换。

2. 无线局域网的拓扑结构

WiFi 体系结构由几个部件组成，它们之间相互作用从而构成了 WiFi，并使 STA 对上层而言具有移动透明性。

WiFi 的拓扑结构可从几个方面来分类：从物理拓扑分类来看，有单区网和多区网之分；从逻辑上来看，WiFi 的拓扑主要有对等式、基础结构式和线型、星型、环型等；从控制方式来看，可分为无中心分布式和有中心集中控制式两种；从与外网的连接性来看，主要有独立 WiFi 和非独立 WiFi。

BSS 是 WiFi 的基本构造模块。它有两种基本拓扑结构或组网方式，即分布对等式拓扑和基础结构集中式拓扑。单个 BSS 称为单区网，多个 BSS 通过 DS 互联构成多区网。

(1)分布对等式拓扑。

分布对等式网络是一种独立基本服务集(Independent Basic Service set，IBSS)，它至少有两个站，是一种典型的、以自发方式构成的单区网。在可以直接通信的范围内，IBSS 中任意站之间可直接通信而无须 AP 转接。由于没有 AP，站之间的关系是对等的、分布式的或无中心的。由于 IBSS 网络不需要预先计划，随时需要随时构建，因此该工作模式被称作特别网络或自组织网络。采用这种拓扑结构的网络，各站点竞争公用信道。当站点数过多时，信道竞争成为限制网络性能的原因。因此，它比较适合于小规模、小范围的 WiFi 系统。这种网络的特点是受时间与空间的限制，而这些限制使得 IBSS 的构造与解除非常方便简单，以至于网络设备中的非专业用户也能很容易地操作。也就是说，除了网络中必备的 STA 之外，不需要任何专业的技能训练或花费更多的时间及其他额外资源。IBSS 结构简单，组网迅速，使用方便，抗毁性强，多用于临时组网和军用通信中。

对于 IBSS，需要注意两点：①IBSS 是一种单区网，而单区网并不一定就是 IBSS；②

IBSS 不能接入 DS。建立分布对等式网络就是将多台计算机置于同一个局域网中，使这些计算机之间能够互相通信。组网步骤如下：

步骤 1：将每台计算机的 IP 设置为同一网段，例如计算机 STA1 的 IP 设为 192.168.1.2，计算机 STA2 的 IP 设为 192.168.1.3，计算机 STA3 的 IP 设为 192.168.1.4。

步骤 2：将每台计算机的子网掩码设置为相同形式，如 255.255.255.0。

步骤 3：将每台计算机置于同一工作组中，例如 WORKGROUP。

步骤 4：在每台计算机的共享设置中选择启用网络发现。此时，在 Windows 7 版本以上系统的网络中就可以看到局域网中的其他计算机，并可进行通信操作。

（2）基础结构集中式拓扑。

在 WiFi 中，基础结构包括分布式系统媒体、AP 和端口实体。同时，它也是 BSS 的分布和综合业务功能的逻辑位置。一个基础结构除 DS 外，还包含一个或多个 AP 及 G 个或多个端口。因此，在基础结构 WiFi 中，至少要有一个 AP。AP 是 BSS 的中心控制站，网络中的站在该中心站的控制下与其他站进行通信。与 IBSS 相比，基础结构的 BSS 抗毁性较差，如果 AP 遭到破坏，则整个 BSS 就会瘫痪。此外，作为中心站的 AP 的复杂度较高，实现成本也较昂贵。在一个基础结构 BSS 中，如果一个站要想与同一 BSS 内的另一个站通信，必须经过源站到 AP 和 AP 到宿站的两跳过程并由 AP 进行转接。虽然这样会需要较多的传输容量，增加了传输时延，但比各站直接通信有以下许多优势。

①基础结构 BSS 的覆盖范围或通信距离由 AP 确定。一般情况下，两站可进行通信的最大距离是进行直接通信时的两倍。BSS 内的所有站都须在 AP 的通信范围之内，而对各站之间的距离没有限制，即网络中的站点的布局受环境的限制较小。

②由于各站不需要保持邻居关系，其路由的复杂性和物理层的实现复杂度较低。AP 作为中心站，控制所有站点对网络的访问，当网络业务量增大时网络的吞吐性能和时延性能的恶化并不剧烈。AP 可以很方便地对 BSS 内的站点进行同步管理、移动管理和节能管理等，即可控性好。

③为接入 DS 或骨干网提供了一个逻辑接入点，并有较大的可伸缩性。在一个 BSS 中，AP 所能管理的站的总数量是有限的。为了扩展无线基础结构网络，可通过增加 AP 的数量、选择 AP 合适位置等方法来扩展覆盖区域和增加系统容量。实际上，这就是将一个单区的 BSS 扩展成为一个多区的 BSS。

应当指出，在一个基础结构 BSS 中，如果 AP 没有通过 DS 与其他网络相连接，如有线骨干网，则此种结构的 BSS 也是一种独立的 BSS WLAN。

（3）扩展业务组 ESS 网络拓扑。

扩展业务区 ESA 是由多个 BSA 通过 DS 联结形成的一个扩展区域，其范围可覆盖数千米。属于同一个 ESA 的所有站组成 ESS，在 ESA 中，AP 除了应完成其基本功能外，如无线到 DS 的桥接，它还可以确定 BSA 的地理位置。ESS 是一种由多个 BSS 组成的多区网，其中每个 BSS 都被分配了一个标识号 BSS ID。如果一个网络由多个 ESS 组成，则每个 ESS 也被分配了一个标识号 ESS ID，所有的 ESS ID 组成一个网络标识，用以标识由这几个 ESS 组成的网络。

实际上，一个 ESS 中的 BSA 之间并不一定要有重叠。当一个站从一个 BSA 移动到另外一个 BSA，称这种移动为散步或越区切换，这是一种链路层的移动；当一个站从一个 ESA 移动到另外一个 ESA，也就是说，从一个子网移动到另一个子网，称这种移动为漫游，这是一种网络层或 IP 层的移动。当然，在这种移动过程中，也伴随着越区切换操作。

7.1.3 WiFi 硬件技术

本节 WiFi 通信采用的是 HF-LPA 超低功耗嵌入式模组，其提供了一种将用户的物理设备连接到 WiFi 无线网络并提供串口等传输数据的解决方案。该模块硬件上集成了 MAC、基频芯片、射频收发单元以及功率放大器；其固件支持 WiFi 协议及配置和组网的 TCP/IP 协议栈。

HF-LPA 是一款一体化的 801.11/b/g/n WiFi 的低功耗解决方案，适合网络传输数据容量较小、速率较低的应用。通过 HF-LPA 模组，传统的低端串口设备或 MCU 控制的设备均可以很方便地接入 WiFi 无线网络，从而实现物联网络的控制与管理。

HF-LPA 采用业内最低功耗嵌入式结构，并针对智能家居、智能电网、手持设备、个人医疗、工业控制等这些低流量低频率的数据传输领域的应用做了专业的优化，尺寸仅为 20mm×25mm，采用表贴封装，易于贴在客户产品的硬件 PCB 单板电路上。其配备有内置的天线、外置天线连接器以及一个板载接口。

HF-LPA 模块通信时，实现与处理器模块间透明传输，其 AT 指令不区分大小写，均以回车、换行字符结尾，常见 WiFi 模块的 AT 指令如表 7.2 所示。

表 7.2　WiFi 模块支持的 AT 指令

指令	功能	格式	参数
AT + E	打开/关闭回显功能	AT + E < CR > + OK < CR > < LF > < CR > < LF >	无
AT + VER	查询软件版本号	AT + VER < CR > + ok = < ver > < CR > < LF > < CR > < LF >	ver 模块的软件版本号
AT + MID	查询模块 ID	AT + MID < CR > + ok = < module _id > < CR > < LF > < CR > < LF >	module_id 模块 ID

续　表

指令	功能	格式	参数
AT + TXPWR	设置/查询无线发射功率	查询 AT + TXPWR < CR > + ok = < val > < CR > < LF > < CR > < LF > 设置 AT + TXPWR = < val > < CR > + ok < CR > < LF > < CR > < LF >	val 发射功率：取值范围 0 ~ 18，默认值为 18
AT + WMAC	查询 WiFi 接口的 MAC 地址	AT + WMAC < CR > + ok = < wmac > < CR > < LF > < CR > < LF >	wmac：查询 WiFi 接口 MAC 地址
AT + UART	设置或查询串口操作	查询 AT + UART < CR > + ok = < baudrate，data _ bits，stop _ bit，parity > < CR > < LF > < CR > < LF > 设置 AT + UART = < baudrate，data _ bits，stop _ bit，parity > < CR > + ok < CR > < LF > < CR > < LF >	baudrate 波特率：300 ~ 380400 data_bits：数据位 8 stop_bits：停止位 1，2 parity：检验位 NONE，EVEN，ODD
AT + WMODE	设置/查询 WiFi 操作模式，AP 或者 STA	查询 AT + WMODE < CR > + ok = < mode > < CR > < LF > < CR > < LF > 设置 AT + WMODE = < mode > < CR > + ok < CR > < LF > < CR > < LF >	Mode：WiFi 工作模式 ADHOC STA
AT + NETP	设置/查询网络协议参数	查询 AT + NETP < CR > + ok = < protocol，CS，port，IP > < CR > < LF > < CR > < LF > 设置 AT + NETP = < protocol，CS，port，IP > < CR > + ok < CR > < LF > < CR > < LF >	Protocol：TCP/UDP 类型 CS：网络模式，SERVER 服务器，CLIENT 客户端 Port：协议端口，10 进制数，小于 65535 IP：当模块被设置为 CLIENT 时，服务器的 IP 地址

续 表

指令	功能	格式	参数
AT + WAP	设置/查询 WiFi AP 模式下的参数	查询 AT + WAP < CR > + ok = < wifi_mode, ssid, country > < CR > < LF > < CR > < LF >设置 AT + WAP = < wifi_mode, ssid, country > < CR > + ok < CR > < LF > < CR > < LF >	wifi_mode：WiFi 模式，包括11B，11BG，11BGN(缺省) ssid：AP 模式时的 SSID country：国家代码 C1 代表国家：美国，信道范围是1～11 C2 代表国家：中国、欧洲、非洲、中东等，信道范围1～13 C3 代表国家：日本，信道范围为1～14
AT + LANN	设置/查询 AD-HOC 模式下的 IP 地址	查询 AT + LANN < CR > + ok = < ipaddr, mask > < CR > < LF > < CR > < LF >设置 AT + LANN = < ipaddress, mask > < CR > + ok < CR > < LF > < CR > < LF >	ipaddr：ADHOC 模式下的 IP 地址 mask：ADHOC 模式下的子网掩码
AT + DHCP	设置/查询 DHCP Server 状态(只在 AP 模式下有效)	查询 AT + DHCP < CR > + ok = < sta > < CR > < LF > < CR > < LF >设置 AT + DHCP = < on/off > < CR > + ok < CR > < LF > < CR > < LF >	查询时，sta 返回 DHCP Server 的状态，如 on 表示为打开状态，off 表示为关闭状态 设置时，on 开启模块的 DHCP Server，off 关闭模块的 DHCP Server，设置重启生效
AT + TCPDIS	链接/断开 TCP(只在 TCPClient 时有效)	查询 AT + TCPDIS < CR > + ok = < sta > < CR > < LF > < CR > < LF >设置 AT + TCPDIS = < on/off > < CR > + ok < CR > < LF > < CR > < LF >	查询时，sta 返回 TCP Client 是否为可连接状态，如 on 可连接，off 不可连接

续　表

指令	功能	格式	参数
AT + WSSSID	设置/查询 WiFi STA 模式下的 AP SSID	查询 AT + WSSSID < CR > + ok = < ap's ssid > < CR > < LF > < CR > < LF > 设置 AT + WSSSID = < ap's ssid > < CR > + ok < CR > < LF > < CR > < LF >	ap's ssid：AP 的 SSID（20 个字符内）
AT + WSKEY	设置/查询 WiFi STA 模式下的加密参数	查询 AT + WSKEY < CR > + ok = < auth, encry, key > < CR > < LF > < CR > < LF > 设置 AT + WSKEY = < auth, encry, key > < CR > + ok < CR > < LF > < CR > < LF >	auth：认证模式，包括 OPEN、SHARED，WPAPSK，WPA2PSK；encry 加密算法，包括 NONE：auth = OPEN 时有效，WEP：auth = OPEN 或 SHARED 时有效 TKIP：auth = WPAPSK 或 WPA2PSK 时有效，AES：auth = WPAPSK 或 WPA2PSK 时有效，key 密码，ASCII 码，小于 64 位，大于 8 位
AT + WSLK	查询 STA 连接状态	AT + WSLK < CR > + ok = < ret > < CR > < LF > < CR > < LF >	ret：返回参数 如果没连接返回 Disconnected； 如果有连接返回 AP 的 SSID（AP 的 MAC）； 如果无线没有开启返回 RF Off
AT + WANN	设置/查询 WAN 设置	查询 AT + WANN < CR > + ok = < mode, address, mask, gateway > < CR > < LF > < CR > < LF > 设置 AT + WANN = < mode, address, mask, gateway > < CR > < LF > < CR > < LF >	mode：IP 模式，即 static 静态 IP，DHCP 动态 IP address：IP 地址 mask：子网掩码 gateway：网关地址

续　表

指令	功能	格式	参数
AT + TCPLK	查询 TCP 链接是否已建链	AT + TCPLK < CR > + ok = < sta > < CR > < LF > < CR > < LF >	sta 返回值 on：TCP 已连接 off：TCP 未连接
AT + PING	网络 Ping 指令	AT + PING = < IP_address > < CR > + ok = < sta > < CR > < LF > < CR > < LF >	sta 返回值：Success、Timeout、Unknown host
AT + Z	重启模块	AT + Z < CR >	无

HF-LPA 模块传输模式主要有以下两种。

1. 透明传输模式

本节采用的 WiFi 模块为 HF-LPA 支持串口透明传输模式，可以实现串口的即插即用，从而最大限度地降低用户使用的复杂度。

在此模式下，所有需要传输的数据只需要在串口与 WiFi 接口之间做透明传输，不用做任何解析。在透明传输模式下，可以兼容用户原有的软件平台，用户设备基本不用做软件改动就可以实现无线数据传输。

2. 协议传输模式

如果用户数据要求 100% 精确，或者用户上位机处理速度太低，可以采用协议传输模式保证 UART 数据的无误码传输。协议传输模式主要保证 UART 接口上数据的准确性，在这种传输模式下，定义了串口线上传输数据的结构、校验方式及两边设备握手方式。

在协议传输模式下，用户可以发送命令给 HF-LPA 模块，模块收到数据后会确认命令。HF-LPA 模块不会主动把数据发给用户设备，只有当用户设备向模块发送命令数据时，模块才会把数据发给用户设备，在 HF-LPA 模块内部有 1M 字节大小的先进先出（FIFO）数据缓冲区可以保存用户数据。

基于 HF-LPA 通信模块实例的硬件环境主要包括：STM32 调试开发板、JLink ARM 仿真器、PC 机、串口线、WiFi 模块无线节点板(含传感器)，如图 7.3 所示。

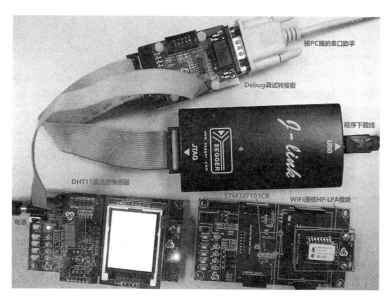

图 7.3　基于 HF-LPA 模块的通信实例硬件环境

从图 7.3 中可知，WiFi 模块与底板通信时，采用的是 STM32F103CB 主控芯片，负责复杂传感器数据的采集或驱动执行器的运行。

7.1.4　WiFi 通信协议

WiFi 节点 HF-LPA 与 STM32F103CB 或其他网关等设备的蓝牙协议可适用于 WiFi，数据通信协议帧格式如表 7.3 所示。

表 7.3　数据通信协议帧格式

标识	BEGIN	SOP	LEN	CMD	DATA	END
长度（Byte）	1	2	2	2	N	1

SOP 指命令开始标识，取值固定，蓝牙为 0x66，WiFi 为 0x88。LEN 指 DATA 域的长度，以字节为单位，范围为 0x00 ~ 0xFF。CMD 指命令标示码，用于区别不同的命令：即 CMD = 0x11 指获取通信节点的 MAC；CMD = 0x12 指获取通信节点的名称和蓝牙配对码，WiFi 没有配对码；CMD = 0x13 指获取通信节点的配对码；CMD = 0x14 指获取传感器的类型和数据；CMD = 0x15 指获取执行器的类型和数据；CMD = 0x16 指修改执行器的状态。DATA 指数据段，格式为 Ready + APP_MSG：Ready 备用，固定为 1 个字节，取值为 0x01；APP_MSG 数据包帧格式为 2 个字节"传感器 ID"和多个连接的"传感器数据"，比如，数字量和模拟量传感器数据帧格式如表 7.4 所示，开关量传感器数据帧格式如表 7.5 所示，执

行器数据帧格式如表7.6所示。

表7.4 数字量和模拟量传感器数据帧格式

传感器名称	地址	感知量	长度(B)	数据组成结构
温湿度传感器	0x20	温度	2	高8位：温度整数部分 低8位：小数部分
		湿度	2	高8位：湿度整数部分 低8位：小数部分
土壤温湿度传感器	0x21	温度	2	高8位：温度整数部分 低8位：小数部分
		湿度	2	高8位：湿度整数部分 低8位：小数部分
三轴加速度传感器	0x22	X轴	2	
		Y轴	2	
		Z轴	2	
颜色识别传感器	0x23	R值	2	高8位：00 低8位：R值(0~255)
		G值	2	高8位：00 低8位：G值(0~255)
		B值	2	高8位：00 低8位：B值(0~255)
光敏传感器	0x24	光照强度	2	0~65535lux
空气质量传感器	0x25	浓度	2	10~5000ppm
气体压力传感器	0x26	气压值	2	
酒精传感器	0x27	酒精浓度	2	10~1000ppm
可燃气体传感器	0x28	浓度	2	0~1000ppm
二氧化碳传感器	0x29	CO_2浓度	2	10~5000ppm
超声波传感器	0x2A	距离(cm)	2	
RFID 13.56M模块	0x2B	标签号	4	RFID标签序列号
光照度传感器	0x2C	光照强度	2	0~65535lux

续　表

传感器名称	地址	感知量	长度（B）	数据组成结构
广谱气体传感器	0x2D	气体浓度	2	300 ~ 10000ppm
粉尘传感器	0x2E	粉尘浓度	2	粉尘浓度：0 ~ 999ug
磁场强度传感器	0x2F	X 轴	2	0 ~ 65535t
		Y 轴	2	0 ~ 65535t
		Z 轴	2	0 ~ 65535t
紫外线传感器	0x30	紫外等级	2	1 ~ 10 等级
单轴倾角传感器	0x31	倾角	2	0 ~ 180 度
PT100 热电偶传感器	0x32	温度	2	传感器取值区间为：- 50℃ ~ 150℃；高字节：0（零上）1（零下）；低字节温度值：0 ~ 150
ACS712 电流传感器	0x33	电流值	2	高字节：0 低字节：0 ~ 20A
电压红外测距传感器	0x34	距离	2	高字节：0 低字节：10 ~ 80cm
电阻式压力传感器	0x35	压力值	2	高字节：0 低字节：0 ~ 10Kg
AD623 仪表放大器	0x36	电压值	2	高字节：0 低字节：0 ~ 33（实际值的 10 倍）

表 7.5　开关量传感器数据帧格式

传感器名称	地址	感知量	长度（B）	数据组成结构
火焰传感器	0x60	有无火焰	2	高 8 位：00 低 8 位：1（检测到）0（未检测到）
霍尔传感器	0x61	有无磁铁	2	高 8 位：00 低 8 位：1（检测到）0（未检测到）
人体红外传感器	0x62	有无人员	2	高 8 位：00 低 8 位：1（检测到）0（未检测到）

续　表

传感器名称	地址	感知量	长度（B）	数据组成结构
红外开关传感器	0x63	有无遮挡物体	2	高8位：00 低8位：1(检测到)0(未检测到)
触摸传感器	0x64	是否触碰	2	高8位：00 低8位：1(检测到)0(未检测到)
震动传感器	0x65	有无震动	2	高8位：00 低8位：1(检测到)0(未检测到)
雨滴传感器	0x66	有无雨滴	2	高8位：00 低8位：1(检测到)0(未检测到)
干门磁传感器	0x67	门是否打开	2	1(开)0(关)
声响开关传感器	0x68	有无声响	2	1(检测到)0(未检测到)

表 7.6　执行器数据帧格式

传感器名称	地址	感知量	长度（B）	数据组成结构
继电器	0x90	开/关	2	高8位：00 低8位：1(开)0(关)
风扇	0x91	开/关	2	高8位：00 低8位：1(开)0(关)
LED 照明	0x92	开/关	2	高8位：00 低8位：1(开)0(关)
加热器	0x93	开/关	2	高8位：00 低8位：1(开)0(关)
声光报警	0x94	开/关	2	高8位：00 低8位：1(开)0(关)
直流电机	0x95	正转/反转/停	2	高8位：00 低8位：执行状态
步进电机	0x96		2	高8位：00 低8位：执行状态

续　表

传感器名称	地址	感知量	长度(B)	数据组成结构
电磁阀	0x97	开/关	2	高 8 位：00 低 8 位：1(开)0(关)
舵机	0x98	旋转角度	2	高 8 位：00 低 8 位：0~180 舵机旋转角度

协议使用方法举例如下。

假设以 WiFi 节点 IEEE 地址为 12 34 56 78 AB CD。

1. 获取 WiFi 节点 MAC 地址

发送命令帧为：｛88 01 11 01｝；

返回响应帧为：｛66 08 11 01 00 12 12 34 56 78 AB CD｝。

MAC 地址命令帧各字段含义："｛"表示帧头，"｝"表示帧尾，括号内的数据才有效；节点标识：88 表示 WiFi，而 66 表示蓝牙；数据区长度为 0x01 表示是一个字节的 CMD；命令标识 11 是获取蓝牙 MAC 命令；01 表示备用端口，用来扩展功能。

2. 获取传感器或执行器的类型

发送命令帧为：｛66 00 14 01｝。

返回响应帧为：｛66 01 14 01 90｝，这里 90 为继电器地址。

3. 获取执行器的状态类型

发送命令帧为：｛66 00 16 01 90｝，这里 90 为继电器地址。

返回响应帧为：｛66 01 16 01 01｝。

4. 改变执行器的状态类型

发送命令帧为：｛66 02 16 01 90 01｝，这里 90 为继电器地址。

返回响应帧为：｛66 02 16 01 90 01｝。

7.2　项目实施

无线路由器本身内置无线 AP 的功能，而且通常还带有千兆自适应网线接口，由此可以兼作有线网关，从而方便地构建一个无线/有线双模式家庭局域网。而最重要的是，如果有了无线路由器，则无须再专门有一台机器作为连接 Internet 的网络共享服务器，无线路由器本身就具有虚拟服务器的功能，在连接了 ADSL 后可实现自动智能拨号，同时省去了安装专业软件的麻烦。

7.2.1 实例 1：构建家用 WiFi 网络

在讲解 WiFi 相关知识后，先以一个实例来共同构建家庭用 WiFi 网络。如果家中的局域网建设属于从零起步，则建议购买无线路由器来组网。

步骤 1：设备采购。

目前，市场上无线 AP 和路由器的价格差异很大。在选购的时候要注意一下它所支持的通信协议。目前家庭用户可选用支持 802.11ax 协议的产品，这类产品支持的数据传输率为 1500Mbps/s。如果考虑到将来的网络扩充性，则可选择支持 802.11be 协议的产品，它能支持的数据传输率可达 3000Mbps 以上；但是价格相对较贵，而且需要各网络接入终端设备的无线网卡也支持 802.11be 协议才能达到理论上的最高传输速度，因此整体网络设备投资会更高。

除了无线接入网关设备外，在无线网接入终端方面，主要是家用 PC 和笔记本电脑。如果拥有带无线网卡的笔记本电脑，那么就无须再增添任何设备即可使之接入家庭无线局域网。而普通 PC 机要想实现无线联网，还需要加装无线网卡。对于 PC 机来说，因为移动性差，可以选择 PCI 或者 USB 接口的无线网卡。因为 PCI 接口的网卡安装过程需要像传统的有线网卡一样拆开机箱插到 PCI 插槽上，较为麻烦，有违无线局域网方便、易实现的特点，而且 PCI 无线网卡的价格与 USB 接口的网卡相比并没有什么优势，因此建议使用 USB 接口的无线网卡。最后，如果家里没有宽带，则需要安装宽带。例如，安装小区的 ADSL，即通过现有普通电话线为家庭、办公室提供宽带数据传输服务。

步骤 2：安装与调试。

在根据自己的实际需要把组建家庭无线局域网的设备采购回来以后，就可以开始设备的安装与调试。USB 网卡在拆开包装后接到 PC 机任意一个 USB 接口即可。和其他 USB 设备一样，USB 网卡支持即插即用，安装的时候不需要关闭机器。网卡接好以后，Windows 会报告发现新设备，有的网卡能自动识别。对于系统不能直接驱动的网卡，则需要利用设备提供的驱动安装盘安装驱动程序。在驱动安装完成以后，最好把网卡自带的管理软件也装上，网络调试中很多参数的设置借助厂商提供的专用软件往往更方便。

无线路由器和无线 AP 的安装并不复杂，但需要注意安装的位置。为了获得更大的信号覆盖范围，建议在条件允许的情况下把 AP 和路由器尽量安置在家中比较高的位置。如果为复式住宅，则最好安置在楼上。可以把不需要专门配合服务器的无线路由器设置在天花板夹层内，但需要装修的时候就预先考虑并将入户有线宽带网也引到天花板夹层中。

连接无线路由器时，需要注意设备提供的网线接口有两种：一种标为 WAN 的 RJ-45 网线接口专门用来连接 ADSL 或者 Cable Modem 等有线宽带入户接入线缆，而其他标为 Lands 普通 RJ-45 网线接口与有线集线器上的接口一样，用来连接局域网。

步骤 3：无线路由器设备的调试。

无线路由器设置主要两种方法如下。

（1）无线路由器电脑版设置方法。

将入户的网线和无线路由器的 WAN 接口相接，然后再用网线将路由器和电脑连接起来。

①连接好之后，打开浏览器，建议使用 IE，在地址栏中输入 192.168.1.1 或者 192.168.0.1 进入无线路由器的设置界面。

②需要登录之后才能设置其他参数，默认的登录用户名和密码都是 admin，可以参考说明书。

③登录成功之后选择左上角的设置向导的界面，默认情况下会自动弹出。

④选择设置向导之后会弹出一个窗口说明，通过向导可以设置路由器的基本参数，直接单击下一步即可。

⑤根据设置向导一步一步设置，选择上网方式，通常 ADSL 户则选择第一项以太网的点对点协议（PPPoE），如果用的是其他的网络服务商则根据实际情况选择下面两项，如果不知道该怎么选择的话，直接选择第一项自动选择即可，方便新手操作，选完单击下一步。

⑥输入从网络服务商申请到的账号和密码，输入完成后直接下一步。

⑦下一步后进入到的是无线设置，一般 SSID 就是 WiFi 的名字，模式大多用 802.11bgn。无线安全选项选择 wpa-psk/wpa2-psk 更安全，避免让其他人破解而蹭网。

⑧单击完成，路由器会自动重启，重启后即可上网。

（2）无线路由器手机版设置方法。

将入户的网线和无线路由器的 WAN 接口相接，打开手机的"设置"界面中 WLAN 开关，搜索 WiFi 名称，一般可以在路由器的底部标贴上查看路由器出厂的无线信号名称。

①连接路由器出厂的无线信号。连接 WiFi 后，手机会自动弹出路由器的设置页面。若未自动弹出请打开浏览器，在地址栏输入 192.168.1.1。在弹出的窗口中设置路由器的登录密码。

②登录成功后，路由器会自动检测上网方式，根据检测到的上网方式，填写该上网方式的对应参数。宽带有宽带拨号、自动获取 IP 地址、固定 IP 地址三种上网方式。上网方式是由宽带运营商决定的，如果无法确认您的上网方式，请联系宽带运营商确认。

③设置路由器的无线名称和无线密码，设置完成后，单击"完成"保存配置。请一定记住路由器的无线名称和无线密码，在后续连接路由器无线时需要用到。TIPS：无线名称建议设置为字母或数字，尽量不要使用中文、特殊字符，避免部分无线客户端不支持中文或特殊字符而导致搜索不到或无法连接。

④路由器设置完成，无线终端连接刚才设置的无线名称，输入设置的无线密码，可以打开网页尝试上网了。

步骤4：访问控制。

访问控制是比数据加密更为可靠的安全选项，可以在网关设置允许哪些设备接入该无线网关。识别指定设备的依据就是设备上安装的无线网卡的 MAC 地址。在启动访问控制的状态下，只有拥有被允许传输数据的 MAC 地址的无线设备才可以访问无线路由。

每块网卡在生产出来后，除了基本的功能外，都有一个唯一的编号标识自己。全世界所有的网卡都有自己的唯一标号，不会重复。MAC 地址是由 48 位 2 进制数组成的，通常分成 6 段，用十六进制表示为如 00-D0-09-A1-D7-B7 形式的一串字符。由于具有唯一性，因此可以用它来标识不同的网卡。

由于家庭局域网中接入的设备数量有限，因此可以启用 MAC 访问控制外来设备随意访问家庭内部的无线网。需要注意的是如果启动了访问控制但没有加入任何 MAC 地址，那么对此无线路由的所有无线通信将被禁止。在访问控制下有添加、修改、删除等针对 MAC 地址项的操作，设置完毕后单击"应用"按钮使新的设置生效。

步骤5：无线接入端的调试。

最后介绍无线接收端计算机上的配置，在系统中，如果装好了无线网卡，在控制面板的"网络连接"中就会出现此网卡的连接选项，并在任务栏中以图标形式显示本机当前的网络连接状况，如果任务栏中没有此显示，可在该网络连接的"属性"中选中"连接后在通知区域显示图标"。如果该网卡的网络连接不上，任务栏的网络连接图标上会显示一个红叉。而无线网卡位于无线发送设备信号覆盖范围内，无线网卡扫描到本机所处位置有无线网络信号，该图标上的红叉就会消失，将鼠标指针移动到图标上还会显示出其检测到的无线信号发射端的 SSID、连接速度和信号状况。注意，如果在前边的无线网关设置中选择了隐藏无线路由，就不会看到 SSID 参数。假如在无线网关方面没有进行任何安全方面的加密设置，现在就可以正常使用无线网络连接上网，包括访问局域网内部共享资源和共享上网。

7.2.2　实例 2：WiFi 节点 AT 指令使用

WiFi 模块的 AT 指令都是通过处理器串口向模块发送，然后模块再通过串口回应数据。

1. 实例原理

STM32 开发板通过处理器的 UART1 与 HF-LPA 模块进行串口通信，实现两者之间数据透明传输。比如 HF-LPA 模块接收 STM32 处理器发送的 AT 指令，经过分析处理，把命令响应信息反馈给 STM32 处理器，STM32 处理器再把此信息通过 UART2 上传给 PC 端的串口助手，有时候 HF-LPA 模块除了反馈信息外也可能同时把接收到的数据直接以无线的方式广播出去，如图 7.4 所示。

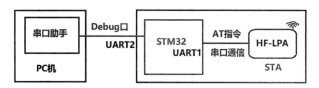

图 7.4　HF-LPA 模块 AT 指令应用的工作原理

　　测试过程当中，通过 PC 端的串口助手显示出 STM32 开发板处理器发给 HF-LPA 模块 AT 指令的执行结果。

　　2. WiFi 模块 AT 指令编程

　　WiFi 通信 HF-LPA 模块的编程环境与蓝牙模块一样，都是在 IAR for ARM 集成开发环境下进行，AT 指令测试关键代码如下。

```
void wifi_lpa_init(void){
    char buf[128];
    int ret;
    uart2_init(115200);
    printf("wifi lpa init\r\n");
    if(wifi_lpa_enter_at()<0)
    printf("error enter at mode! \r\n");
    if(wifi_lpa_disable_echo()<0)
    printf("wifi disable echo error\n");
    delay_ms(100);
    if(wifi_lap_command_response("AT+WMODE=STA\r\n"," +ok")<0)
        printf("wifi set wmode sta error! \n");
    delay_ms(500);
    //设置 STA 模式下 AP 的 ssid
    memset(buf,0,128);
    sprintf(buf,"AT+WSSSID=%s\r\n",CFG_SSID);
    printf("set ssid:%s",buf);
    if(wifi_lap_command_response(buf," +ok")<0)
        printf("err:%s,%s",buf,_recv_buf);
    delay_ms(500);
    //设置 STA 模式下的加密参数
    memset(buf,0,128);
    sprintf(buf,"AT+WSKEY=%s,%s\r\n",CFG_AUTH,CFG_ENCRY);
```

```
printf("set key:%s",buf);
if (wifi_lap_command_response(buf," +ok") < 0)
    printf("err:%s,%s\r\n",buf,_recv_buf);
delay_ms(500);
//设置网络协议参数
memset(buf,0,128);
sprintf(buf,"AT + NETP = TCP,CLIENT,%s,%s\r\n",CFG_SERVER_PORT,
    CFG_SERVER_IP);
printf("set server:%s",buf);
if (wifi_lap_command_response(buf," +ok") < 0)
    printf("err:%s,%s\r\n",buf,_recv_buf);
delay_ms(500);
//设置 STA 的网络参数
memset(buf,0,128);
sprintf(buf,"AT + WANN = DHCP\r\n");
printf("set sta wann:%s",buf);
if (wifi_lap_command_response(buf," +ok") < 0)
    printf("err:%s,%s",buf,_recv_buf);
delay_ms(500);
//检查是否能 ping 通 ap 模块
memset(buf,0,128);
sprintf(buf,"AT + PING = %s\r\n",CFG_SERVER_IP);
printf("ping:%s",buf);
if (wifi_lap_command_response(buf," +ok") < 0)
    printf("err:%s,%s\r\n",buf ,_recv_buf);
delay_ms(500);
//设置数据传输模式为透传模式
memset(buf,0,128);
sprintf(buf,"AT + TMODE = throughput\r\n");
printf("set data transmission mode:%s",buf);
if (wifi_lap_command_response(buf," +ok") < 0)
    printf("err:"" %s %s",buf,_recv_buf);
delay_ms(500);
uart_send("AT + Z\r\n");
```

```
printf("wifi lpa init exit \r\n");
HC_INIT_STATE = 1;
}
```

3. AT 指令测试

AT 指令测试时，需要一个 STM32 开发板，开发板上集成 HF-LPA 模块，按照图 7.3 搭建测试环境，调试转接板连接 JLink 仿真器到 PC 机和 STM32 开发板，转接板另一端的串口连接 PC 机串口，将连接好的硬件平台通电。

步骤 1：用 IAR 开发环境打开例程 wifi_at.eww，选择菜单 Project 中 Rebuild All 重新编译工程生成 wifi_at.hex 镜像文件。

步骤 2：执行 J-Flash ARM 软件，在主菜单 Options 中单击 Project settings，在 Target Interface 下拉框中选择 SWD，然后在 CPU 的 Device 下拉框中选择 ST STM32F103CB，最后单击"确定"；在主菜单 File 中打开镜像文件 wifi_at.hex。

步骤 3：在主菜单 Target 中依次选择 Connect、Erase chip 和 Program & Verify，三步操作即可将程序烧写到无线节点底板的 STM32F103CB 处理器中。

在烧写过程中，Connect 一般都会成功，有时会出现擦除失败，可能是无线节点板电压过低，此时单独给底板供电，同时也需要把 JLink 的 USB 线插到 PC 机主板的 USB 口上；若还是擦除失败，也可能硬件不一样，比如如图 7.5 所示的两个无线 HF-LPA 模块，同样的源码左边的 STM32 开发板下载程序正确，而右侧的 STM32 开发板擦写失败。

图 7.5　两个不同版本无线 HF-LPA 模块

下载完后可以单击 Debug 中 Go 程序全速运行，也可以将节点重新上电或者按下复位按钮让下载程序重新运行。

步骤 4：程序成功运行后，在 PC 机上打开串口助手，波特率设置为 115200，串口助手监测 AT 指令输出结果如下所示。

[2022 - 04 - 02 15:36:40.213]# RECV ASCII >

wifi lpa init

[2022 - 04 - 02 15:36:42. 674]# RECV ASCII >

< < < AT + WMODE = STA

[2022 - 04 - 02 15:36:42. 922]# RECV ASCII >

> > > + ok

[2022 - 04 - 02 15:36:43. 420]# RECV ASCII >

set ssid:AT + WSSSID = TestAT

< < < AT + WSSSID = TestAT

[2022 - 04 - 02 15:36:43. 651]# RECV ASCII >

> > > + ok

[2022 - 04 - 02 15:36:44. 163]# RECV ASCII >

set key:AT + WSKEY = OPEN,NONE

< < < AT + WSKEY = OPEN,NONE

[2022 - 04 - 02 15:36:44. 395]# RECV ASCII >

> > > + ok

[2022 - 04 - 02 15:36:44. 911]# RECV ASCII >

set server:AT + NETP = TCP,CLIENT,8899,192. 168. 43. 1

< < < AT + NETP = TCP,CLIENT,8899,192. 168. 43. 1

[2022 - 04 - 02 15:36:45. 519]# RECV ASCII >

> > > + ok

[2022 - 04 - 02 15:36:46. 019]# RECV ASCII >

set sta wann:AT + WANN = DHCP

< < < AT + WANN = DHCP

[2022 - 04 - 02 15:36:46. 255]# RECV ASCII >

> > > + ok

[2022 - 04 - 02 15:36:46. 755]# RECV ASCII >

ping:AT + PING = 192. 168. 43. 1

< < < AT + PING = 192. 168. 43. 1

[2022 - 04 - 02 15:36:47. 516]# RECV ASCII >

> > > + ok = Timeout

[2022 - 04 - 02 15:36:48. 030]# RECV ASCII >

set data transmission mode:AT + TMODE = throughput

< < < AT + TMODE = throughput

[2022 - 04 - 02 15:36:48. 263]# RECV ASCII >

> > > + ok

[2022 - 04 - 02 15:36:48.765]# RECV ASCII >

wifi lpa init exit

至此，实例结果表明 WiFi 通信的硬件和软件开发环境正确。

7.2.3　实例 3：两个 WiFi 节点间的通信

一个 WiFi 模块配置成 AP 模式的主机，另外一个 WiFi 模块配置成 STA 模式的从机，进行从机模块与主机模块之间的通信。

1. 实例原理

在实例中需要用到两个串口，但是每台计算机只有一个串口，因此建议读者准备两套设备并分成两组做一个实验，一组利用串口线、STM32 开发板和 HF-LPA 模块组建 WIFI-AP 模式，另一组利用串口线、STM32 开发板和 HF-LPA 模块组建成 WIFI-STA 模式。STA端通过串口助手发送字符串"Hi，IOT"给 STM32 处理器，后者再转发给 STA 端无线 HF-LPA 模块；相反，AP 接收端通过无线 HF-LPA 模块接收到字符串数据后转发给自己的 STM32 处理器，进而转发给 PC 端的串口助手，如图 7.6 所示。

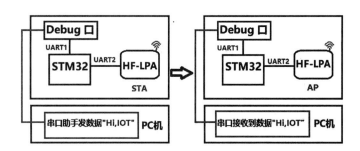

图 7.6　两个 WiFi 节点间的通信

2. 两个 WiFi 模块的编程

两个节点 WiFi 通信源码由一个 wifi-ap-sta. eww 工程来实现，通过编译选项来确定是生成 STA 模式还是 AP 模式的镜像文件，main. c 关键代码如下。

```
void main(void) {
    char ch;
    unsigned t,p;
    uart1_init();
    delay_init(72);
    wifi_lpa_init();
    while(1) {
```

```
#ifndef WIFI_AP//WIFI AP 模块数据处理
    printf("Enter a charater\n\r");
    while(1){  //向 AP 模块发送数据
        scanf("%c",&ch);
        uart2_putc(ch);}
#else    //WIFI STA 模块数据处理
    printf("receive:\n\r");
    while(1){  //接收 STA 发来的数据
        printf("%s\n\r",_recv_buf);
        memset(_recv_buf,0,64);
        delay_ms(1000);}
#endif
}}
```

而 HF-LPA 模块的 wifi-lpa.c 关键代码如下。

```
void wifi_lpa_init(void){
    char buf[128];
    int ret;
    uart2_init(115200);
    uart2_set_input(uart_recv_call);
    printf("wifi lpa init\r\n");
    if(wifi_lpa_enter_at()<0)    printf("error enter at mode! \r\n");
    if(wifi_lpa_disable_echo()<0)printf("wifi disable echo error\n");
    delay_ms(100);
#ifndef WIFI_AP   //STA 模式
    if(wifi_lap_command_response("AT+WMODE=STA\r\n","+ok")<0)
        printf("wifi set wmode sta error! \n");
    delay_ms(500);
    //设置 sta 模式下 AP 的 ssid
    printf("set ssid:AT+WSSSID="CFG_SSID"\r\n");
    if(wifi_lap_command_response("AT+WSSSID="CFG_SSID"\r\n","+ok")<0)
        printf("err:""AT+WSSSID="CFG_SSID"\r\n%s",_recv_buf);
    delay_ms(500);
    //设置 sta 模式下的加密参数
    sprintf(buf,"AT+WSKEY=%s,%s",CFG_AUTH,CFG_ENCRY);
```

```
    if ( strlen( CFG_KEY) > 0)    sprintf( &buf[ strlen( buf) ]," ,%s" ,CFG_KEY) ;
    strcat( buf," \r\n" ) ;
    printf(" set key:%s" ,buf) ;
    if ( wifi_lap_command_response( buf," + ok" ) < 0)
        printf(" err:%s,%s\r\n" ,buf,_recv_buf) ;
    delay_ms( 500) ;
    //设置网络协议参数
    printf(" set server:" " AT + NETP = TCP,CLIENT," CFG_SERVER_PORT" ,
        " CFG_SERVER_IP" \r\n" ) ;
    if ( wifi_lap_command_response(" AT + NETP = TCP,CLIENT," CFG_SERVER_
        PORT" ,
" CFG_SERVER_IP" \r\n" ," + ok" ) < 0)    {
printf(" err:%s,%s\r\n" ," AT + NETP = TCP,CLIENT," CFG_SERVER_PORT" ,
        " CFG_SERVER_IP,_recv_buf) ;}
    delay_ms( 500) ;
    //设置 sta 的网络参数
    printf(" set sta wann:AT + WANN = DHCP\r\n" ) ;
    if ( wifi_lap_command_response(" AT + WANN = DHCP\r\n" ," + ok" ) < 0)
printf(" err:%s,%s\r\n" ," AT + WANN = DHCP" ,_recv_buf) ;
    delay_ms( 500) ;
    //检查是否能 ping 通 AP 模块
    printf(" ping:" " AT + PING = " CFG_SERVER_IP" \r\n" ) ;
    if ( wifi_lap_command_response(" AT + PING = " CFG_SERVER_IP" \r\n" ,
        " + ok" ) < 0)
        printf(" err:%s,%s\r\n" ," AT + PING = " CFG_SERVER_IP,_recv_buf) ;
    delay_ms( 500) ;
#else    //AP 模式
    //设置为 AP 模式
    if ( wifi_lap_command_response(" AT + WMODE = AP\r\n" ," + ok" ) < 0)
        printf(" wifi set wmode ap error! \n" ) ;
    delay_ms( 500) ;
    //配置网络协议参数
    printf(" set server:" " AT + NETP = TCP,SERVER," CFG_SERVER_PORT" ,
        " CFG_SERVER_IP" \r\n" ) ;
```

```
        if(wifi_lap_command_response("AT+NETP=TCP,SERVER,"CFG_SERVER_
            PORT",
    "CFG_SERVER_IP"\r\n","+ok")<0){
    printf("err:%s,%s\r\n","AT+NETP=TCP,SERVER,"CFG_SERVER_PORT",
            "CFG_SERVER_IP,_recv_buf);}
        delay_ms(500);
        //设置WIFI AP模式下的参数
         printf("set AP parameters:""AT+WAP=11BGN,"CFG_SSID",AUTO\r\n");
        if(wifi_lap_command_response("AT+WAP=11BGN,"CFG_SSID",
            AUTO\r\n","+ok")<0)
            printf("err:%s,%s\r\n","AT+WAP=11BGN,"CFG_SSID",
                AUTO\r\n",_recv_buf);
        delay_ms(500);
        //设置AP的IP地址
        printf("ser server ip address:""AT+LANN="CFG_SERVER_IP",
            255.255.255.0\r\n");
        if(wifi_lap_command_response("AT+LANN="CFG_SERVER_IP",
            255.255.255.0\r\n","+ok")<0)
            printf("err:""AT+LANN="CFG_SERVER_IP",255.255.255.0\r\n%s",
                _recv_buf);
        delay_ms(500);
        //设置AP模式下的加密参数
        sprintf(buf,"AT+WAKEY=%s,%s",CFG_AUTH,CFG_ENCRY);
        if(strlen(CFG_KEY)>0)  sprintf(&buf[strlen(buf)],",%s",CFG_KEY);
        strcat(buf,"\r\n");
        printf("set key:%s",buf);
        if(wifi_lap_command_response(buf,"+ok")<0)
            printf("err:%s,%s\r\n",buf,_recv_buf);
        delay_ms(500);
#endif
        //设置数据传输模式为透传模式
        printf("set data transmission mode:""AT+TMODE=throughput\r\n");
        if(wifi_lap_command_response("AT+TMODE=throughput\r\n","+ok")<0)
            printf("err:""AT+TMODE=throughput\r\n%s",_recv_buf);
```

```
    delay_ms(500);
    uart_send("AT + Z\r\n");
    printf("wifi lpa init exit \r\n");
}
```

3. 实例测试

准备两个集成 HF-LPA 模块的 STM32 开发板，按照图 7.3 搭建测试环境，调试转接板连接 JLink 仿真器到 PC 机和 STM32 开发板，转接板另一端的串口连接 PC 机串口，将连接好的硬件平台通电。

步骤 1：用 IAR for ARM 开发环境打开例程 wifi-ap-sta. eww，在开发界面的 Worksplace 的下拉框中，先选择 wifi-ap 或 wifi-sta 模式，再单击菜单 Project 中 Rebuild All 重新编译工程，可生成对应的 wifi-ap-sta. hex 镜像文件。若只有 wifi-ap-sta. out 文件生成的话，是不可以使用 J-Flash ARM 软件烧写的，需要设置目标文件格式再重新编译工程，如图 7.7 所示。

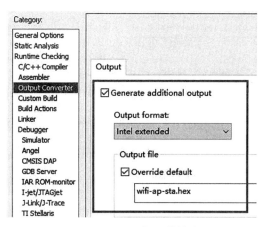

图 7.7　设置目标文件格式

步骤 2：执行 J-Flash ARM 软件，在主菜单 Options 中单击 Project settings，在 Target In-terface 下拉框中选择 SWD，然后在 CPU 的 Device 下拉框中选择 ST STM32F103CB，最后单击"确定"；在主菜单 File 中打开镜像文件 wifi-ap-sta. hex，在主菜单 Target 中依次执行 Connect、Erase chip 和 Program & Verify，三步操作即可将程序烧写到无线节点底板的 STM32F103CB 处理器中，如图 7.8 所示。

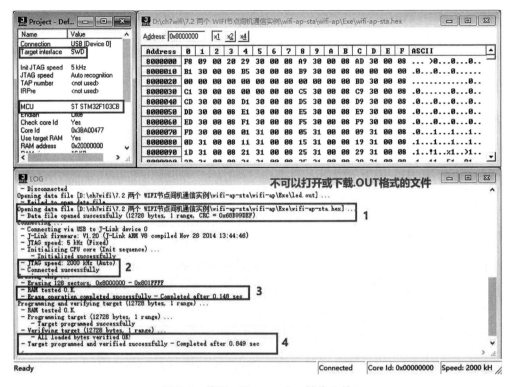

图 7.8　烧写 wifi-ap-sta. hex 镜像文件

步骤 3：将 STM32 开发板重新上电或者按下复位按钮让刚才下载的程序重新运行。

★ 最好先让 AP 模块运行，再让 STA 模块运行，这样 STA 模块更容易连接到 AP 模块。

步骤 4：程序成功运行后，在两台 PC 机上打开串口助手分别来监听两个串口发送的数据情况，设置接收波特率为 115200，观察串口调试工具接收区显示的数据。

串口助手 1 监测 WiFi-AP 的显示结果如下。

wifi lpa init

enter at mode：a + ok

wifi disable echo：+ ok

wifi version：+ ok = HF-LPA v3. 0. 0

wifi MID：+ ok = HF-LPA

wifi TXPWR：+ ok = 18

wifi AT + WMAC：+ ok = AC：CF：23：20：67：34

wifi uart：+ ok = 115200,8,1,None

wifi WMODE：+ok＝AP

wifi NETP：+ok＝TCP，Server，8899，192. 168. 0. 1

wifi WAP：+ok＝11BGN，test，C2

wifi LANN：+ok＝192. 168. 0. 1，255. 255. 255. 0

wifi DHCP：+ok＝on

wifi lpa init exit

receive：

….

串口助手 2 监测 WiFi-STA 的显示结果如下。

wifi lpa init

enter at mode：a+ok

wifi disable echo：+ok

wifi version：+ok＝HF-LPA v3. 0. 0

wifi MID：+ok＝HF-LPA

wifi TXPWR：+ok＝18

wifi AT+WMAC：+ok＝AC：CF：23：20：67：3E

wifi uart：+ok＝115200，8，1，None

wifi WMODE：+ok＝STA

wifi TCPDIS：+ok＝on

wifi DHCP：+ok＝on

wifi WSSID：+ok＝test

wifi WSKEY：+ok＝OPEN，NONE

wifi NETP：+ok＝TCP，Client，8899，192. 168. 0. 1

wifi WSLK：+ok＝test

wifi WANN：+ok＝static，192. 168. 0. 101，255. 255. 255. 0，192. 168. 0. 1

wifi TCPLK：+ok＝off

wifi PING：+ok＝Success

wifi PING：+ok＝Success

wifi lpa init exit

Enter a charater

Hi，IOT

上面的显示表明 WiFi 的 AP 模块与 STA 从模块连接成功，串口助手 2 的显示区提示用户输入通信的字符串，输入"Hi，IOT"后，监测 AP 模块的串口调试工具有如下显示。

receive：

Hi,IOT

通过这个实例表明 WiFi-AP 模块与 WiFi-STA 模块两个无线节点成功通信。为了避免多组同时测试时，因 SSID 相同可能导致数据发送接收混乱，建议读者按以下方法修改 SSID，即在本工程目录下的 wifi_lpa.c 文件中找到"#define CFG_SSID"test""代码，比如该句可修改为"#define CFG_SSID"test_1001""，使修改后的 SSID 在实验环境中是唯一的。

7.2.4　实例4：WiFi 节点与手机通信

手机通过 WiFi 模块和 STM32（或单片机）通信的方式有三种：直接连接通信、组成局域网、通过云服务器中转。基本思想是 STM32 一般是通过 UART 接口与 WiFi 模块连接，可以给 WiFi 模块发送 AT 指令，让 WiFi 模块设置为 AP 模式或者 STA 模式。

（1）手机连接 WiFi 模块直接通信。

手机和 WiFi 模块需要在比较近的距离，在通讯范围之内，就好比手机和 WiFi 连接一样。STM32 通过 AT 指令把 WiFi 模块设置为 AP 模式，WiFi 模块就好比一个热点，手机可以直接连接到 WiFi 模块，这样手机就可以通过 WiFi 模块与单片机进行通讯了。

（2）手机和 WiFi 模块通过路由器组成局域网进行通讯。

手机和 WiFi 模块需要连接到同一个路由器。在同一个局域网内，就好比局域网内的两个电脑也是可以互相通讯的。STM32 通过 AT 指令把 WiFi 模块设置为 STA 模式，并把无线路由器 WiFi 的 SSID 和密码写入到 WiFi 模块。手机也连接到相同的路由器，这样两者就可以通过 TCP/IP 协议进行通讯。

（3）手机通过云服务器与 WiFi 模块通讯。

通过云服务器中转后，手机和 WiFi 模块就算"远隔千里"都可以进行通讯，当然两者都需要接入到互联网才行。STM32 通过 AT 指令把 WiFi 模块设置为 STA 模式，并把在接范围内 WiFi 的 SSID 和密码写入到 WiFi 模块，这样 WiFi 模块就可以连接到互联网了。STM32 还需要给 WiFi 模块发送指令，让 WiFi 模块连接到指定的云服务器。当然手机也需要连接云服务器，通过云服务器，手机和 WiFi 模块就可以交互通讯。

1. 实例原理

下面实例以 STM32 开发板为基础实现手机与 HF-LPA 模块间 WiFi 通信。HF-LPA 模块集成到 STM32 开发板，把手机设置为 AP，STM32 开发板设置 STA 模式。STM32 开发板通过串口线连接 PC 机，模拟 STA 端发送或显示接收到的数据。手机与 WiFi 模块间通信的数据传输逻辑结构，如图 7.9 所示。

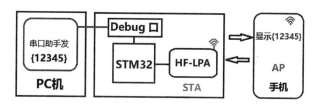

图7.9 手机与WiFi模块间通信的工作原理

图7.9中,STM32开发板可通过AT指令设置波特率和工作模式,手机与WiFi模块连接成功后,即可进行互相通信。比如在手机端发送"{WiFi mobile test}"给STM32开发板,后者可以收到此数据,并在PC端串口助手中显示出来;同理通过串口助手发送"{12345}"给手机,手机端App可以显示STM32开发板发送的对应数据。

2. STA设备编程与固件下载

步骤1:集成有HF-LPA模块的STM32开发板硬件环境搭建方法如图7.3所示,JLink仿真器通过调试转接板连接PC和STM32开发板,便于查看和发送STA的数据,将连接好的硬件平台通电。

步骤2:用IAR开发环境打开例程wifi_sta.eww,选择菜单Project中Rebuild All重新编译工程,可生成wifi_sta.hex镜像文件。

步骤3:执行J-Flash ARM软件,先将wifi_sta.hex下载到STM32开发板中。下载完后给从设备重新上电或者按下STM32开发板复位按钮让下载程序重新运行。

3. 手机端AP设备编程与安装

WiFi是一种无线联网技术。日常生活中常见的无线路由器,在这个无线路由器信号覆盖的范围内都可以采用WiFi连接的方式进行联网。如果无线路由器连接了一个ADSL线路或其他的联网线路,则又被称为"热点"。无线网络在掌上设备上应用越来越广泛,而智能手机就是其中一份子。与早前应用于手机上的蓝牙技术不同,WiFi具有更大的覆盖范围和更高的传输速率,因此WiFi手机成了移动通信业界的时尚潮流。Android系统当然也不会缺少这项功能,下面介绍WiFi通信的主要编程技术。

编写WiFi的代码前,需要在AndroidManifest.xml注册几个权限。

//修改网络状态的权限

< uses-permissionandroid:nameuses-permissionandroid:name = " android. permis-sion. CHANGE_NETWORK_STATE" > </uses-permission >

//修改WiFi状态的权限

< uses-permissionandroid:nameuses-permissionandroid:name = " android. permis-sion. CHANGE_WIFI_STATE" > </uses-permission >

//访问网络权限

< uses-permissionandroid：nameuses-permissionandroid：name = " android. permission. ACCESS_NETWORK_STATE" > </uses-permission >

//访问 WiFi 权限

< uses-permissionandroid：nameuses-permissionandroid：name = " android. permission. ACCESS_WIFI_STATE" > </uses-permission >

WiFi 操作时，网卡状态是由一些整型常量表示：

WIFI_STATE_DISABLED：表示 WiFi 网卡不可用；

WIFI_STATE_DISABLING：表示 WiFi 正在关闭；

WIFI_STATE_ENABLED：表示 WiFi 网卡可用；

WIFI_STATE_ENABLING：表示 WiFi 网卡正在打开；

WIFI_STATE_UNKNOWN：表示网卡状态未知。

Android 中 WiFi 的重要操作类和接口是 ScanResult、WifiConfiguration、WifiInfo 和 WifiManager。

（1）ScanResult 主要是通过 WiFi 硬件扫描来获取一些周边 WiFi 热点信息。包括接入点名称、信号强弱、安全模式、频率等，其构造函数中包含几个参数：BSSID 表示接入点的地址，主要是指小范围几个无线设备相连接所获取的地址；SSID 表示网络的名字，当搜索一个网络时，就是靠这个来区分每个不同的网络接入点；Capabilities 主要是来判断网络的加密方式等；Frequency 表示频率，反映当前频道传输的速率，Level 表示等级，主要来判断网络连接的优先级。

（2）WifiConfiguration 配置 WiFi 网络，它包含了 6 个内部类。

WifiConfiguration. AuthAlgorthm：用来判断加密方法；

WifiConfiguration. GroupCipher：使用 GroupCipher 的方法来进行加密；

WifiConfiguration. KeyMgmt：使用 KeyMgmt 进行加密；

WifiConfiguration. PairwiseCipher：使用 WPA 方式加密；

WifiConfiguration. Protocol：使用哪一种协议进行加密；

wifiConfiguration. Status：当前网络的状态。

（3）WifiInfo 得到 WiFi 信息，包括接入点相关方法。

getBSSID( )：获取 BSSID；

getDetailedStateOf( )：获取客户端的连通性；

getHiddenSSID( )：获取 SSID 是否被隐藏；

getIpAddress( )：获取 IP 地址；

getLinkSpeed( )：获取连接的速度；

getMacAddress( )：获取 Mac 地址；

getRssi( )：获取 802. 11n 网络的信号；

getSSID( )：获取 SSID；

getSupplicanState( )：返回具体客户端状态的信息。

(4)使用 WifiManager 管理 WiFi。

addNetwork(WifiConfiguration config)：通过获取到的网络的连接状态信息来添加网络；

calculateSignalLevel(int rssi，int numLevels)：计算信号的等级；

compareSignalLevel(int rssiA，int rssiB)：对比连接 A 和连接 B；

createWifiLock(int lockType，String tag)：创建一个 WiFi 锁，锁定当前的 WiFi 连接；

disableNetwork(int netId)：让一个网络连接失效；

disconnect( )：断开连接；

enableNetwork(int netId，Boolean disableOthers)：连接一个连接；

getConfiguredNetworks( )：获取网络连接的状态；

getConnectionInfo( )：获取当前连接的信息；

getDhcpInfo( )：获取 DHCP 的信息；

getScanResulats( )：获取扫描测试的结果；

getWifiState( )：获取一个 WiFi 接入点是否有效；

isWifiEnabled( )：判断一个 WiFi 连接是否有效；

pingSupplicant( )：ping 一个连接，判断是否能连通；

ressociate( )：即便连接没有准备好，也要连通；

reconnect( )：如果连接准备好了，连通；

removeNetwork( )：移除某一个网络；

saveConfiguration( )：保留一个配置信息；

setWifiEnabled( )：让一个连接有效；

startScan( )：开始扫描；

updateNetwork(WifiConfiguration config)：更新一个网络连接的信息。

此外 WifiManaer 还提供了两个内部的子类，MulticastLock 和 WifiManagerLock：前者允许一个应用程序接收多个无线网络的数据包；后者是 WiFi 网络锁的概念，一般情况当应用程序通过 WiFi 连接网络后，长时间不用则网络自动关闭。如果利用 WifiManagerLock 锁定连接好的网络，那么就不会产生这种现象，有锁定当然也有解除锁定。在使用过程中，WiFi 的使用是一个耗电的过程，所以，应用程序又不能长时间进行网络连接。按照应用程序需求，一些耗电的操作就可以添加一个锁，简单请求就不用添加锁。

4. 实例测试

步骤 1：搭建如图 7.3 所示的硬件环境，连接好对应的串口数据线。

步骤 2：用 Android Studio 打开 WiFi 工程，选择 Run 中 Run app 重新编译工程，可生成 BlueTooth. apk 文件。然后安装 WiFi. apk 到安卓平台的手机，安装结束后手机上会出现一个 WiFi 图标。

步骤 3：运行手机端 WiFi 应用程序，在 WiFi 界面中输入热点名称"test"，这里的热点名称必须与 STA 端的 SSID 名称一致，单击"创建 WiFi 热点"，手机上端会显示创建成功后的热点图标。

步骤 4：给 STM32 开发板上电，STM32 开发板自动连接热点名称为"test"的手机。打开 PC 端运行串口助手，选择与 STM32 开发板对应的串口号，波特率设置为 115200，模拟 STA 发送与接收数据的情况。比如：在串口助手发送区域输入"｛12345｝"，单击串口助手的"发送"按钮，手机端 WiFi 应用程序的数据接收区域会显示对应的数据；相反，在手机端数据发送区域输入"｛wifi mobile test｝"，单击"发送"按钮，串口助手也会接收到对应数据。手机与 WiFi 模块间通信的测试结果如图 7.10 和图 7.11 所示。

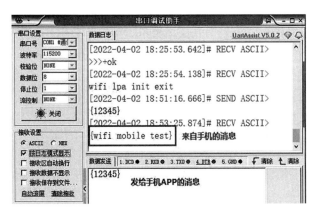

图 7.10　WiFi 模块数据接收与发送情况

图 7.11　手机端 WiFi 数据接收与发送情况

至此，完成了 STM32 无线开发板与手机之间的 WiFi 数据通信。若多组同时做实验时，为防止相互干扰，修改 STM32 开发板代码中对应的 SSID 名称，确保测试现场名称唯一。

7.2.5　实例 5：WiFi 传感器数据通信应用设计

在 HF-LPA 模块与手机间的 WiFi 通信实例中，通信数据是字符串常量，而在实际物联网工程应用中，需要利用终端设备采集和传输所在区域的相关模拟量和数字量，以及对终端设备发送控制信号。下面以 STM32 开发板为例，介绍此开发板作为终端设备，把采集的温湿度传感器数据实时通过 WiFi 通信的方式发送给手机。

1. 实例原理

集成温湿度传感器和 HF-LPA 模块的 STM32 开发板以 WiFi 方式连接手机时，只需要把开发板设置成 STA 设备，手机充当 AP 模块，通过程序控制实现 STA 节点上温湿度传感器采集到的数据通过 WiFi 发送到手机上，如图 7.12 所示。

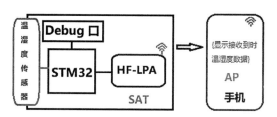

图 7.12　WiFi 模块上传传感器数据至手机的工作原理

图 7.12 中，STA 设备采集温湿度传感器的数据，经过 STM32 处理后发送给 HF-LPA 模块，后者以无线 WiFi 的方式发送给手机，手机端 App 可以显示此时对应的传感器数据。

2. 温湿度传感器节点编程与固件下载

步骤 1：首先集成温湿度传感器和 HF-LPA 模块到 STM32 开发板，其余硬件环境搭建方法如图 7.3 所示，JLink 仿真器通过调试转接板连接 PC 和 STM32 开发板。若需要查看温湿度传感器节点发送的数据，调试转接板串口还需连接 PC 机串口助手，将连接好的硬件平台通电。

步骤 2：把温湿度传感器驱动 dht11. h 和 dht11. c 分别拷贝到 common \ hal \ include 和 \ common \ hal \ src 目录，用 IAR 开发环境打开例程 wifi_sta_dht11. eww，把 dht11. c 添加到工程，同时在 main. c 文件添加温湿度传感器初始化函数以及读取当前传感器值的语句，如图 7.13 所示。

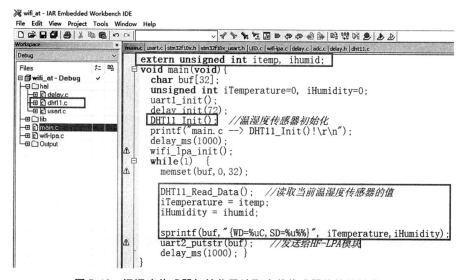

图 7.13　温湿度传感器初始化及读取当前传感器值的关键代码

步骤 3：执行 J-Flash ARM 软件，将固件 wifi_sta_dht11. hex 烧写到 STM32 开发板中。

步骤 4：在 Android Studio 软件编写手机端 WiFi 应用程序，与 7. 2. 4 的 App 相同。

步骤5：先运行手机端 WiFi 应用程序，在 WiFi 界面中输入热点名称"test"，这里的热点名称必须与温湿度传感器的 STA 端的 SSID 参数一致，单击"创建 WiFi 热点"，手机上端会显示创建成功后的热点图标，如图 7.14 所示。

步骤6：给开发板上电，其以 WiFi 方式自动连接热点名称为"test"的手机，若连接手机热点成功，开发板的 HF-LPA 模块的左上角红灯会被点亮，如图 7.15 所示。

图 7.14　手机端创建 WiFi 热点成功

图 7.15　HF-LPA 连接手机热点成功

在图 7.15 中，STA 端启动完毕，STM32 开发板每隔 1 秒自动采集温湿度传感器的值，如图 7.16 所示，再通过 HF-LPA 模块无线上传给手机，若此时用手指触摸传感器导致的温湿度变化也会实时无线上传给手机，如图 7.17 所示。

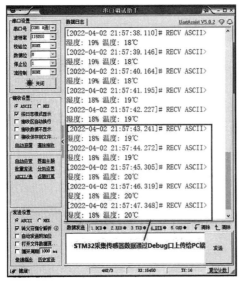

图 7.16　从串口助手获得传感器数据

图 7.17　从手机 WiFi 端获得传感器数据

为了让读者更好地理解 STM32 开发板作为 STA 的工作机制，下面给出调试日志记录。

[2022 - 04 - 02 21:57:20. 085]# RECV ASCII >

main. c-- > DHT11_Init( )!

[2022 - 04 - 02 21:57:21. 086]# RECV ASCII >

wifi lpa init

[2022 - 04 - 02 21:57:23. 544]# RECV ASCII >

< < < AT + WMODE = STA

[2022 - 04 - 02 21:57:23. 777]# RECV ASCII >

> > > + ok

[2022 - 04 - 02 21:57:24. 277]# RECV ASCII >

set ssid:AT + WSSSID = test

< < < AT + WSSSID = test

[2022 - 04 - 02 21:57:24. 496]# RECV ASCII >

> > > + ok

[2022 - 04 - 02 21:57:24. 995]# RECV ASCII >

set key:AT + WSKEY = OPEN,NONE

< < < AT + WSKEY = OPEN,NONE

[2022 - 04 - 02 21:57:25. 229]# RECV ASCII >

> > > + ok

[2022 - 04 - 02 21:57:25. 730]# RECV ASCII >

set server:AT + NETP = TCP,CLIENT,8899,192. 168. 43. 1

< < < AT + NETP = TCP,CLIENT,8899,192. 168. 43. 1

[2022 - 04 - 02 21:57:26. 336]# RECV ASCII >

> > > + ok

[2022 - 04 - 02 21:57:26. 836]# RECV ASCII >

set sta wann:AT + WANN = DHCP

< < < AT + WANN = DHCP

[2022 - 04 - 02 21:57:27. 069]# RECV ASCII >

> > > + ok

[2022 - 04 - 02 21:57:27. 615]# RECV ASCII >

ping:AT + PING = 192. 168. 43. 1

< < < AT + PING = 192. 168. 43. 1

> > > + ok = Success

[2022 - 04 - 02 21:57:28. 114]# RECV ASCII >

```
set data transmission mode:AT + TMODE = throughput
< < < AT + TMODE = throughput
[2022 - 04 - 02 21:57:28. 351]# RECV ASCII >
> > > + ok
[2022 - 04 - 02 21:57:28. 846]# RECV ASCII >
wifi lpa init exit
[2022 - 04 - 02 21:57:38. 110]# RECV ASCII >
湿度:19% 温度:18℃
[2022 - 04 - 02 21:57:39. 146]# RECV ASCII >
湿度:19% 温度:18℃
[2022 - 04 - 02 21:57:40. 164]# RECV ASCII >
湿度:19% 温度:18℃
[2022 - 04 - 02 21:57:41. 195]# RECV ASCII >
湿度:18% 温度:19℃
[2022 - 04 - 02 21:57:42. 227]# RECV ASCII >
湿度:18% 温度:19℃
[2022 - 04 - 02 21:57:43. 241]# RECV ASCII >
湿度:18% 温度:19℃
[2022 - 04 - 02 21:57:44. 272]# RECV ASCII >
湿度:18% 温度:19℃
[2022 - 04 - 02 21:57:45. 305]# RECV ASCII >
湿度:18% 温度:20℃
[2022 - 04 - 02 21:57:46. 319]# RECV ASCII >
湿度:18% 温度:20℃
[2022 - 04 - 02 21:57:47. 348]# RECV ASCII >
湿度:18% 温度:20℃
```

至此，实现了 STM32 开发板与手机之间的温湿度传感器数据的 WiFi 通信。而在实际工程中，如智能家居或智能农业，往往会用到多个传感器和执行器，为了保证代码的重复利用，此时需对来自设备传感器数据的传输格式进行规范，如表 7.3 至 7.6 所示。

第 8 章　IPv6 通信

在物联网感知层采用 IP 技术，要实现一物一地址，万物皆在线，将需要大量的 IP 地址资源，就目前可用的 IPv4 地址资源量来看，它远远无法满足感知智能终端的联网需求，特别是在智能家电、视频监控、汽车通信、智能建筑、智能城市，甚至牲畜中传感器的大规模部署等应用普及之后，IP 地址需求会迅速膨胀。而从目前可用技术来看，只有 IPv6 能够提供足够的地址资源，满足端到端的通信和管理需求。

8.1　IPv6 通信基础知识

基础的 IPv6 规范已内置许多功能，除了为终端设备提供了多个地址和更加分布式的路由机制之外，还包括多播、任播、移动性支持、自动配置等，这些功能对于物联网的操作和部署都非常有用，便于端节点的部署和提供永久在线业务。人们对 IPv6 在物联网中的应用已经研究了很多年，开发了许多新的更高级别的协议，这些协议既对物联网有用，又非常适合资源有限的设备，例如，无线网络 6LowPAN(IPv6 over Low Power WPAN)、与 Web 服务一起传输的轻量级应用层协议(Constrained Application Protocol，CoAP)和制定了各个场景路由需求及传感器网络的 RPL 路由协议(Routing Protocol for LLN)。同时也开发了相对较小，并且支持上述协议套件和环境的操作系统，例如 TinyOS 和 Contiki，一个基础的 Contiki 系统占用的内存不到 20 KB。

8.1.1　Contiki 系统简介

瑞典计算机科学学院 AdamDimkels 和他的团队开发的 Contiki 操作系统是一个开源的、高度可移植的多任务操作系统，适用于互联网嵌入式系统和无线传感器网络；完全采用 C 语言开发，可移植性好，对硬件要求极低，能够运行在各种类型的微处理器及电脑上。

Contiki 是开源的操作系统，适用于 BSD 协议，即可以任意修改和发布，无需任何版权费用，现在已经应用在许多项目中。Contiki 还提供了可选的任务抢占机制，基于事件和消息传递的进程间通信机制，内部集成了两种类型的无线传感器网络协议栈，轻量级的

TCP/IP 协议栈 uIP 和 Rime。

Contiki 操作系统因具有以下特点而适合于无线传感器网络。

1. 事件驱动的多任务内核

Contiki 是基于事件驱动的模型，即多个任务共享同一个栈，能够节约 RAM，总代码量较少。一般情况下，Contiki 应用程序总共只占用 40KB 的 Flash 及 2KB 的 RAM，而 uCOS、FreeRTOS、Linux 等系统则是每个任务分别占用独立栈。因此，Contiki 非常适应于处理器资源受限制的无线传感器网络应用。

2. 低功耗无线传感器网络协议栈

Contik 提供完整 IP 网络和低功耗无线网络协议栈，可将多个微控制器连接到网络，是传感网的重要组成部分。对于 IP 协议栈，支持 IPv4 和 IPv6 两个版本，IPv6 包括 6LowPAN 帧头压缩适配器、ROLL RPL 无线组网路由协议、CoAP 应用层协议，还包括一些简化的 Web 工具，如 Telnet、Http 和 Web 服务等。

3. 集成无线传感器网络仿真工具

Contiki 提供无线传感网仿真工具 Cooja，可以在该仿真环境下研究传感网络协议。仿真测试后，再下载协议程序到节点上进行实际测试，有利于提前发现问题，减少调试工作量。

4. 集成 Shell 命令行调试工具

无线传感网中节点数量多，节点运行维护是一个难题。Contiki 提供多种交互方式，基于文本的命令行接口是类似于 Unix 命令行的 ShelI 工具，用户通过串口输入命令可以查看和配置传感器节点的信息，控制其运行状态，是部署及维护中实用而有效的工具。

5. 基于 Flash 的小型文件系统 CFS

Contiki 实现了一个简单、小巧和易于使用的文件系统，也称为咖啡文件（CFS），它是基于 Flash 的文件系统，用于在资源受限的节点上存储数据和程序。

6. 集成功耗分析工具

Contiki 提供了一种基于软件的能耗分析工具，能够自动记录每个传感器节点的工作状态、时间，并计算出电量消耗，在不需要额外硬件或仪器的情况下完成对网络级别的能耗分析。Contiki 操作系统的能耗分析机制既可用于评价传感器网络协议，也可用于估算传感器网络的生命周期。

7. 开源免费

Contiki 操作系统采用 BSD 授权协议，用户可以下载代码用于科研和商业用途，并且可以任意修改代码，无需任何专利以及版权费用，是彻底的开源软件，已经在 Atmel 的

AVR 系列、ST 系列、Freescale 系列和 TI 系列等常用的微处理芯片上获得广泛应用。

8.1.2　Contiki 源码结构

Contiki 是一个高度可移植的操作系统，它的设计初衷就是为了获得良好的可移植性，因此源代码的组织很有特点。打开 Contiki 源文件目录，可以看到主要有 apps、core、cpu、doc、examples、platform、tools 等目录，下面分别对各个目录进行介绍。

1. apps 文件夹

apps 文件夹包含了许多 Contiki 操作系统上的应用程序，例如 ftp、shell、webserver 等等，在项目程序开发过程中可以直接使用。使用这些应用程序的方式为：在项目的 Makefile 中，定义 APPS =［应用程序名称］。

2. core 文件夹

core 是 Contiki 操作系统的核心代码文件夹，包含了 Contiki 中与硬件无关的代码、网络协议栈、硬件驱动程序的头文件等。

（1）sys 文件夹。

sys 包含 Contiki 操作系统内核的所有代码，用于实现任务调度、事件驱动、定时器等相关功能，是操作系统的核心文件。

（2）net 文件夹。

net 包含了一系列的文件以及 mac、rime、rpl 三个子目录，是 Contiki 中与网络协议相关的代码，包括 IPv4、IPv6、6Lowpan、RPL 等基于 IP 的网络层代码，以及 MAC 层协议。此外，还包含了 rime 协议栈。

（3）cfs 文件夹。

cfs 是 Coffe File System 的缩写，是 Contiki 上的一个小型的基于 Flash 存储器的文件系统。

（4）ctk 文件夹。

ctk 是 The Contiki Toolkit 的简写，该目录中的代码为 Contiki 操作系统提供图形化的操作界面。

（5）dev 文件夹。

dev 包含 Contiki 操作系统中一些常用的驱动程序的头文件定义，以及驱动程序中与硬件无关的代码，用户移植 Contiki 时根据这些头文件定义的 api 函数编写驱动程序。

（6）lib 文件夹。

lib 文件夹包含了 Contiki 操作系统以及其他程序用到的一些常用库函数。

（7）loader 文件夹。

loader 文件夹是一个小型动态加载模块，它允许用户在需要的时候动态加载应用程序，从而提高灵活性。

（8）contiki. h 头文件。

contiki. h 头文件夹包含 Contiki 相关的所有头文件，contiki-lib. h 文件包含了常用库的头文件，contiki-net. h 文件包含 net 相关的头文件，contiki-verson. h 文件包含当前 Contiki 的版本号字符串。

3. cpu 文件夹

cpu 文件夹包含了与微控制器移植相关的代码，包括寄存器定义；Contiki 内核与硬件相关的代码，如时钟、定时器等；微控制器的驱动程序，如 ARM、AVR 和 ST 等。如果需要支持新的微处理器，可以在这里添加相应的源代码。

4. doc 文件夹

doc 文件夹是 Contiki 帮助文档目录，对 Contiki 应用程序开发很有参考价值，使用前需要先用 Doxygen 进行编译。

5. examples 文件夹

examples 文件夹包含了许多 Contiki 编程的示例代码，用户编程时可以参照这些程序，或者直接在这些代码中进行修改。

6. platform 文件夹

platform 文件夹是 Contiki 支持的硬件平台，如 mx231cc、mb851 等。它包含与电路板相关的移植代码和驱动——电路板中包含核心微控制器，还包括各类外围通信器件、传感器器件。Contiki 的平台移植主要在这个目录下完成，这一部分的代码与相应硬件平台相关。

7. tools 文件夹

tools 文件夹包含调试、开发、下载等相关的各类程序，例如 CFS 相关的 makefsdata、网络相关的 tunslip、模拟器 cooja 和 mspsim 等。

为了获得良好的可移植性，除了 cpu 和 platform 中的源代码与硬件平台相关以外，其他目录中的源代码都尽可能与硬件无关。编译时，需要根据指定的平台来链接对应的代码。

Contiki 真正被人接受的最大原因可能是它体积很小，只需要几千字节的内存就可以运行，更容易在小型的、低能量的芯片上运作，而 Linux 需要一兆字节的内存才可以运行。

8.1.3　Contiki 工作原理

Contiki 操作系统是基于事件驱动的，系统的运行过程可以理解为不断处理事件的过程。整个运行通过事件触发完成，一个事件绑定相应的进程。

系统启动以后，首先执行 main( ) 函数，进行硬件初始化；接着初始化进程；然后启动系统进程和指定的自启动进程；最后，函数 process_run( )进入处理事件的死循环：首先执行完所有高优先级的进程，然后转去处理事件队列中的事件，处理完该事件之后，需先满足高优先级进程才能转去处理下一个事件。

1. Protothread

Contiki 操作系统使用 Protothread 轻量级线程模型，即所有进程共用一个栈。当进程数量很多的时候，由栈空间省下来的内存是相当可观的。为了保存断点，Protothreads 用一个 2 字节静态变量存储被中断行，下一次该进程获得执行权时，进入函数体后通过 switch 语句跳转到上一次被中断的地方。

（1）保存断点。

Contiki 操作系统保存断点是通过保存行数来完成的，在被中断的地方插入编译器关键字_LINE，编译器便自动记录所中断的行数。宏 LC SET 包含语句 case_LINE_，用于下次恢复断点，即下次通过 switch 语言便可跳转到 case 的下一条语句。

（2）恢复断点。

被中断程序再次获得执行权时，便从该进程的函数执行体调用，按照 Contiki 操作系统的编程规则替换，函数体的第一条语句便是 PROCESS BEGIN 宏，该宏包含一条 switch 语句，用于跳转到上一次被中断的行，从而恢复执行。

2. 进程控制块

Contiki 操作系统用一个结构体来描述整个进程的细节，使用链表将系统的所有进程组织起来，进程链表 process_list 如图 8.1 所示。

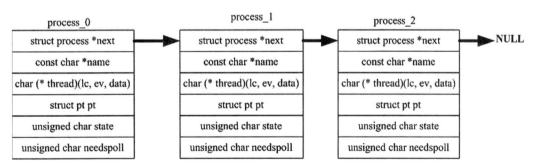

图 8.1　Contiki 系统进程链表

图 8.1 中，Contiki 操作系统定义了一个全局变量 process_list 作为进程链表的表头，还定义了一个全局变量 process_current 用于指向当前进程。成员变量 next 指向下一个进程，最后一个进程的 next 指向 NULL；成员变量 thread 表示进程的执行体，即进程执行实际上是运行该函数；成员变量 pt 表示 Contiki 操作系统进程是基于线程模型 protothreads 的，所

以进程控制块需要一个变量来记录被中断的行数。

3. 进程调度

Contiki 操作系统只有两种优先级：由进程控制块中的变量 needspoll 标识，默认值是 0，即普通优先级；要想将某个进程设为更高优先级，可以在创建之初指定 needspoll 为 1，或者运行过程中通过设置该变量从而动态提升其优先级。在实际的调度中，优先运行最高优先级的进程，而后再去处理一个事件，随后再运行所有高优先级的进程。

创建进程(还未投入运行)以及进程退出(此时进程还没从进程链表中删除)时，进程状态都为 PROCESS STATE NONE。

(1)进程初始化。

系统启动后需要先将进程初始化，通常在主函数 main() 中调用函数 process_init()，进程初始化主要完成事件队列和进程链表初始化，将进程链表头指向 NULL，当前进程也设为 NULL。

(2)创建进程。

创建进程实际上是定义一个进程控制块和进程执行体的函数，PROCESS 宏实际上声明了一个函数并定义了一个进程控制块，新创建的进程 next 指针指向 NUL，进程名称为 Hello world，进程执行体函数指针为 process thread _hello_world_process，保存行数的 pt 为 0，状态为 0，优先级标记位 needspoll 也为 0。PROCESS 定义结构体并声明了函数，还需要实现该函数，通过宏 PROCESS _ THREAD 来实现。宏 PROCESS _ BEGIN 包含 switch(process. pt->lc)语句，这样被中断的进程将再次被执行并可通过 switch 语句跳转到相应 case，即被中断的行。

(3)启动进程。

函数 process_start() 用于启动一个进程，首先判断该进程是否已经在进程链表中，若为否则将进程加到链表，给该进程发一个初始化事件 PROCESS_EVENT_INIT。

函数 process_start() 将进程状态设为 PROCESS_STATE_RUNNING，并调用 PT_INIT 宏将保存断点的变量设置为 0，调用 process_post_synch 给进程触发一个同步事件。进程运行由 call_process() 函数实现，call_process() 函数首先进行参数验证，即进程处于运行状态并且进程的函数体不为 NULL，接着将进程状态设为 PROCESS_STATE_CALLED，表示该进程拥有执行权。接下来，运行进程函数体，根据返回值判断进程是否结束或者退出，若是则调用 exit_process() 退出进程，否则将进程状态设为 PROCESS_STATE RUNNING，继续放在进程链表中。

(4)进程退出。

进程运行完成或者收到退出的事件都会导致进程退出。

4. 事件调度

Contiki 操作系统将事件调度机制融入线程 protothreads 机制中，除广播事件例外，每个事件绑定一个进程，进程间的消息传递也是通过事件来传递的。Contiki 操作系统用无符号字符来标识事件，它定义了 10 个事件(0x80 ~ 0x8A)，其他的供用户使用。

Contiki 操作系统用一个全局的静态数组存放事件，通过数组下标可以快速访问事件。系统还定义了另外两个全局静态变量 nevents 和 fevent，分别用于记录未处理事件的总数和下一个待处理事件的位置。

(1)事件调度。

Contiki 操作系统中的事件没有优先级，采用先到先服务策略，process_run()函数每一次系统轮询只处理一个事件。do_event()函数用于处理事件，首先取出该事件，更新总的未处理事件总数及下一个待处理事件的数组下标；然后判断事件是否为广播事件，若是，所有进程均会获取该事件，然后再调用 call_process()函数去处理事件。

(2)事件处理。

实际的事件处理是在进程的函数体 thread 中进行的，call_process()函数会调用 thread()函数执行该进程。

5. 定时器

Contiki 操作系统提供了 5 种定时器模型：timer 描述一段时间，以系统时钟嘀嗒数为单位；stimer 描述一段时间，以秒为单位；ctimer 表示定时器到期，调用某函数，用于 Rime 协议栈；etimer 表示定时器到期，触发一个事件；rtimer 表示实时定时器，在一个精确的时间调用函数。下面简单介绍 etimer 的相关细节，其他定时器模型与此类似。

(1)etimer 组织结构。

etimer 作为一类特殊事件存在，与进程绑定。

(2)添加 etimer。

etimer 调用 etimer_set 函数将 etimer 添加到 timerlist 中。etimer_set 首先设置 etimer 成员变量 timer 的值，然后调用 add_timer()函数，以便定时器时间到了就可以得到更快的响应。

(3)etimer 管理。

Contiki 操作系统用一个系统进程 etimer_process 管理所有的 etimer 定时器。

8.1.4　Contiki 系统移植

1. Contiki 编程模式

Contiki 编程通常只需替代范例中 Hello world 的内容，main 函数内容甚至无需修改，以两个进程为例，大概的代码框架如下。

```
/* 步骤 1:包含需要的头文件 */
#include" contiki. h"
```

```
#include" debug-uart. h"
/*步骤2:用 PROCESS 宏声明进程执行主体,并定义进程*/
PROCESS(example_1_process," Example 1");//PROCESS(name,strname)
PROCESS(example_2_process," Example 1");
/*步骤3:用 AUTOSTART_PROCESSES 宏让进程自启动*/
AUTOSTART_PROCESSES(&example_1_process,&example_2_process);
    //AUTOSTART_PROCESSES(...)
/*步骤4:定义进程执行主体 thread*/
PROCESS_THREAD(example_1_process,ev,data){
  PROCESS_BEGIN();  /*代码总是以宏 PROCESS_BEGIN 开始*/
  /*example_1_process 的代码*/
  PROCESS_END();  /*代码总是以宏 PROCESS_END 结束*/
}
PROCESS_THREAD(example_2_process,ev,data){
  PROCESS_BEGIN();
  /*example_2_process 的代码*/
  PROCESS_END();
}
```

2. Contiki 移植方法

前面讲的蓝牙通信和 WiFi 通信主要是在 STM32 开发板上运行裸机实验,即无操作系统。下面以一个实例详细介绍在 STM32 开发板上基于 Contiki 操作系统的相关移植方法。

步骤1:搭建 Contiki 开发环境。

进行基于 Contiki 操作系统的物联网应用开发,需要相关的软件和硬件:软件需要 IAR for ARM 开发环境以及 Contiki-2.6 开源软件包,该包可以从其官网 www. contiki-os. org 下载;硬件开发环境采用基于 ARM Cortex-M3 核心的 STM32F103CB 开发板套件,如图 8.2 所示。

在图 8.2 中,进行基于 Contiki 操作系统的 IPv6 协议移植时,开发环境与前面蓝牙通信和 WiFi 通信一样,即 IAR for ARM 7.2,而本书中 Contiki 系统源码与官网下载的源码有一部分不同,即 Contiki 系统源码增加了与开发套件配套的 STM32 官方库文件,有个别文件的名称也不尽相同。

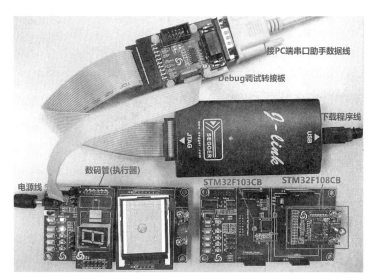

图 8.2　移植 Contiki 操作系统的硬件环境

步骤 2：创建 IAR for ARM 空工程。

将配套的 contiki-2. 6. zip 文件解压后将对应的整个文件夹拷贝到 PC 机任意目录下，如 D：\（根目录），再进入 Contiki 系统源码的 contiki-2. 6 \ zonesion \ example \ iar 目录，创建 testSample 文件夹，然后在 testSample 文件夹中创建一个 IAR for ARM 空工程，工程名称以及工作空间的名称为 testSample，过程如下：

（1）创建一个空的 ARM 工程，命名为 testSample。

打开 IAR Embedded Workbench for ARM 7. 2 主界面，单击工程菜单 Project，选择 Create New Project 选项，创建工程，如图 8.3 所示。

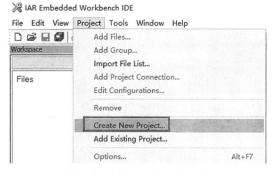

图 8.3　创建 testSample 工程

在工具链（Tool chain）里面选择 ARM，再选择 Empty project，单击 OK 按钮后，就会提示工程的保存路径，并填写工程名，此处填写为 testSample。

（2）保存工作空间并命名为 testSample。

选择 File—Save workspace，保存名为 testSample 的工程，创建完工程后，在 testSample 工程目录下即可看到新增了 testSample. dep、testSample. ewd、testSample. ewp、testSample. ewt 和 testSample. eww 五个文件。

步骤 3：给工程添加组目录。

在 testSample-Debug 工程名上右击，选择 Add 中 Add Group，填写组目录名称。按照添加组目录的方法，依次添加如图 8.4 所示的组目录结构。

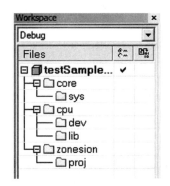

图 8.4　添加 testSample 组目录

在图 8.4 中，添加子组名的方法为：以 core 组名目录下的子组名 sys 为例，只要在 core 组名上右击，选择 Add 中 Add Group，输入子组名 sys 即可。

步骤 4：组名目录里添加相关的 . c 文件。

（1）添加 contiki 系统文件。

在工程 sys 组名上右击，选择 Add 中的 Add Files，添加 Contiki 系统文件 autostart. c、ctimer. c、etimer. c、process. c、timer. c，文件位于 Contiki 系统源码 contiki-2. 6 \ core \ sys 目录。

（2）添加 STM32 官方库文件。

在 contiki-2. 6. zip 包中，将 STM32 标准库文件 STM32F10x_StdPeriph_Lib_ V3. 5. 0 放在 Contiki 系统源码的 contiki-2. 6 \ cpu \ arm \ stm32f10x 目录。

在工程的 cpu \ lib 组目录下添加 STM32 库文件到 testSample 工程中，添加的文件包括 system_ stm32f10x. c、startup _ stm32f10x _ md. s、misc. c、stm32f10x _ exti. c、stm32f10x _ gpio. c、stm32f10x_rcc. c 和 stm32f10x_usart. c 七个文件。

其中，system_stm32f10x. c 文件所在目录为 STM32F10x_StdPeriph_Lib_V3. 5. 0 \ Libraries \ CMSIS \ CM3 \ DeviceSupport \ ST \ STM32F10x；startup_stm32f10x_md. s 文件所在目录为 STM32F10x_StdPeriph_Lib_V3. 5. 0 \ Libraries \ CMSIS \ CM3 \ DeviceSupport \ ST \ STM32F10x \ startup \ iar；其余 5 个文件所在目录均为 STM32F10x _ StdPeriph _ Lib_

V3. 5. 0 ＼ Libraries ＼ STM32F10x_StdPeriph_Driver ＼ src。

（3）添加 clock. c 和 uart1. c 文件。

在工程的 cpu 组目录下添加 Contiki 系统时钟 clock. c 文件，该文件所在目录为 contiki-2. 6 ＼ cpu ＼ arm ＼ stm32f10x；在工程的 cpu ＼ dev 组目录下添加 Contiki 串口文件 uart1. c 文件，该文件所在目录为 contiki-2. 6 ＼ cpu ＼ arm ＼ stm32f10x ＼ dev。

步骤 5：创建 contiki-main. c 文件。

移植 Contiki 系统所需要的 Contiki 系统文件和 STM32 官方库所需文件都添加完毕后，若想让程序执行就必须要有 main 函数，因为步骤 1 至 4 添加的都是一些相应的支持文件。下面在工程的 zonesion ＼ proj 组目录下新建一个 contiki-main. c 文件，创建方法如下。

选择菜单 File 中 New，单击 File 创建一个空白文件，在文件中输入如下代码：

```
#include  < stm32f10x_map. h >
#include  < stm32f10x_dma. h >
#include  < gpio. h >
#include  < nvic. h >
#include  < stdio. h >
#include  < debug-uart. h >
#include  < sys/process. h >
#include  < sys/procinit. h >
#include  < etimer. h >
#include  < sys/autostart. h >
#include  < clock. h >
#include" contiki. h"
#include" contiki-lib. h"
#include" uart1. h"
#include  < string. h >
unsigned int idle_count = 0;
int main( ) {
  clock_init( );
  uart1_init( 115200);
  process_init( );
  process_start( &etimer_process, NULL);
  printf(" Hello, IOT Contiki-2. 6 World! \r\n" );
  while( 1 )    {
    do {}   while( process_run( ) > 0);
```

```
        idle_count + + ;        │
    return 0;
│
```

/*参数校验函数,此处为空,官方库函数需要调用*/

void assert_param(int b){;}

按下 CTRL + S 保存,保存路径选择当前工程 testSample 的根目录下,保存文件名为 contiki-main.c,然后再将已创建的这个新主程序入口文件添加到工程的 zonesion \ proj 组目录,添加完成后整个工程目录结构如图 8.5 所示。

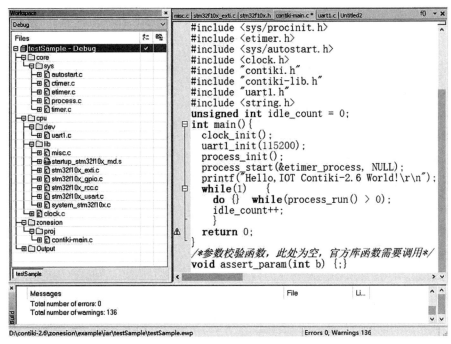

图 8.5　testSample 工程目录文件结构

步骤 6:配置工程编译选项。

在工程中添加完 .c 文件后,还需要配置工程编译选项,如芯片型号选择、头文件路径等。

(1)芯片型号选择。

在 testSample-Debug 工程名上右击,选择 Options 中的 General Options,进入配置页面,勾选 Device,然后选择 ST STM32F103xB 芯片,如图 8.6 所示。

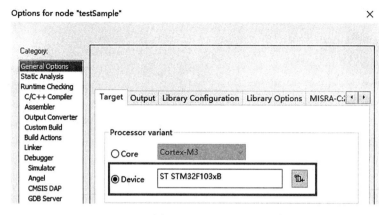

图 8.6　选择 ST STM32F103xB 芯片

（2）编译参数设置。

首先，在 Debugger 配置页面，将 Driver 选项设置成 J-Linker/J-Trace，其次，在 C/C＋＋ Compiler 配置页面选择 Prepoocessor 选项卡，在里面添加头文件路径和宏定义，否则在编译.c 文件时就找不到相应的头文件，会出现编译错误。具体头文件路径有：

$ PROJ_DIR $ \..\..\..\..\core

$ PROJ_DIR $ \..\..\..\..\core\lib

$ PROJ_DIR $ \..\..\..\..\core\sys

$ PROJ_DIR $ \..\..\..\..\zonesion\example

$ PROJ_DIR $ \..\..\..\..\cpu\arm\stm32f10x

$ PROJ_DIR $ \..\..\..\..\cpu\arm\stm32f10x\STM32F10x_StdPeriph_Lib_
　　　V3.5\Libraries\STM32F10x_StdPeriph_Driver\inc\

$ PROJ_DIR $ \..\..\..\..\cpu\arm\stm32f10x\STM32F10x_StdPeriph_Lib_
　　　V3.5\Libraries\CMSIS\CM3\DeviceSupport\ST\STM32F10x

$ PROJ_DIR $ \..\..\..\..\cpu\arm\stm32f10x\STM32F10x_StdPeriph_Lib_
　　　V3.5\Libraries\CMSIS\CM3\CoreSupport\

$ PROJ_DIR $ \..\..\..\..\cpu\arm\stm32f10x\dev\

C:\Program Files（x86）\IAR Systems\Embedded Workbench 7.2\arm\CMSIS\Include//跟当前环境有关

具体宏定义有：

```
STM32F10X_MD            //指中容量型号 cpu
USE_STDPERIPH_DRIVER    //指使用官方提供的标准库
_DLIB_FILE_DESCRIPTOR   //指文件描述符
MCK = 72000000          //指 MCU 的主频为 72Mhz
```

添加方法是将上面头文件路径复制到 C/C + + Compiler 配置选项中的 Additionnal include derectories 输入框中，将宏定义复制到 Defined symbols 输入框中，如图 8.7 所示。

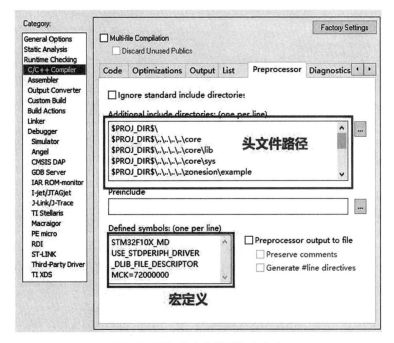

图 8.7　添加头文件路径和宏定义

步骤 7：系统时钟移植。

没有系统时钟，系统就跑不起来，在本例移植过程中并不需要修改 clock. c 文件，因为该 clock. c 文件已修改好，直接拿过来使用即可。下面对 clock. c 源码进行相应解析。

（1）系统时钟初始化。

系统时钟初始化是整个 STM32 工作的核心，根据 STM32 的主频以及 CLOCK_SENCOND 的参数，可以设置系统时钟中断的时间。

```
void clock_init( ) {
    NVIC_SET_SYSTICK_PRI(8);
    SysTick- > LOAD = MCK/8/CLOCK_SECOND;
    SysTick- > CTRL = SysTick_CTRL_ENABLE I SysTick_CTRL_TICKINT;
}
```

（2）系统时钟中断处理函数。

要让 Contiki 操作系统运行起来，关键就是启动系统时钟对应到 Contiki 系统的进程，是启动 etimer 进程。etimer_process 由 Contiki 系统提供，我们这里只需对系统时钟进行初始化并定时更新系统时钟（用户自定义 current_clock），并判断 etimer 的下一个定时时刻是否已到(通过比较 current_clock 与 etimer 的定时时刻来判定)。如果时钟等待序列中有等待时钟的进程,那么就需要调度 etimer 进程执行,通过其来唤醒相关进程。

```
void Systick_handler(void){
    (void)SysTick->CTRL;
    SCB->ICSR = SCB_ICSR_PENDSTCLR;
    current_clock++;
    if(etimer_pending()&& etimer_next_expiration_time() <= current_clock){
        etimer_request_poll();
    if (--second_countdown == 0)
    current_seconds++;second_countdown = CLOCK_SECOND;
}
```

Contiki 系统移植需要修改的源码就是更改系统时钟初始化以及中断服务函数,上述步骤完成后,系统移植工作基本完成,那么接下来就验证一下系统是否移植成功。若要验证系统是否移植成功,同时想看到直观效果的话,可以尝试在 main 函数里面添加串口初始化以及串口打印消息的方法即可。

在 Contiki 系统源码 contiki-2.6 \ cpu \ arm \ stm32f10x \ dev 目录下已有串口驱动程序 uart1. c 和 uart2. c,这里直接使用即可。需要在 cpu \ dev 组名中添加 uart1. c 文件,该文件位于 contiki-2.6 \ cpu \ arm \ stm32f10x \ dev 目录。同时还需要在 C/C + + Compiler 配置选项中的 Additionnal include derectories 输入框中添加 uart1. h 头文件的路径,即 $ PROJ_DIR $ \ .. \ .. \ .. \ .. \ cpu \ arm \ stm32f10x \ dev \ 。

注意:如果完全编译时出现 lib 组名对应的头文件不能打开的错误,如图 8.8 所示。

图 8.8　lib 组名对应的头文件不能打开的错误

此时,需要在 C/C + + Compiler 配置选项中的 Additionnal include derectories 输入框中添加 IAR for ARM 开发环境芯片所对应头文件的路径,即添加 C: \ Program Files (x86) \ IAR Systems \ Embedded Workbench 7. 2 \ arm \ CMSIS \ Include 路径,这个跟具体机器环境有关。

步骤 8:设置输出镜像文件格式。

因 J-ARM Flash 烧写软件只认 hex 格式的镜像文件格式,所以在 Output converter 配置选项中选择 Intel extended,并勾选 override default 复选框,如图 8.9 所示。

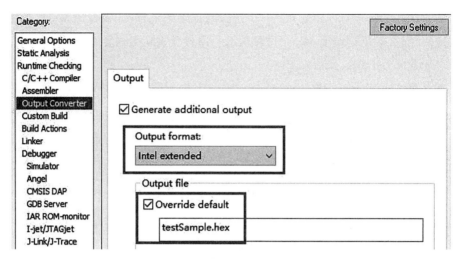

图8.9 设置输出镜像文件 hex 格式

步骤9：烧写镜像文件并运行实例，观察结果。

系统移植结束后，将程序烧写到 STM32 无线节点开发板上验证 Contiki 系统是否移植成功。具体步骤如下。

(1)按照图8.2正确连接 STM32 开发板、仿真器和 PC 机的串口线和数据下载线，给开发板通电，在 PC 机上打开串口助手，设置接收的波特率为115200。

(2)在 IAR for ARM 开发环境中打开工程 testSample. eww 文件，选择菜单 Project 下 Rebuild All 选项，进行编译，若没有错误，即可生成 testSample. hex 镜像文件。

(3)给 STM32 开发板通电，运行 J-Flash ARM 软件，打开数据文件 testSample. hex，在主菜单 Target 中依次执行 Connect、Erase chip 和 Program & Verify 三步操作即可将程序烧写到无线节点底板的 STM32F103CB 处理器中。

(4)下载完后将 STM32 开发板重新上电或者按下复位按钮让程序重新运行。

(5)程序成功运行后，在串口显示区显示"Hello, IOT Contiki-2.6 World!"字符串，如图8.10所示，即表明 Contiki 操作系统已成功移植到 STM32 开发板。

图8.10 工程 testSample 运行结果

8.1.5 Contiki 应用基础

为了更好地掌握 Contiki 系统进程的工作原理和相关使用方法，我们将几个典型应用例举如下。

1. LED 控制

（1）基本任务。

在 blink.c 文件中定义一个 blink_process 进程，该进程执行的内容是使得 STM32 开发板上的 D4、D5 灯闪烁，blink.c 文件所在组名和源码如图 8.11 所示。

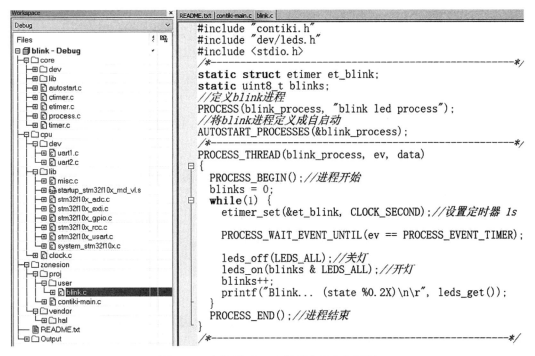

图 8.11 文件 blink.c 文件所在组名和源码

在上述代码当中，leds_on(blinks&LEDS_ALL) 函数实现了两个 LED 点亮的不同方式，其中函数参数实现具体选择哪一个 LED 点亮，LED 的显示一共有三种状态：D4 点亮、D5 点亮、D4 和 D5 同时点亮。通过 LED 显示进程，我们可以看到对 LED 的控制实际上是调用 leds_off()、leds_on() 两个方法，根据需求将两个方法对 LED 灯的 IO 引脚电平分别设置为高电平、低电平。

（2）操作步骤。

步骤 1：按照图 8.2 所示，通过调试扩展板和串口线连接 JLink 仿真器到 STM32 开发板以及 PC 机，在 PC 机上打开串口助手，设置接收的波特率为 115200。

步骤2：先将例程 blink 整个文件夹拷贝到系统 \ contiki-2.6 \ zonesion \ example \ iar 源码目录，用 IAR for ARM 打开 blink.eww 工程文件，选择菜单 Project 下 Rebuild All 选项进行编译，若没有错误，即可生成 blink.hex 镜像文件。

步骤3：给 STM32 开发板通电，运行 J-Flash ARM 软件，打开数据文件 blink.hex，在主菜单 Target 中依次执行 Connect、Erase chip 和 Program&Verify 三步操作即可将程序烧写到无线节点底板的 STM32F103CB 处理器中。

步骤4：下载完后将 STM32 开发板重新上电或者按下复位按钮让程序重新运行。

程序成功运行后，此时在 STM32 开发板可观察到 D4 和 D5 有规则的点亮，同时在串口调试助手中有如图 8.12 所示串口数据。

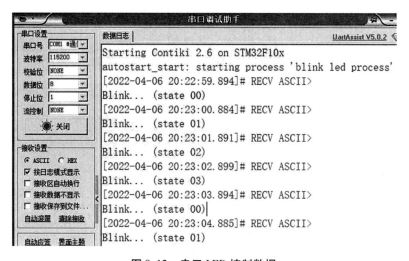

图 8.12　串口 LED 控制数据

图 8.12 中，串口数据接收日志区的 Starting Contiki 2.6 on STM32F10x 表明 Contiki-OS 已成功移植到 STM32 开发板中；Blink...（state 00）表示 D4 亮；Blink...（state 01）表示 D5 亮；Blink...（state 03）表示 D4 和 D5 同时亮。

2. Contiki 多线程

（1）基本任务。

在 zonesion \ proj \ user 组名的 blink-hello.c 文件中定义了两个进程：一个显示"Hello, Contiki World！"进程；另一个是 LED 闪烁进程。blink-hello.c 的主要源码如下：

```
#include" contiki.h"
#include" dev/leds.h"
#include < stdio.h >/* For printf() */
static struct etimer et_hello;
```

```
static struct etimer et_blink;
static uint8_t blinks;
//定义 hello_world、blink 两个进程
PROCESS(hello_world_process,"Hello world process");
PROCESS(blink_process,"LED blink process");
//将两个进程定义成自启动
AUTOSTART_PROCESSES(&hello_world_process,&blink_process);
PROCESS_THREAD(hello_world_process,ev,data){
  PROCESS_BEGIN();
  etimer_set(&et_hello,CLOCK_SECOND * 4);  //设置定时器 4s
  while(1){
    PROCESS_WAIT_EVENT();
    if(ev = = PROCESS_EVENT_TIMER){
      printf("Hello,Contiki World! \n\r");
      etimer_reset(&et_hello);}   }
  PROCESS_END();
}
PROCESS_THREAD(blink_process,ev,data){
  PROCESS_BEGIN();
  blinks = 0;
  while(1){
    etimer_set(&et_blink,CLOCK_SECOND);  //设置定时器 1s
    PROCESS_WAIT_EVENT_UNTIL(ev = = PROCESS_EVENT_TIMER);
    leds_off(LEDS_ALL);
    leds_on(blinks & LEDS_ALL);
    blinks + + ;
    printf("Blink...(state %0.2X)\n\r",leds_get());   }
  PROCESS_END();
}
```

在上述代码当中，两个进程的执行体分别添加打印"Hello，Contiki World!"和控制 LED 闪烁的代码，然后在 Contiki 的 main 函数中调用这两个进程即可实现多线程的运行。

(2)操作步骤。

步骤 1：按照图 8.2 所示，通过调试扩展板和串口线连接 JLink 仿真器到 STM32 开发板以及 PC 机，在 PC 机上打开串口助手，设置接收的波特率为 115200。

步骤 2：先将例程 blink-hello 整个文件夹拷贝到系统 \ contiki-2.6 \ zonesion \ example \ iar 源码目录，用 IAR for ARM 打开 blink-hello. eww 工程文件，选择菜单 Project 下 Rebuild All 选项进行编译，若没有错误，即可生成 blink-hello. hex 镜像文件。

步骤 3：给 STM32 开发板通电，运行 J-Flash ARM 软件，打开数据文件 blink-hello. hex，在主菜单 Target 中依次执行 Connect、Erase chip 和 Program&Verify 三步操作即可将程序烧写到无线节点底板的 STM32F103CB 处理器中。

步骤 4：下载完后将 STM32 开发板重新上电或者按下复位按钮让程序重新运行。

程序成功运行后，此时在 STM32 开发板可观察到 D4 和 D5 有规则的点亮，同时在串口助手中显示如图 8.13 所示。

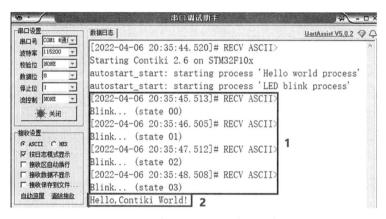

图 8.13 两个 Contiki 线程的运行情况

上面的信息显示，两个进程已开始运行，串口接收数据日志区显示 Blink…（state 01）时，可以看到 STM32 开发板上的 D4 亮，显示 Blink…（state 02）时，可以看到 D5 亮，显示 Blink…（state 03）时，可看到 D4 和 D5 同时亮。显示"Hello，Contiki World！"字符串时表明 hello 进程开始执行，并在串口数据日志区显示该字符串。

3. Contiki 进程间通信

进程通信的方式有多种，本节通信采用共享内存的方式，共享内存的方式是指相互通信的进程间设有公共内存，一组进程向该公共内存中写数据，另一组进程从公共内存中读数据，通过这种方式，两组进程间的信息实现交换。共享内存是最有用的进程间通信方式，也是最快的进程间通信形式。两个不同的进程 A、B 共享内存的意思是同一块物理内存被映射到进程 A、B 各自的进程地址空间，进程 A 可以即时看到进程 B 对共享内存中数据段的更新。

（1）基本任务。

在 zonesion \ proj \ user 组名的 event-post. c 文件中定义两个进程：一个是 count 进程，

另一个是 print 进程。在 count 进程中添加 LED 翻转效果，以便观察到 count 进程是否被执行，同时设置一个静态变量 count，只要 count 的值发生变化，print 进程可以即时地看到 count 数值的变化，并将其显示出来。blink-hello. c 的主要源码如下：

```
#include" contiki. h"
#include" dev/leds. h"
#include  < stdio. h >
static process_event_t event_data_ready;
/* 定义 count 和 print 进程 */
PROCESS( count_process," count process" );
PROCESS( print_process," print process" );
/* 将两个进程设置成自启动 */
AUTOSTART_PROCESSES( &count_process, &print_process);
PROCESS_THREAD( count_process, ev, data) {
    static struct etimer count_timer;
    static int count = 0;
    PROCESS_BEGIN( );
    event_data_ready = process_alloc_event( );
    etimer_set( &count_timer, CLOCK_SECOND/ 2) ;//设置定时器 2s
    leds_init( );   //LED 初始化
    leds_on( 1) ;   //点亮 LED1
    while( 1) {
        PROCESS_WAIT_EVENT_UNTIL( ev = = PROCESS_EVENT_TIMER);
        leds_toggle( LEDS_ALL);//LED 反转
        count + +;
        process_post( &print_process, event_data_ready, &count);
        etimer_reset( &count_timer);   }
    PROCESS_END( );
}
PROCESS_THREAD( print_process, ev, data) {
    PROCESS_BEGIN( );
    while( 1)       {
        PROCESS_WAIT_EVENT_UNTIL( ev = = event_data_ready);
        printf(" counter is %d\n\r",( *( int *)data));}
    PROCESS_END( );
```

}

在上述代码中，count_process 与 print_process 是怎么交互的呢？进程 count_process 执行到 PROCESS_WAIT_EVENT_UNTIL(*)语句，此时 etimer 还没到期，进程被挂起。转去执行 print_process，待执行到 PROCESS_WAIT_EVENT_UNTIL(*)语句，进程被挂起，因为 count_ process 还没 post 事件。而后再转去执行系统进程 etimer_process，若检测到etimer 到期，则继续执行 count_process，count + + 语句，并传递事件 event_data_ready 给 print_ process，初始化 timer，待执行到 PROCESS_WAIT_EVENT_UNTIL(while 死循环)语句，进程再次被挂起。转去执行 print_process，打印 count 的数值，待执行到 PROCESS_WAIT_E-VENT_UNTIL(*)语句进程又被挂起。再次执行系统进程 etimer_process，如此反复。

（2）操作步骤。

步骤 1：按照图 8.2 所示，通过调试扩展板和串口线连接 JLink 仿真器到 STM32 开发板以及 PC 机，在 PC 机上打开串口助手，设置接收的波特率为 115200。

步骤 2：先将例程 blink 整个文件夹拷贝到系统 \ contiki-2.6 \ zonesion \ example \ iar 源码目录，用 IAR for ARM 打开 blink. eww 工程文件，选择菜单 Project 下 Rebuild All 选项，进行编译，若没有错误，即可生成 blink. hex 镜像文件。

步骤 3：给 STM32 开发板通电，运行 J-Flash ARM 软件，打开数据文件 event-post. hex，在主菜单 Target 中依次执行 Connect、Erase chip 和 Program&Verify 三步操作即可将程序烧写到无线节点底板的 STM32F103CB 处理器中。

步骤 4：下载完后将 STM32 开发板重新上电或者按下复位按钮让程序重新运行。

程序成功运行后，此时 STM32 开发板在串口数据日志区有如图 8.14 所示串口数据。

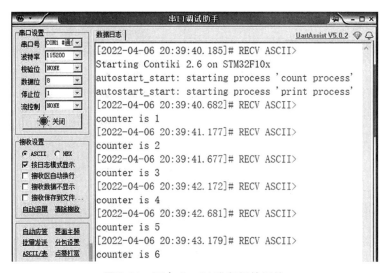

图 8.14　两个 Contiki 进程间的通信

图 8.14 中，第一行表示 Contiki-OS 系统已成功移植到 STM32 开发板中并成功运行。从第二行开始每看到 STM32 开发板上的 LED 亮一次，就会看到串口显示区的 counter 数值在增加，表明两个进程都在运行，且实现了进程之间的通信。

4. 按键位检测

（1）基本任务。

在 zonesion \ proj \ user 组名的 key-detect. c 文件中定义 buttons_test 进程，只需要在进程的执行体中实现按键位的操作即可，key-detec. c 的主要源码如下：

```
#include" contiki. h"
#include" contiki-conf. h"
#include" dev/leds. h"
//#include" dev/button-sensor. h"
#include" buttons-sensor. h"
//#include" dev/leds-arch. h"
#define DEBUG 1
#if DEBUG
#include < stdio. h >
#define PRINTF(...)printf(__VA_ARGS__)
#else/* DEBUG */
/* We overwrite (read as annihilate)all output functions here */
#define PRINTF(...)
#endif/* DEBUG */
#define LEDS_1 1
#define LEDS_2 2
extern const struct sensors_sensor button_1_sensor;
extern const struct sensors_sensor button_2_sensor;
//定义 buttons_test 进程
PROCESS(buttons_test_process," Button Test Process");
//将该进程设置成自启动
AUTOSTART_PROCESSES(&buttons_test_process);
PROCESS_THREAD(buttons_test_process,ev,data){
  struct sensors_sensor *sensor;
  PROCESS_BEGIN();
  while(1){
    PROCESS_WAIT_EVENT_UNTIL(ev == sensors_event);
```

```
    /* If we woke up after a sensor event, inform what happened */
    sensor = (struct sensors_sensor *)data;
  //按键1按下led1反转
    if(sensor = = &button_1_sensor){
      PRINTF(" Button 1 Press\n\r");
      leds_toggle(LEDS_1);    }
  //按键2按下led2反转
    if(sensor = = &button_2_sensor){
      PRINTF(" Button 2 Press\n\r");
      leds_toggle(LEDS_2);}  }
  PROCESS_END();
}
```

在上述代码中，buttons_test_process 进程的执行关键就是等待 sensors_event 事件的发生，事件一旦发生就将按钮的相关参数传递给 buttons_test_process 进程，该进程在执行时就会判断具体是哪一个按键，从而执行相应操作。那么这样分析下来，要理解该事件是如何产生的以及怎样将该事件传递给 buttons_test_process 进程，就要剖析 sensors_ event 事件，这个过程的时间是由 sensor.c 中的 sensor_process 进程来实现，那么该进程又是如何启动的呢？

从中断服务机制中可以得知，按下 K1 或者 K2 就会触发 1 个按键中断服务程序，那么在本应用中其实也是一样的，因为按键中断服务程序是最底层程序，在 Contiki 系统中要实现按键实验，也脱离不开最底层的按键中断服务程序，在 Contiki 系统中无中断的说法，而是存在各种各样的事件，当某一事件来临，就会执行相应的进程代码。那么底层的按键中断是如何与 sensor_event 事件关联在一起的呢？读者可通过分析按键中断服务程序源码得知。

（2）操作步骤。

步骤1：按照图 8.2 所示，通过调试扩展板和串口线连接 JLink 仿真器到 STM32 开发板以及 PC 机，在 PC 机上打开串口助手，设置接收的波特率为 115200。

步骤2：先将例程 key-detect 整个文件夹拷贝到系统 \ contiki-2.6 \ zonesion \ example \ iar 源码目录，用 IAR for ARM 打开 key-detect.eww 工程文件，选择菜单 Project 下的 Rebuild All 选项，进行编译，若没有错误，即可生成 key-detect.hex 镜像文件。

步骤3：给 STM32 开发板通电，运行 J-Flash ARM 软件，打开数据文件 key-detect.hex，在主菜单 Target 中依次执行 Connect、Erase chip 和 Program&Verify 三步操作即可将程序烧写到无线节点底板的 STM32F103CB 处理器中。

步骤4：下载完后将 STM32 开发板重新上电或者按下复位按钮让程序重新运行。

程序成功运行后，此时在 STM32 开发板上按下 K1 和 K2 键，可观察到 D4 和 D5 灯点亮；同时，在串口数据日志区有如图 8.15 所示串口数据。

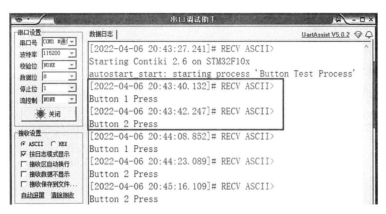

图 8.15　按键操作

图 8.15 中，串口数据接收日志区的 Starting Contiki 2.6 on STM32F10x 表明 Contiki-OS 成功移植到 STM32 开发板中，button1Press 表明 button_test 进程被成功调用，并执行相应按键检测操作。

5. 定时器 Timer 控制

Contiki 系统提供一组 timer 库，除了用于系统本身，也可以用于应用程序。timer 库包含一些实用功能，例如检查一个周期是否过去、在预定时间将系统从低功耗模式唤醒以及实时任务的调度。定时器也可在应用程序中使用，使系统与其他任务协调工作，或使系统在恢复运行前的一段时间内进入低功耗模式。

Contiki 系统有一个时钟模块和一组定时器模块：timer、stimer、ctimer、etimer、rtimer。本文采用 etimer 定时器模块，其库主要用于调度事件按预定时间周期来触发系统的进程，可使进程等待一段时间，以便于系统的其他功能运行或这段时间让系统进入低功耗模式。etimer 提供时间事件，当 etimer 时间到期，会给相应进程传递 PROCEE_EVENT_TIMER 事件，从而运行该进程。Contiki 系统有一个全局静态变量 timerlist，保存各 etimer 的是一个 etimer 链表，从第一个 etimer 到最后 NULL。

（1）基本任务。

在 zonesion \ proj \ user 组名的 timer-test. c 文件中定义 clock_test 进程，只需要在 clock_test 的执行体中实现定时器的操作即可。timer-test. c 文件的主要源码如下：

#include" contiki. h"
#include" sys/clock. h"
#include" sys/rtimer. h"

```
#include" dev/leds. h"
#include  < stdio. h >
static struct etimer et;
static unsigned long sec;
static clock_time_t count;
static uint8_t i;
//定义 clock_test 进程
PROCESS( clock_test_process," Clock test process" );
//将该进程定义成自启动
AUTOSTART_PROCESSES( &clock_test_process);
PROCESS_THREAD( clock_test_process,ev,data){
  PROCESS_BEGIN( );
  etimer_set( &et,2 * CLOCK_SECOND);  //设置定时器 2s
  PROCESS_YIELD( );
  /* Clock tick and etimer test*/
  printf(" Clock tick and etimer test,1 sec ( %u clock ticks):\n\r" ,CLOCK_
      SECOND);
  i =0;
  while( i < 10){
    etimer_set( &et,CLOCK_SECOND);//设置定时器 1s
    PROCESS_WAIT_EVENT_UNTIL( etimer_expired( &et));
    etimer_reset( &et);
    count = clock_time( );
    printf(" %u ticks\n\r" ,count);
    leds_toggle( LEDS_RED);
    i + +;   }
  / * Clock seconds test * /
  printf(" Clock seconds test (5s):\n\r" );
  i =0;
  while( i < 10){
    etimer_set( &et,5 * CLOCK_SECOND);//设置定时器 5s
    PROCESS_WAIT_EVENT_UNTIL( etimer_expired( &et));
    etimer_reset( &et);
    sec = clock_seconds( );
```

```
        printf("%lu seconds\n\r",sec);
        leds_toggle(LEDS_GREEN); //LED 反转
        i++;}
    printf("Done! \n\r");
    PROCESS_END();
}
```

（2）操作步骤。

步骤 1：按照图 8.2 所示，通过调试扩展板和串口线连接 JLink 仿真器到 STM32 开发板以及 PC 机，在 PC 机上打开串口助手，设置接收的波特率为 115200。

步骤 2：先将例程 timer-test 整个文件夹拷贝到系统 \ contiki-2.6 \ zonesion \ example \ iar 源码目录，用 IAR for ARM 打开 timer-test. eww 工程文件，选择菜单 Project 下 Rebuild All 选项，进行编译，若没有错误，即可生成 blink. hex 镜像文件。

步骤 3：给 STM32 开发板通电，运行 J-Flash ARM 软件，打开数据文件 timer-test. hex，在主菜单 Target 中依次执行 Connect、Erase chip 和 Program &Verify 三步操作即可将程序烧写到无线节点底板的 STM32F103CB 处理器中。

步骤 4：下载完后将 STM32 开发板重新上电或者按下复位按钮让程序重新运行。

程序成功运行后，此时 STM32 开发板在串口数据日志显示结果如图 8.16 所示。

图 8.16　时钟测试结果

图 8.16 中，串口数据接收日志区的"Starting Contiki 2.6 on STM32F10x"表明 Contiki-OS 系统已成功移植到 STM32 开发板中。

6. LCD 显示控制

通过显示屏的芯片手册，我们得知：STM32 开发板是利用 SPI 总线与 LCD 屏进行通信的，显示屏的正常工作是需要 STM32 开发板通过 SPI 总线向其发送相关初始化指令，因此显示屏驱动的实现分为两个步骤：SPI 总线初始化和 LCD 模块初始化。

SPI 总线由 SCK、MISO 和 MOSI 等引脚组成，要完成 SPI 总线初始化首先需要实现其相关引脚 IO 口的初始化，然后再来配置 SPI 总线。本文中的源代码都是采用 STM32 的官方库实现的。SPI 总线驱动实现完成后，就需要进行 LCD 模块的初始化，要完成对 LCD 模块的初始化只需要向其发送相关的初始化指令即可。

LCD 模块在初始化时通过调用 write_command( ) 和 write_data( ) 两个方法来实现 STM32 开发板向 LCD 模块发送数据，同时这两个方法是实现 LCD 屏内容显示的核心方法，LCD 屏显示内容之前需要先通过 write_command( ) 方法向 LCD 模块发送相关的控制令，然后再调用 write_data( ) 方法向 LCD 模块发送 LCD 屏显示的数据内容。

LCD 显示进程调用 Display_ASCII6X12 方法，该方法的功能就是在 LCD 屏上的任意位置显示 6×12 点阵大小的字符，同时可以指定字符显示的颜色。另外根据 LCD 屏的工作原理，要在 LCD 屏上显示 6×12 点阵的字符，必须要在源代码中生成一个 6×12 点阵大小的字符库，比如 ASCII 字符库，否则将不能在 LCD 屏上显示正确的字符信息。

（1）基本任务。

LCD 屏的驱动实现之后，就需要实现 LCD 屏显示的进程，让 LCD 屏上分行显示不同颜色的"This is a LCD example"，lcd. c 文件所在组名和源码如图 8.17 所示。

图 8.17 lcd. c 文件组名和源码

（2）操作步骤。

步骤 1：按照图 8.2 所示，通过调试扩展板和串口线连接 JLink 仿真器到 STM32 开发板以及 PC 机，在 PC 机上打开串口助手，设置接收的波特率为 115200。

步骤 2：先将例程 lcd 整个文件夹拷贝到系统 \ contiki-2.6 \ zonesion \ example \ iar 源码目录，用 IAR for ARM 打开 lcd. eww 工程文件，选择菜单 Project 下 Rebuild All 选项进行编译，若没有错误，即可生成 lcd. hex 镜像文件。

步骤 3：给 STM32 开发板通电，运行 J-Flash ARM 软件，打开数据文件 lcd. hex，在主菜单 Target 中依次执行 Connect、Erase chip 和 Program & Verify 三步操作即可将程序烧写到无线节点底板的 STM32F103CB 处理器中。

步骤 4：下载完后将 STM32 开发板重新上电或者按下复位按钮让程序重新运行。

程序成功运行后，在 STM32 开发板的 LCD 屏上显示的结果如图 8.18 所示。

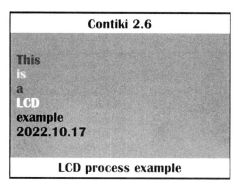

图 8.18　时钟测试结果

图 8.18 中，串口数据接收日志区的"Starting Contiki 2. 6 on STM32F10x"表明 Contiki-OS 成功移植到 STM32 开发板中。

8.2　基于 Contiki 的无线网络

基于 Contiki 的无线网络用到的无线模块有蓝牙、WiFi、802. 15. 4 节点等，运用 IPv6、UDP 和 TCP 等协议实现节点间的通信，以及节点与 PC 之间的通信，这些通信实例都是根据模板工程修改而来。所以在学习多种网络组网通信之前，我们先解析一下模板工程，了解工程的目录结构以及相应的功能。

工程模板的基本任务：选择 802. 15. 4 模块(STM32W108)，无线模块(也可选择 WiFi、蓝牙模块)插到 STM32 无线节点板上，通过 LCD 进程在屏幕上显示无线模块的 MAC 地址等信息，同时添加了一个 helloworld 串口打印进程，在串口助手中显示"Hello World!"。

(1)Contiki 网络工程目录结构。

双击 contiki-2.6 \ zonesion \ example \ iar \ template 目录下的 zx103. eww 文件打开模板工程，在 IAR 左边窗口 Workspace 的下拉框中，可看到如图 8.19 所示的几个子工程，选择不同的子工程，工程的配置、源文件的编译都会有所不同。

图 8.19 中，rpl 指 802. 15. 4 节点工程，该工程基于 802. 15. 4 的 IPv6 节点组网，实现对多种传感器数据采集，并上报给 802. 15. 4 网关，这种模式的无线节点既可以充当终端节点功能，也可以充当路由功能；rpl-border-router 指 802. 15. 4 网关工程，负责收集并转

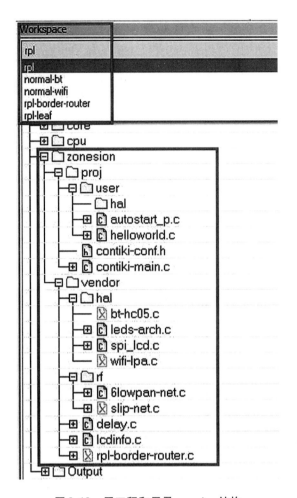

图 8.19　子工程和目录 zonesion 结构

发 802.15.4 节点上传的数据；normal-bt 指蓝牙节点工程，该工程基于蓝牙 IPv6 节点组网，实现对多种传感器的数据采集，并上报给蓝牙网关；normal-wifi 指 WiFi 节点工程，该工程基于 WiFi 的节点组网，实现对多种传感器的数据采集，并上报给 WiFi 网关；rpl-leaf 指叶子节点工程，该工程是基于 802.15.4 的 IPv6 节点组网，实现对多种传感器的数据采集，并上报给 802.15.4 网关，这种模式的无线节点只充当终端节点的功能。

　　每个子工程目录结构都一致，选择不同的子工程后都可以看到对应工程的目录结构。

　　① apps。

　　目录主要是 CoAP 应用层协议的 API，在应用层编码时就要用到 CoAP 的相关 API。

　　② core。

　　这个目录是 Contiki 系统的核心源代码，没有这些核心文件，Contiki 系统就无法运行，这个目录里面又分成 dev、lib、net、sys 子目录。其中，dev 是系统自带的外部设备接口 API，例如 led 点亮、熄灭的 API 等；lib 是系统自带的一些基本常用的 API 库文件，例如

CRC 校验、随机数等；net 是关于系统网络文件，例如 rpl 协议、rime 协议、6lowpan 协议、uip 协议等网络协议的实现；sys 是系统文件，包括系统进程、事件驱动、protothread 机制、系统定时器等系统功能的实现。

③ cpu。

不同厂商 CPU 运行相关 Contiki 的文件也不一样。比如本书中的 Contiki 是运行在 ARM 芯片上，芯片型号为 STM32F10x 系列，STM32F10x 目录下有 dev、STM32F10x_StdPeriph_Lib 子目录和 clock. c 文件。其中，dev 是基于 STM32 芯片外部设备的驱动程序；STM32F10x_StdPeriph_Lib 是 ST 公司提供的 STM32 芯片的官方库文件；clock. c 是 Contiki 系统在 CPU 芯片上运行的时钟配置程序，Contiki 系统移植的关键就是修改这个文件。

④ zonesion。

此目录主要是工程中自定义的一些进程文件、硬件设备驱动以及 main 文件，用户若要修改成自定义工程，只要更改此目录的某些文件即可。目录结构展开后如图 8.19 所示。

图 8.19 中，zonesion 目录有 proj、vendor 子目录：proj 与工程有关，主要存放用户自定义的进程文件(如 helloworld. c)、用户自定义硬件驱动程序、程序入口文件 contiki-main. c 等；vendor 主要是蓝牙、WiFi、802.15.4 网络设备和 LCD 显示模块等公用设备的驱动程序。rf 文件夹的 6lowpan-net. c 的作用是将网络层的数据包发送给 802.15.4 网络设备；slip-net. c 的作用是将网络层数据包发送给蓝牙、WiFi 网络设备；delay. c 是自定义实现的延时函数；lcdinfo. c 是实现 LCD 屏显示的进程文件；rpl-border-router. c 是 802.15.4 网关，也称边界路由器实现的源程序。

(2)工程配置解析。

在工程模板中用到 Contiki 系统的网络、库函数、系统接口、CoAP 应用、STM32 库文件、用户自定义驱动等文件，在编译时就需要找到相应头文件，因此在配置工程时就需要记录这些头文件的路径。另外，由于工程模板涵盖 WiFi、蓝牙、802.15.4 节点等组网功能的所有源码，而在实际编译烧写过程中只会选择编译其中的一部分，需要宏定义配置编译选项。

(3)contiki-main. c 文件解析。

为了实现 WiFi、蓝牙、802.15.4 等节点组网，工程模板唯一用到的 contiki-main. c 已实现实例中所有功能调用，然而不同功能调用的代码前后添加条件编译，这样就确保了根据设置不同的宏定义或者选择不同的子工程，就编译相应的功能。

(4)运行工程模板。

步骤 1：将烧写好射频驱动程序的 STM32W108 模块连接到 STM32 开发板，LCD 显示屏正确插到开发板上。按照图 8.2 所示，通过串口线和编程数据线连接调试扩展板、JLink 仿真器、STM32 开发板以及 PC 机，在 PC 机上打开串口助手，设置接收的波特率为 115200。

步骤2：先将 template 工程模板整个文件夹拷贝到系统 \ contiki-2.6 \ zonesion \ example \ iar 源码目录，用 IAR for ARM 打开 template. eww 文件，在 workspace 下拉列表中选择 rpl 工程，选择菜单 Project 的 Rebuild All 选项进行编译，若没有错误即可生成 zx103. hex 镜像文件。

步骤3：给 STM32 开发板通电，运行 J-Flash ARM 软件，打开数据文件 zx103. hex，在主菜单 Target 中依次执行 Connect、Erase chip 和 Program & Verify 三步操作即可将程序烧写到无线节点底板的 STM32F103CB 处理器中。

步骤4：下载完后将 STM32 开发板重新上电或按下复位按钮让程序重新运行。

程序成功运行后，在 STM32 开发板的 LCD 屏上会显示与 802. 15. 4 节点相关的信息，如 Contiki 信息、模块 MAC 地址等，如图 8. 20 所示，同时在串口助手显示的内容如图 8. 21 所示。

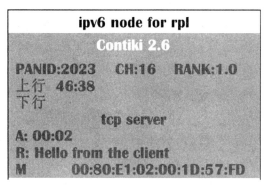

图 8.20　模板工程 LCD 屏显示的信息　　　　图 8.21　串口助手上显示的信息

8.2.1　实例1：IPv6 网关软件的设计

在计算机网络中，TUN 与 TAP 是操作系统内核中的虚拟网络设备。不同于普通靠硬件网卡实现通信，这些虚拟网络设备全部用软件实现通信，并向运行于操作系统上的软件提供与硬件的网络设备完全相同的功能。TAP 等同于一个以太网设备，操作第二层数据包，如以太网数据帧。TUN 模拟网络层设备，操作第三层数据包，比如 IP 数据封包。操作系统通过 TUN/TAP 设备向绑定该设备的用户空间的程序发送数据，反之，用户空间的程序也可以像操作硬件网络设备那样，通过 TUN/TAP 设备发送数据。在后一种情况下，TUN/TAP 设备向操作系统的网络栈投递（或注入）数据包，从而模拟从外部接收数据的过程。

因基于 Contiki 实现网关与节点间通信时，不同节点以不同方式与网关通信，故而网关将所有不同通信方式统一中转到 TUN/TAP 虚拟网路设备进行处理；由于 TUN/TAP 接收的是 IPv6 数据包，而网关驱动接收的是 SLIP 数据包，故需使用 Tunslip6 服务进行 SLIP 数据包与 IPv6 数据包的转换。

1. SLIP

串行线路互联网协议 SLIP(Serial Line Internet Protocol)被用于运行 TCP/IP 的点对点串行连接，有时也用于拨号连接，使用线路速率一般介于 1200bps 和 19.2Kbps 之间。SLIP 允许主机和路由器混合连接通信，比如主机—主机、主机—路由器、路由器—路由器的配置，因而非常有用。

SLIP 只是一个包组帧协议，仅定义在串行线路上将数据包封装成帧的一系列字符，它没有提供寻址、包类型标识、错误检查/修正或者压缩机制。SLIP 定义 END 和 ESC 两个特殊字符。END 是八进制的 300，十进制的 192；ESC 是八进制的 333，十进制的 219。发送分组时，SLIP 主机只简单地发送分组数据。如果数据中有一个字节与 END 字符编码相同，就连续传输两个字节 ESC 和八进制的 334，十进制的 220。如果与 ESC 字符相同，就连续传输两个字节 ESC 和八进制的 335，十进制的 221。当分组最后一个字节发出后，再传送一个 END 字符。

2. WiFi 和 Bluetooth 网络信息

在 IPv6 实验箱中，WiFi 网络组成星形网，通过 Android 设置 S210 网关的 WiFi 模块为 AP 热点模式，HF-LPA 无线节点将自动连接到指定的 WiFi 热点。在多台实验箱进行实验时，必须通过修改需要连接的 WiFi 热点名称来避免网络冲突。

Bluetooth 网络也是一个星形网，S210 网关的蓝牙模块设置为 Master 模式，蓝牙 HC05 节点通过与网关的蓝牙模块进行配对连接后才能进行通信。

3. IPv6 网关架构

三种不同节点与网关进行通信的方式也不一样，如图 8.22 所示。例如：802.15.4 模块通过串口连接与网关通信，HC05 模块通过 USB 连接于蓝牙网络与网关通信，HF-LPA 模块通过 USB 连接于 WiFi 网络与网关通信；为了实现多网融合通信，IPv6 网关将三种不同的通信渠道统一中转到进行 TUN/TAP 虚拟网络设备处理，保证 802.15.4 子网，蓝牙子网、WiFi 子网同时在 IPv6 网关上正常通信。

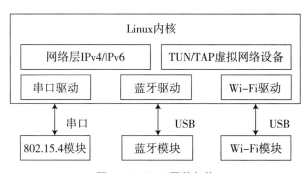

图 8.22　IPv6 网关架构

4. 无线模块网络地址实现与计算

uip_ds6_set_addr_iid(uip_ipaddr_t * ipaddr，uip_lladdr_t * lladdr)方法实现 802.15.4 无线模块、蓝牙模块、WiFi 模块的网络地址生成。当无线模块 MAC 地址长度（UIP_LLADDR _LEN）为 8 时，表示该地址是 802.15.4 无线模块的，此时模块网络地址生成公式为网关地址 + 无线模块 MAC 的第 1 个字节与 0x02 取异或 + 无线模块 MAC 的第 2 至第 8 个字节。当无线模块 MAC 地址长度为 6 时，表示该地址是蓝牙或 WiFi 模块的，此时模块地址生成公式为蓝牙/WiFi 网关网络地址 + 0x02 + 0xfe + 蓝牙/WiFi 无线模块地址第 1 至第 6 个字节。

5. 802.15.4 边界路由器与网关通信实现

智能网关上 802.15.4 节点称为边界路由器（border-router），它通过串口和网关相连。边界路由器与其他 802.15.14 节点不同，它会创建一个面向目的地的有向非循环图（Destination Oriented Directed Acyclic Graph，DODAG），然后其他节点加入到这个 DAG。边界路由器通过 set_prefix_64(uip_ipaddr_t * prefix_64)方法创建一个 DODAG，该方法实现过程为边界路由器通过串口 slip 协议获取网络地址后，先通过 uip_ds6_set_addr_lld( )和 uip_ds6 _addr_add( )来给自身配置一个 IPv6 的地址，然后通过 rpl_set_root 来创建一个新的 DOD-AG。

配置 802.15.4 网关服务。启动 S210 网关时，Android 系统会读取 linux 文件系统根路径下的 init.smdv210.rc 文件，并加载其中配置的服务，故在该文件中添加 tunslip6_802154 服务，默认网关系统已经配置，该服务的作用是启用 TUN 设备到串口/dev/s3c2410_serial2 的转发，并指定 tun0 的网络地址为 aaaa：：11/64。

6. 智能网关蓝牙的 IPv6 网络实现

Tunslip6 服务不仅能将 TUN 虚拟设备发过来的 IPv6 数据包转换成 SLIP 数据包后转发给串口，还可以将 TUN 虚拟设备发过来的 IPv6 数据包转换成 SLIP 数据包后转发到指定的服务程序，通过指定服务程序所在的 IP 地址和端口将 SLIP 数据包转发给蓝牙驱动/WiFi 驱动。蓝牙设备通信正是基于这一思想实现的。用户 App 将 IPv6 数据包请求发送给 TUN 虚拟设备，Tunslip6 服务将 TUN 虚拟设备发过来的 IPv6 数据包转换成 SLIP 数据包，Tunslip6 服务与 BT Server 服务建立 TCP 连接后，通过 60001 端口转发给 BT Server，BT Server 通过该端口号将 SLIP 数据包转发给网关底层的 BT 驱动，继而通过蓝牙模块将 SLIP 数据包转发给网络上其他的蓝牙模块节点。

配置蓝牙网关服务，启动 S210 网关，Android 读取 Linux 系统根路径的 init.smdv210.rc 文件并加载其中配置的服务，在该文件中添加 tunslip6_bt 服务，默认网关已配置，指定蓝牙子网网关名为 tun1，网络地址 aaaa：1：：1/64，即 aaaa：1：：1 的前 64 位。

7. 智能网关 WiFi 的 IPv6 网络实现

在 IPv6 组网中，HF-LPA 节点工作在 STA 模式，网关的 WiFi 工作在 AP 模式。这样就可将多个无线节点组成一个网络。网关 WiFi 网工作流程与蓝牙网类似。用户 App 将 IPv6 数据包请求发送给 TUN 虚拟设备，Tunslip6 服务将虚拟设备发过来的 IPv6 数据包转换成 SLIP 数据包，Tunslip6 服务与 WiFi Server 服务建立 TCP 连接后通过端口 8899 将 SLIP 数据包转发给 WiFi Server，后者通过该端口号将 SLIP 数据包转发给网关底层的 WiFi 驱动，继而通过 WiFi 模块将 SLIP 数据包转发给网络上其他的 HF-LPA 节点。

配置 WiFi 网关服务，启动 S210 网关，Android 读取 linux 系统根路径的 init. smdv210. rc 文件并加载其中配置的服务，在文件中添加 tunslip6_wifi 服务，默认网关已经配置，指定 WiFi 子网网关名为 tun2，网络地址 aaaa：2:: 1/64，即 aaaa：2:: 1 的前 64 位。

8. 工程模板测试

步骤 1：正确连接 JLink 仿真器到 PC 机和 STM32W108 无线协调器。

步骤 2：将 template 工程模板整个文件夹拷贝到系统 \ contiki-2. 6 \ zonesion \ example \ iar 目录，用 IAR for ARM 打开 template. eww，在 workspace 下拉列表选择 rpl-border-router 工程，选择菜单 Project 的 Rebuild All 选项进行编译，若没有错误即可生成 zx103. hex 镜像文件。

步骤 3：通过 5V 电源适配器给 STM32W108 无线协调器通电，运行 J-Flash ARM 软件，打开数据文件 zx103. hex，在主菜单 Target 中依次执行 Connect、Erase chip 和 Program & Verify 三步操作即可将程序烧写到 STM32W108 无线协调器中。

步骤 4：配置 IPv6 网络。启动 S210 网关，依次单击"设置"→"无线和网络"→"蓝牙"→"打开蓝牙"；单击"设置"→"以太网络"→"打开网络"打开以太网；运行"网关设置"App，将后三项服务选项都勾选上，设置完成后在通知栏会出现 WiFi 热点和蓝牙图标，如图 8.23 所示。

图 8. 23　启动 IPv6 网关服务

退出图 8.23 的界面，用网线连接 PC 端与 S210 网关，当 PC 端网线插槽与 S210 网线插槽处灯不停闪烁，表示 PC 机与 S210 网关已连接到同一个局域网内。

步骤 5：将 STM32W108 无线协调器重新上电或按下复位按钮让程序重新运行。

程序成功运行后，LCD 屏上显示与 802.15.4 协调器相关的信息，如 Contiki 信息、模块 MAC 地址等，如图 8.24 所示。

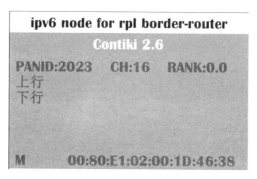

图 8.24　无线协调器 STM32W108 屏幕显示信息

8.2.2　实例 2：无线节点间 UDP 通信

UDP 是用户数据包协议（User Datagram Protocol）的简称，位于 OSI 模型中的传输层，不提供数据报分组、组装和不能对数据包排序，是一种无连接的传输层协议，即当报文发送之后，是无法得知其是否安全完整到达的，提供面向事务的简单不可靠信息传送服务。

UDP 协议的主要作用是将网络数据流量压缩成数据报的形式。每一个数据报的前 8 个字节用来存储报头信息，剩余字节则用来存储具体的传输数据。

报头由源端口号、目标端口号、数据报长度、校验值 4 个域组成，每个域各占用 2 个字节，使用端口号为不同的应用保留其各自的数据传输通道。数据发送一方（可以是客户端或服务器端）将 UDP 数据报通过源端口发送出去，而数据接收一方则通过目标端口接收数据。报头中的校验值保证数据的安全。包含报头在内的数据包的最大长度从理论上说为 65535 字节。不过，一些实际应用往往会限制数据包大小，有时会降低到 8192 字节。校验值首先在数据发送方通过特殊的算法计算得出，在传递到接收方之后，还需要再重新计算。如果某个数据报在传输过程中被第三方篡改或者由于线路噪声等原因受到损坏，发送方和接收方的校验计算值将不会相符，由此 UDP 协议可以检测是否出错，但不做错误校正，只是简单地把损坏的消息段扔掉，或者给应用程序提供警告信息。

UDP 传输数据之前发送端和接收端不建立连接，当它想传送时就简单地去抓取来自应用程序的数据，并尽可能快地把它扔到网络上。在发送端，UDP 传送数据的速度仅仅是受应用程序生成数据的速度、计算机的能力和传输带宽的限制；在接收端，UDP 把每个消息段放在队列中，应用程序每次从队列中读一个消息段。虽然 UDP 是一个不可靠的协议，但它是分发信息的一个理想协议，在实际生活中应用广泛。例如，在屏幕上报告股票市场、在屏幕上显示航空信息、大多数因特网电话软件以及多媒体应用 Progressive Networks 公司开发的 Real Audio 软件等等。

1. 基本任务

选择两块 STM32W108 无线节点，实现任意两个节点间的 UDP 通信，一个节点作为 UDP 服务器端，另一个作为客户端。服务器端接收客户端发过来的数据后通过串口助手显示出来，然后回送给客户端。客户端程序运行后定时给服务器端发送数据，同时在串口助手显示收到服务端端发过来的数据。无线节点也可以选择其他无线节点通信，比如 WiFi 无线节点、蓝牙无线节点、含 STM32 芯片的 CC2530 无线节点。

2. Contiki 中 UDP 编程

uip_udp_new( )函数是用来建立一个 UDP 连接的，入口参数是远程 IP 地址和远程端口号。uip_udp_new 函数将远程 IP 地址和端口写入 uip_udp_conns 数组中的某一个位置，并返回它的地址。系统支持最大连接数量就是这个数组的大小，可通过 UIP_UDP_CONNS 宏来定义它的值。当网卡收到数据时，uip_process 进程会遍历 uip_udp_conns 数组，如果当前包的目的地端口与本机端口不匹配，或者远程端口与 uip_udp_new 中的端口不匹配时，那么系统会直接丢弃这个包。如果要创建一个服务器模式的 UDP 连接，则可以将远程 IP 地址设为 NULL，端口设为 0，然后调用 udp_bind( )函数绑定到本地端口。uip_newdata( )函数用来检查是否有数据需要处理，如果收到数据会存放在 uip_appdata 指向的地址中，通过 uip_datalen( )函数可以知道收到数据的长度。

3. 服务器端编程

udp-server. c 程序主要代码解析如下：
```
PROCESS_THREAD(udp_process,ev,data){
PROCESS_BEGIN( );
PRINTF(" UDP server started\n\r" );
Display_ASCII6X12_EX(0,LINE_EX(4)," udp server",0);//在屏幕上显示
    " udp server"
Display_ASCII6X12_EX(0,LINE_EX(5)," A:",0);//在屏幕上显示"A:"
Display_ASCII6X12_EX(0,LINE_EX(6)," R:",0);//在屏幕上显示"R:"
print_local_addresses( );//显示本地地址
server_conn = udp_new(NULL,UIP_HTONS(0),NULL);//分配一个 UDP 接口
udp_bind(server_conn,UIP_HTONS(3000));//将 UDP 接口绑定到本地的 3000 端口
while(1){    PROCESS_YIELD( );
```

```
    if( ev = = tcpip_event) tcpip_handler( ) ;}              //处理 TCPIP 事件
    PROCESS_END( ) ;
}
static void tcpip_handler( void) {
if( uip_newdata( ) ) {//检查是否有新的数据
( ( char * ) uip_appdata) [ uip_datalen( ) ] = 0 ;
PRINTF(" Server received:'%s ' from " ,( char * ) uip_appdata) ;
    //显示发送数据的客户端 IP 地址
PRINT6ADDR( &UIP_IP_BUF- > srcipaddr) ;
PRINTF(" \n\r" ) ;
sprintf( buf," %02X:%02X" ,UIP_IP_BUF- > srcipaddr. u8[ 14] ,UIP_IP_BUF- >
    srcipaddr. u8[ 15] ) ;
Display_ASCII6X12_EX( 12,LINE_EX( 5) ,( char * ) buf,0) ;
    //在屏幕上显示 client 节点 MAC 地址后两位
Display_ASCII6X12_EX( 12,LINE_EX( 6) ,( char * ) uip_appdata,0) ;
    //在屏幕上显示服务器端接收的数据
//设置发送数据目的地地址为客户端 IP 地址和端口
uip_ipaddr_copy( &server_conn- > ripaddr,&UIP_IP_BUF- > srcipaddr) ;
server_conn- > rport = UIP_UDP_BUF- > srcport;
delay_ms( 200) ;
uip_udp_packet_send( server_conn,uip_appdata,uip_datalen( ) ) ;
    //将数据返回给客户端
//清除客户端信息,使得可以再次接收其他客户端数据
memset( &server_conn- > ripaddr,0,sizeof( server_conn- > ripaddr) ) ;
server_conn- > rport = 0 ;}
}
```

4. 客户端编程

程序 udp-client. c 主要代码解析如下:

```
PROCESS_THREAD( udp_process,ev,data) {
static struct etimer et;
uip_ipaddr_t ipaddr;
PROCESS_BEGIN( ) ;
PRINTF(" UDP client process started\n" ) ;
Display_ASCII6X12_EX( 0,LINE_EX( 4) ," udp client" ,0) ;//在屏幕上显示" udp client"
```

```
Display_ASCII6X12_EX(0,LINE_EX(5)," S:",0);//在屏幕上显示" S:"
Display_ASCII6X12_EX(0,LINE_EX(6)," R:",0);//在屏幕上显示" R:"
print_local_addresses();//显示本地地址
set_connection_address(&ipaddr);//设置服务器 IP 地址
/* new connection with remote host */
//创建一个到服务器端口 3000 的 UDP 连接
client_conn = udp_new(&ipaddr,UIP_HTONS(3000),NULL);
PRINTF(" Created a connection with the server ");
PRINT6ADDR(&client_conn- > ripaddr);
PRINTF(" local/remote port %u/%u\n\r",
UIP_HTONS(client_conn- > lport),UIP_HTONS(client_conn- > rport));
etimer_set(&et,SEND_INTERVAL);//设置定时器,定时间隔为一秒
while(1){
PROCESS_YIELD();
if(etimer_expired(&et)){//检测定时器是否超时
    timeout_handler();//定时器超时处理,发送数据给服务器
    etimer_restart(&et);//重置定时器
} else if(ev = = tcpip_event)  tcpip_handler();//处理 TCPIP 事件(服务器回复的数据)
    PROCESS_END();
}
static void tcpip_handler(void){
char *str;
if(uip_newdata()){
str = uip_appdata;
str[uip_datalen()] = '\0 ';
printf(" Response from the server:'%s '\n\r",str);
//在屏幕上显示的"R:"后显示接收到服务器端的数据
Display_ASCII6X12_EX(12,LINE_EX(6),str,0);}
}
static void timeout_handler(void){
static int seq_id;
printf(" Client sending to:");
PRINT6ADDR(&client_conn- > ripaddr);//打印地址
sprintf(buf," Hello %d from the client", + +seq_id);
```

```
printf("(msg:%s)\n\r",buf);
uip_udp_packet_send(client_conn,buf,UIP_APPDATA_SIZE);
uip_udp_packet_send(client_conn,buf,strlen(buf));
//在屏幕上显示的"S:"后显示客户端发送的信息
Display_ASCII6X12_EX(12,LINE_EX(5),buf,0);
}
```

5. 实例测试

步骤1：部署802.15.4子网网关环境，确保PC端与802.15.4子网网关以及802.15.4边界路由器能进行正常通信。

步骤2：编译固化udp-server程序到服务端STM32W108无线节点，通过调试转接板将JLink仿真器连接到PC机和无线节点板，同时调试转接板通过USB mini线连接到PC机。打开PC上串口助手，设置接收的波特率为115200。

步骤3：将udp-ipv6工程整个文件夹拷贝到系统 \ contiki-2.6 \ zonesion \ example \ iar目录，用IAR for ARM打开udp-server. eww，在workspace下拉列表选择rpl工程，修改PANID和Channel并保持与STM32W108无线协调器一致，选择菜单Project的Rebuild All选项进行编译，若没有错误即可生成udp-server. hex镜像文件。

步骤4：通过5V电源适配器给STM32W108无线节点通电，运行J-Flash ARM软件，打开udp-server. hex数据文件，在主菜单Target中依次执行Connect、Erase chip和Program & Verify三步操作即可将程序烧写到STM32W108无线节点中。将服务器端STM32W108无线节点重新上电，屏幕会显示当前无线节点的MAC地址，比如00：80：E1：02：00：1D：57：FD。

步骤5：编译固化udp-client程序到客户端STM32W108无线节点，烧写镜像文件方法类似udp-server固件，在编译之前需要修改udp-client. c文件，修改PANID和Channel并保持与STM32W108无线协调器一致，将UDP_SERVER_ADDR修改为服务器端无线节点的网络地址，比如"#define UDP_SERVER_ADDR aaaa：：0280：e102：001d：57fd"。下载完后，将客户端STM32W108无线节点重新上电或者按下复位按钮，让刚才下载的程序重新运行。

步骤6：测试节点间组网是否成功。对于802.15.4无线节点，可通过无线节点屏幕显示的RANK值判断组网是否成功。重启客户端无线节点、服务器端无线节点、边界路由器无线节点。组网成功，边界路由器屏幕RANK值显示0.0(表示顶级节点)，且客户端无线节点、服务器端无线节点屏幕RANK值显示5.0以下的值，值越小表示网络越稳定；组网不成功；RANK值显示"-. --"表示客户端节点与服务器端节点组网不成功。而对于蓝牙无线节点或WiFi无线节点，也可通过无线节点屏幕显示的LINK值判断组网是否成功，即屏幕显示LINK值为off表示组网不成功；值为on表示组网成功。

步骤 7：查看节点间 UDP 通信信息。

UDP 客户端节点与对应服务器端节点组网成功后，可通过屏幕信息来查看节点间通信情况。服务器端显示客户端 MAC 地址并不断接收客户端发送的信息"Hello ｛i｝ from the client"，其中 i 不断递增，服务器端接收到消息的同时，将接收消息发送给客户端，如图 8.25 所示。

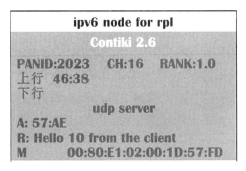
图 8.25　服务端 UDP 节点显示信息

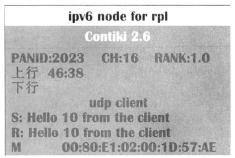
图 8.26　客户端 UDP 节点显示信息

客户端不断向服务器端发送消息"Hello ｛i｝ from the client"，其中 i 不断递增，客户端发送消息的同时，接收服务器端发送给客户端的消息如图 8.26 所示。

8.2.3　实例 3：无线节点间 TCP 通信

TCP 是一种面向连接的、可靠的、基于字节流的运输层控制通信协议（Transmission Control Protocol），使用三次握手协议建立连接。当应用层向 TCP 层发送用于网间传输的用 8 位字节表示的数据流时，TCP 则把数据流分割成适当长度的报文段，最大传输段大小通常受该计算机连接的网络的数据链路层的最大传送单元限制。之后 TCP 把数据包传给 IP 层，由它通过网络将包传送给接收端实体的 TCP 层。

TCP 为了保证报文传输的可靠，就给每个包一个序号，同时序号也保证了传送到接收端实体的包的按序接收。然后接收端实体对已成功收到的字节发回一个相应的确认字节；如果发送端实体在合理的往返时延内未收到确认，那么对应的数据（假设丢失了）将会被重传。在数据正确性与合法性上，TCP 用一个校验和函数来检验数据是否有错误，在发送和接收时都要计算校验和；同时可以使用 MD5 认证对数据进行加密；在保证可靠性上，采用超时重传和捎带确认机制；在流量控制上，采用滑动窗口协议，协议中规定，对于窗口内未经确认的分组需要重传；在拥塞控制上，采用广受好评的 TCP 拥塞控制算法，该算法包括三个主要部分：加性增、乘性减；慢启动；对超时事件做出反应。

UDP 和 TCP 协议的主要区别是两者在如何实现信息的可靠传递方面。TCP 协议中包含了专门的传递保障机制，当数据接收方收到发送方传来的信息时，会自动向发送方发出确认消息；发送方只有在接收到该确认消息之后才继续传送其他信息，否则将一直等待直到收到确认信息为止。与 TCP 不同，UDP 协议并不提供数据传送的保障机制。如果在从发送方到接收方的传递过程中出现数据报的丢失，协议本身并不能做出任何检测或提示。因此，通常人们把 UDP 协议称为不可靠的传输协议，将 TCP 协议称为可靠的传输协议。具体几点区别为：TCP 协议面向连接，UDP 面向非连接；TCP 协议传输速度慢，UDP 传输速度快；TCP 有丢包重传机制，UDP 没有；TCP 协议能保证数据的正确性，UDP 协议不能保证数据的正确性。

1. 基本任务

选择两块 STM32W108 无线节点，建立任意两个节点间的 TCP 通信，一个节点作为 TCP 服务器端，另一个作为客户端。服务器端程序接收客户端程序发过来的数据后，通过串口助手显示出来，然后回送给客户端。客户端程序运行后定时给服务器端发送数据，同时在串口助手显示收到服务器端发过来的数据。

2. Contiki 中 TCP 编程

tcp_listen( ) 函数用在服务器程序中监听一个指定的端口，然后等待客户程序的连接。uip_newdata( ) 函数用来判断是否收到新的数据，如果有收到数据，数据将被存放在 uip_appdata 指向的内存中，其长度由 uip_datalen( ) 函数确定。tcp_connect( ) 函数在客户端程序中用来连接到服务器，该函数接收三个参数：第一个是服务器 IP 地址，第二个是服务器端口号，第三个是应用程序状态信息。当客户程序连接到服务器端后客户程序会收到一个 tcpip_event 事件，通过 uip_connected( ) 函数可以判断连接是否成功，如果连接成功就可以同服务器端进行收发数据了。uip_send( ) 函数实现数据的发送，该函数接收两个参数：第一个是要发送数据的内存地址，第二个参数是要发送数据的长度。当 TCP 收到数据后会通过 tcpip_event 事件来通知应用程序，应用程序通过 uip_newdata( ) 函数来检查是否收到数据。

3. 服务器端编程

程序 tcp-server. c 主要代码解析如下：

```
PROCESS_THREAD(tcp_process,ev,data){
PROCESS_BEGIN();
PRINTF(" TCP server started\n\r" );
print_local_addresses();//显示本地地址
Display_ASCII6X12_EX(0,LINE_EX(4)," tcp server",0);//在屏幕上显示" tcp server"
Display_ASCII6X12_EX(0,LINE_EX(5)," A:",0);//在屏幕上显示" A:"
Display_ASCII6X12_EX(0,LINE_EX(6)," R:",0);//在屏幕上显示" R:"
tcp_listen(UIP_HTONS(3000));//TCP 服务器监听 3000 端口
```

```
while(1){
    PROCESS_YIELD();    //等待网络事件
if(ev = = tcpip_event)    tcpip_handler();}    //处理网络事件
    PROCESS_END();
}
static void tcpip_handler(void){
static int seq_id;
char buf[MAX_PAYLOAD_LEN];
if(uip_newdata()){//检查是否收到新的数据
((char * )uip_appdata)[uip_datalen()]=0;
PRINTF(" Server received:'%s ' from ",(char * )uip_appdata);
    //显示发数据的客户端 IP 地址
PRINT6ADDR(&UIP_IP_BUF- > srcipaddr);PRINTF(" \n\r");
sprintf(buf," %02X:%02X",UIP_IP_BUF- > srcipaddr. u8[14],UIP_IP_BUF- >
    srcipaddr. u8[15]);
Display_ASCII6X12_EX(12,LINE_EX(5),(char * )buf,0);
    //在屏幕上显示 client 节点 MAC 地址后两位
Display_ASCII6X12_EX(12,LINE_EX(6),(char * )uip_appdata,0);
    //在屏幕上显示服务器端接收的数据
PRINTF(" Responding with message:");
sprintf(buf," Hello from the server! (%d)", + +seq_id);
    //生成返回给客户端的消息
PRINTF(" %s\n\r",buf);
uip_send(buf,strlen(buf));}//将数据发送给客户端
}
```

4. 客户端编程

tcp-client . c 程序主要代码解析如下：

```
PROCESS_THREAD(tcp_process,ev,data){
PROCESS_BEGIN();
PRINTF(" TCP client process started\n");
Display_ASCII6X12_EX(0,LINE_EX(4)," tcp client",0);//在屏幕上显示" tcp client"
Display_ASCII6X12_EX(0,LINE_EX(5)," S:",0);//在屏幕上显示" S:"
Display_ASCII6X12_EX(0,LINE_EX(6)," R:",0);//在屏幕上显示" R:"
print_local_addresses();//显示本机 IP 地址
```

```
uiplib_ipaddrconv(QUOTEME(TCP_SERVER_ADDR),&ipaddr);
    //设置服务器 IP 地址
tcp_connect(&ipaddr,UIP_HTONS(3000),NULL);//连接到服务器的 3000 端口
PROCESS_WAIT_EVENT_UNTIL(ev = = tcpip_event);//等待网络事件
if(uip_aborted()|| uip_timedout()|| uip_closed()){
//如果连接不成功,
    串口助手显示提示信息
printf(" Could not establish connection\n");
} else if(uip_connected()){//连接成功
printf(" Connected\n");
etimer_set(&et,SEND_INTERVAL);//设置定时器 15 秒超时
while(1){
    PROCESS_YIELD();//等待定时器超时或网络事件
if(ev = = tcpip_event)tcpip_handler();}   //如果是网络事件,处理网络事件
    }
PROCESS_END();
}
static void tcpip_handler(void){
char *str;
if(uip_newdata()){//检查是否收到新数据
    str = uip_appdata;
str[uip_datalen()] = '\0';
printf(" Response from the server:'%s '\n\r",str);//显示收到的数据
//在屏幕上显示的" R:"后显示接收到的服务器端发送的信息
Display_ASCII6X12_EX(12,LINE_EX(6),str,0);}
if (uip_poll()){//检查是否有数据需要发送
    static char buf[MAX_PAYLOAD_LEN];
    static int seq_id;
    if (stimer_expired(&t)){//监测定时器是否超时
     sprintf(buf," Hello %d from the client" , + +seq_id);
     printf(" (msg:%s)\n\r",buf);
uip_send(buf,strlen(buf));//发送数据给服务器
Display_ASCII6X12_EX(12,LINE_EX(5),buf,0);
    //在屏幕上显示"S:"显示客户端发送的信息
```

```
stimer_restart(&t);}}    //重置定时器
}
```

5. 实例测试

节点间 TCP 通信实例，选择两块 STM32W108 无线节点，一块作为客户端，另一块作为服务器端，实验也可以选择与其他无线节点通信。

步骤 1：部署 802.15.4 子网网关环境，确保 PC 端与 802.15.4 子网网关以及 802.15.4 边界路由器正常通信。

步骤 2：编译固化 tcp-server 程序到服务器端 STM32W108 无线节点，通过调试转接板将 JLink 仿真器连接到 PC 机和无线节点板，同时调试转接板通过 USB mini 线连接到 PC 机。打开 PC 上的串口助手，设置接收的波特率为 115200。

步骤 3：将 tcp-ipv6 工程整个文件夹拷贝到系统 \ contiki-2.6 \ zonesion \ example \ iar 目录，用 IAR for ARM 打开 tcp-server. eww，在 workspace 下拉列表选择 rpl 工程，修改 PANID 和 Channel 并保持与 STM32W108 无线协调器一致，选择菜单 Project 的 Rebuild All 进行编译，若没有错误即可生成 tcp-server. hex 镜像文件。

步骤 4：通过 5V 电源适配器给 STM32W108 无线节点通电，运行 J-Flash ARM 软件，打开 tcp-server. hex 数据文件，在主菜单 Target 中依次执行 Connect、Erase chip 和 Program & Verify 三步操作即可将程序烧写到 STM32W108 无线节点中。将服务器端 STM32W108 无线节点重新上电，通过屏幕显示当前无线节点的 MAC 地址，比如 00：80：E1：02：00：1D：57：FD。

步骤 5：编译固化 tcp-client 程序到客户端 STM32W108 无线节点，烧写镜像文件方法类似 tcp-server 固件，在编译之前需要修改 tcp-client. c 文件，修改 PANID 和 Channel 并保持与 STM32W108 无线协调器一致，将 TCP_SERVER_ADDR 修改为服务器端无线节点网络地址，比如#define TCP_SERVER_ADDR aaaa：：0280：e102：001d：57fd。下载完后将客户端 STM32W108 无线节点重新上电或者按下复位按钮让刚才下载的程序重新运行。

步骤 6：测试 TCP 节点间组网是否成功，测试方法与 UDP 节点间组网实例一样。

步骤 7：查看节点间 TCP 通信信息。

TCP 客户端节点与对应服务器端节点组网成功后，可通过屏幕信息来查看节点间通信情况。服务器端显示客户端 MAC 地址并不断接收客户端发送的信息"Hello {i} from the client"，其中 i 不断递增，服务器端接收到消息的同时，将接收消息发送给客户端，如图 8.27 所示。

客户端不断向服务器端发送消息"Hello {i} from the client"，其中 i 不断递增，客户端发送消息的同时，接收服务器端发送给客户端的消息，如图 8.28 所示。

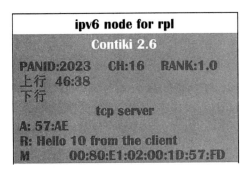

图 8.27　服务端 TCP 节点显示信息　　　　图 8.28　客户端 TCP 节点显示信息

8.2.4　实例 4：PC 与无线节点间 UDP 通信

1. 基本任务

构建 PC 与无线节点间的 UDP 通信，PC 作为 UDP 客户端，节点作为 UDP 服务器端，节点的程序采用实例 2 的 UDP 服务程序。PC 端通过命令行指定服务器端的地址端口以及要发送的数据，然后将数据发送给服务器端，并等待服务器端返回数据，然后退出。

2. PC 客户端 UDP 编程

UDPClient. java 程序主要代码解析如下：

```
import java. io. * ;
import java. net. * ;
class UDPClient {
public static void main( String[ ] args) throws IOException {
/ * UDPClient 接收 3 个参数:服务器 IP 地址,服务器端口,要发送的数据 * /
    if ( args. length ＜ 3){
System. out. println(" UDPClient ＜server ip＞  ＜server port＞  ＜message to send＞" );
System. exit(0) ;}
String server_ip = args[0] ;
int server_port = Integer. parseInt( args[1] ) ;
String msg = args[2] ;
DatagramSocket client = new DatagramSocket( ) ;//创建 UDP Socket
byte[ ] sendBuf = msg. getBytes( ) ;
    InetAddress addr = InetAddress. getByName( server_ip) ;
System. out. println( server_ip + " ＜＜＜ " + msg) ;
DatagramPacket sendPacket
    = new DatagramPacket( sendBuf ,sendBuf. length ,addr ,server_port) ;
```

```
    //发送数据到服务器端
  client. send( sendPacket) ;
byte[ ] recvBuf = new byte[1024] ;
DatagramPacket recvPacket
 = new DatagramPacket( recvBuf ,recvBuf. length) ;//接收服务器端返回的数据
client. receive( recvPacket) ;
String recvStr = new String( recvPacket. getData( ) ,0 ,recvPacket. getLength( ) ) ;
System. out. println( server_ip + " > > " + recvStr) ;
client. close( ) ;}
 }
```

3. 实例测试

构建 PC 与节点间 UDP 通信, 选择一块 STM32W108 无线节点作为服务器端节点, PC 作为客户端, 实验也可以选择其他无线节点通信。

步骤 1: 部署 802. 15. 4 子网网关环境, 保证 PC 端能与 802. 15. 4 子网网关以及 802. 15. 4 边界路由器进行正常通信。

步骤 2: 编译固化 udp-server 程序到服务器端 STM32W108 无线节点, 方法同实例 2, 将无线节点重新上电, 屏幕会显示服务器端无线节点的 MAC 地址, 比如 00: 80: E1: 02: 00: 1D: 57: FD。

步骤 3: 测试组网是否成功。

重启 802. 15. 4 边界路由器和服务端 STM32W108 无线节点, 在 PC 端依次选择"开始→运行→键入 cmd"打开命令行终端, 输入 ping aaaa:: 0280: e102: 001d: 57fd 命令, 命令行终端输出如下信息表示 PC 端连接 UDP 服务器端 STM32W108 无线节点成功。

C:\Users\Administrator > ping aaaa::0280:e102:001d:57fd

正在 Ping aaaa::280:e102:1d:57fd 具有 32 字节的数据:

来自 aaaa::280:e102:1d:57fd 的回复:时间 =379ms

来自 aaaa::280:e102:1d:57fd 的回复:时间 =56ms

来自 aaaa::280:e102:1d:57fd 的回复:时间 =231ms

来自 aaaa::280:e102:1d:57fd 的回复:时间 =471ms

aaaa::280:e102:1d:57fd 的 Ping 统计信息:

数据包:已发送 =4,已接收 =4,丢失 =0 (0% 丢失),

往返行程的估计时间(以毫秒为单位):

最短 =56ms,最长 =471ms,平均 =284ms

步骤 4: PC 端的客户端使用 JAVA 语言编写, 需安装 Java 编译运行环境 JDK。首先, 安装 jdk-6u33-windows-i586. exe, 设置安装目录为 C: \ Program Files \ Java \ jdk1. 6. 0_

33；其次，编辑"系统变量"的 PATH 变量，在原有变量后面添加"C：\ Program Files \ Java \ jdk1.6.0_33 \ bin"；编辑"系统变量"中的 CLASSPATH 变量，在原有变量后面添加"C：\ Program Files \ Java \ jdk1.6.0_33 \ lib"，如果 CLASSPATH 不存在该变量，则新建一个。最后，在 PC 端命令行终端，输入如下命令测试 JDK 安装是否成功，若显示如下 JDK 版本信息，表明 JDK 安装成功。

C：\Users\Administrator > java-version

java version" 1.6.0_33"

Java(TM)SE Runtime Environment (build 1.6.0_33-b19)

Java HotSpot(TM)Client VM (build 24.60-b09,mixed mode,sharing)

C：\Users\Administrator > javac-version

javac 1.6.0_33

步骤5：编译运行 PC 端 UDPClient.java 程序。

将 udp-pc 实例源码包拷贝到工作目录，尽量避免中文路径，此处示例选择放在 H 盘根目录下。在 PC 端命令行终端，输入命令。

//1、设置当前目录

C：\Users\Administrator > H：

H：\ > cd udp-pc

//2、编译当前目录下的 UDPClient.java 程序

H：\udp-pc > javac UDPClient.java

//3、运行编译后 UDPClient.class,命令格式：

//java UDPClient < server ip > < server port > < message to send >

//其中参数 < server ip > 为服务器端 STM32W108 无线节点的网络地址、

// < server port > 为 3000，< message to send > 为发送消息；

H：\udp-pc >java UDPClient aaaa：:0280：e102：001d：57fd 3000" Hello from the client"

aaaa：:0280：e102：001d：57fd < < < Hello from the client

aaaa：:0280：e102：001d：57fd > > > Hello from the client

步骤6：查看 UDP 服务端与 PC 客户端的通信信息。

UDP 服务器端 STM32W108 无线节点屏幕上显示客户端 MAC 地址后两位，每次运行 PC 客户端 UDPClient.java，服务器端无线节点 D5 会不断闪烁，其屏幕上显示客户端发送的信息"Hello from the client"，服务器端接收到消息的同时将其消息发送给客户端，结果如图 8.29 所示。

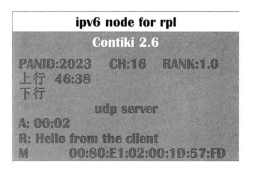

图 8.29　服务端 UDP 无线节点显示信息

步骤 7：用 USB mini 线通过调试转接板连接服务器端 STM32W108 无线节点与 PC 机。在 PC 机上打开串口助手，设置波特率为 115200。当 PC 客户端运行 UDPClient. java 程序时，若串口助手显示如下信息，表明服务器端 UDP 无线节点与 PC 客户端通信成功。

Server received：' Hello from the client ' from bbbb：:2

Server received：' Hello from the client ' from bbbb：:2

Server received：' Hello from the client ' from bbbb：:2

Server received：' Hello from the client ' from bbbb：:2

……

★ 实例也可以选择 WiFi 无线节点、蓝牙无线节点作为服务器端节点，可参考编译固化 udp-server 程序到服务器端 STM32W108 无线节点的步骤，根据所选无线模块选择相应工程，例如选择 WiFi 无线节点则选择 nomal-wifi 工程执行编译固化。另外，实例也可选无线节点作为客户端节点，PC 端作为服务器端节点，读者可以自行尝试。

8.2.5　实例 5：PC 与无线节点间 TCP 通信

1. 基本任务

实现 PC 与节点之间的 TCP 通信，PC 作为 TCP 客户端，无线节点作为 TCP 服务器端，节点的程序采用实例 2 的 TCP 服务程序。PC 端通过命令行指定服务器端的地址和端口以及要发送的数据，然后将数据发送给服务器端，并等待服务器端返回数据，然后退出。

2. PC 客户端 TCP 编程

TCPClient. java 程序主要代码解析如下：

```
import java. io. BufferedReader；
import java. io. DataOutputStream；
import java. io. InputStream；
```

```
import java. io. InputStreamReader;
import java. io. OutputStream;
import java. net. InetAddress;
import java. net. Socket;
public class TCPClient {
public static void main( String [ ] args) {
/*, TCPClient 接收 3 个参数:服务器 IP 地址,服务器端口,要发送的数据*/
try{
if( args. length < 3) {
System. out. println(" TCPClient  < server ip >  < server port >  < message to send >" );
System. exit(0) ;}
String server_ip = args[0];
int server_port = Integer. parseInt(args[1]);
String msg = args[2];
//建立到服务器的连接
Socket s = new Socket( InetAddress. getByName( server_ip) ,server_port);
InputStream ips = s. getInputStream( );
OutputStream ops = s. getOutputStream( );
System. out. println(" 发送:" + msg) ;//发送消息到服务器
ops. write( msg. getBytes( ));
byte[ ] buf = new byte[1024];
int r = ips. read( buf,0,buf. length) ;//读取服务器的返回信息
String rv = new String( buf,0,r);
System. out. println(" 收到:" + rv);
ips. close( );
ops. close( );
s. close( );//关闭连接
} catch( Exception e) {e. printStackTrace( );}
}}
```

3. 实例测试

PC 与节点间 TCP 通信实例选择一块 STM32W108 无线节点作为服务器端节点，PC 作为客户端，实验也可以选择其他无线节点通信。

步骤 1：部署 802. 15. 4 子网网关环境，保证 PC 端能与 802. 15. 4 子网网关以及 802. 15. 4 边界路由器进行正常通信。

步骤 2：编译固化 tcp-server 程序到服务器端 STM32W108 无线节点，方法同实例 3，将无线节点重新上电，屏幕上显示服务器端无线节点的 MAC 地址，比如 00：80：E1：02：00：1D：57：FD。

步骤 3：测试组网是否成功，参照实例 3 对应的步骤。

步骤 4：编译运行 PC 端 TCPClient. java 程序。

将 tcp-pc 工程程序源码包拷贝到工作目录，尽量避免中文路径，此处示例选择放在 H 盘根目录下。在 PC 端命令行终端，输入如下命令：

//1、设置当前目录

C：\Users\Administrator > H：

H：\ > cd tcp-pc

//2、编译当前目录下的 TCPClient. java 程序

H：\tcp-pc > javac TCPClient. java

//3、运行编译后的 TCPClient. class，命令格式：

java TCPClient < server ip > < server port > < message to send >

//其中参数 < server ip > 为服务器端 STM32W108 无线节点网络地址、

// < server port > 为 3000、< message to send > 为发送消息；

H：\tcp-pc >java TCPClient aaaa：：0280：e102：001d：57fd 3000" hello from the client"

//发送：hello from the client

//收到：Hello from the server!（1）

//4、第二次运行客户端程序

H：\tcp-pc >java TCPClient aaaa：：0280：e102：001d：57fd 3000" hello from the client"

//发送：hello from the client

//收到：Hello from the server!（2）

//5、第三次运行客户端程序

H：\tcp-pc >java TCPClient aaaa：：0280：e102：001d：57fd 3000" hello from the client"

//发送：hello from the client

//收到：Hello from the server!（3）

步骤 5：查看 TCP 服务器端与 PC 客户端的通信信息。

TCP 服务器端 STM32W108 无线节点屏幕上显示客户端 MAC 地址后两位，每次 PC 客户端运行 TCPClient. java 程序，服务器端无线节点 D5 会不断闪烁，其屏幕上显示客户端发送的信息"Hello from the client"，服务器端接收到消息的同时将其消息发送给客户端，结果如图 8.30 所示。

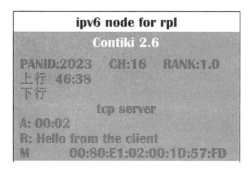

图 8.30　服务器端 TCP 无线节点显示信息

步骤 6：用 USB mini 线通过调试转接板连接服务器端 STM32W108 无线节点与 PC 机。在 PC 机上打开串口助手，设置波特率为 115200。当 PC 客户端运行 TCPClient. java 程序时，串口助手显示如下信息表明服务器端 TCP 无线节点与 PC 客户端通信成功。

Server received:' hello from the client ' from bbbb::2

Responding with message:Hello from the server! (1)

Server received:' hello from the client ' from bbbb::2

Responding with message:Hello from the server! (2)

Server received:' hello from the client ' from bbbb::2

Responding with message:Hello from the server! (3)

Server received:' hello from the client ' from bbbb::2

……

8.2.6　实例 6：PROTOSOCKET 编程

Protosocket 库提供一个到 uIP 栈的接口，类似于传统的 BCD socket，仅仅为 TCP 连接使用。库使用 Protothreads 提供顺序控制流，这样可使得它在内存方面使用较少。每一个 Protosocket 仅仅与一个单功能块共存，不需要保留自动变量。由于库使用 Protothreads，局部变量请求库函数将不会总是被保存，所以在使用局部变量的时候应该格外小心。

Protothread 是专为资源有限的系统设计的一种耗费资源特别少，并且不使用堆栈的线程模型，其特点是以纯 C 语言实现，无硬件依赖性；资源需求极少，每个 Protothread 仅需要两个额外字节；可用于有操作系统或无操作系统的场合；支持阻塞操作且没有栈切换。

使用 Protothread 实现多任务最主要的好处在于它的轻量级。每个 Protothread 不需要拥有自己的堆栈，所有的 Protothread 共享同一个堆栈空间，这一点对于 RAM 资源有限的无线传感器网络系统尤为有利。Protosocket 库提供发送函数，无需处理重发和确认。每个 Protosocket 作为一个 Protothread 运行，因此在 Protosocket 使用函数前使用 PSOCK_BEGIN（）开始，同样 Protothread 可以调用 PSOCK_EXIT（）函数来终止该程序。

1. 基本任务

用 Contiki 提供的 Protosocket 库建立一个实例 3 的 TCP 服务器端程序，然后使用实例 5 PC 端的 TCP 客户端程序来连接 TCP 服务器端程序。

2. PSOCKET 服务器端 TCP 编程

example-psock-server. c 程序主要代码解析如下：

```
PROCESS_THREAD( example_psock_process,ev,data){
PROCESS_BEGIN( );
print_local_addresses( );//显示本地地址
Display_ASCII6X12_EX(0,LINE_EX(4)," protosocket server",0);
Display_ASCII6X12_EX(0,LINE_EX(5)," A:",0);
Display_ASCII6X12_EX(0,LINE_EX(6)," R:",0);
tcp_listen( UIP_HTONS(3000));//打开 TCP 的 3000 端口
while (1){//服务器端主循环,不会退出
PROCESS_WAIT_EVENT_UNTIL( ev = = tcpip_event);//等待网络事件
if ( uip_connected( )){//有客户端连接上
PSOCK_INIT( &ps,buffer,sizeof( buffer));//初始化 Psocket 接口
while(! ( uip_aborted( )|| uip_closed( )|| uip_timedout( ))){//当连接没有断开
PROCESS_WAIT_EVENT_UNTIL( ev = = tcpip_event);//等待 TCP 事件
handle_connection( &ps);}} }//处理 TCP 事件
PROCESS_END( );
}
static PT_THREAD( handle_connection( struct psock * p)){
    //handle_connection( )实现
  PSOCK_BEGIN( p);//Psocket 处理开始
while(1){
PSOCK_READBUF_LEN( p,PSOCK_DATALEN( p));//读取收到的数据
printf(" Got the following data:%s \n\r" ,buffer);
PSOCK_SEND( p,buffer,PSOCK_DATALEN( p));}   //将数据返回给对方
printf(" close client socket\r\n" );
PSOCK_CLOSE( p);//关闭 TCP 连接
PSOCK_END( p);
}
```

3. 实例测试

PSOCKET 编程通信实例以 PC 端 TCPClient. java 作为客户端，一块 STM32W108 无线节

点作为服务器端，实例也可以选择其他无线节点通信。

步骤 1：部署 802.15.4 子网网关环境，保证 PC 端能与 802.15.4 子网网关以及 802.15.4 边界路由器进行正常通信。

步骤 2：编译固化 psocket-server 程序到服务器端 STM32W108 无线节点，方法同实例 3，无线节点重新上电，屏幕上显示服务器端无线节点 MAC 地址，比如 00：80：E1：02：00：1D：57：FD。

步骤 3：测试组网是否成功，参照实例 3 对应的步骤。

步骤 4：编译运行 PC 端 TCPClient. java 程序，方法同实例 3。

步骤 5：查看 Psocket 服务器端与 PC 客户端的通信信息。

Psocket 服务器端无线节点屏幕上显示客户端 MAC 地址后两位，每次运行 PC 客户端 TCPClient. java，服务器端无线节点 D5 会不断闪烁，其屏幕上显示客户端发送的信息"Hello from the client"，服务器端接收到消息的同时将其消息发送给客户端，结果如图 8.31 所示。

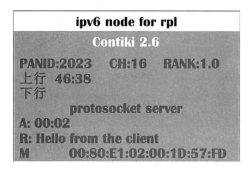

图 8.31　服务器端 PSOCKET 无线节点显示信息

步骤 6：用 USB mini 线通过调试转接板连接服务器端无线节点与 PC 机。在 PC 机上打开串口助手，设置波特率为 115200。当运行 PC 客户端 TCPClient. java 程序时，串口助手显示如下信息，表明服务器端 Psocket 无线节点与 PC 客户端通信成功。

Got the following data：hello from the client

close client socket

Got the following data：hello from the client

close client socket

第9章　基于 IPv6 的物联网应用开发

目前，物联网的 IPv6 多网融合开发技术主要包括 ST802.15.4、TI ZigBee、WiFi、蓝牙等四种无线节点对传感器的采集和控制，也包括基于 Windows 和安卓环境的 CoAP 应用协议下物联网应用程序的开发。

9.1　基于 IPv6 协议的多网融合框架

开发所需硬件：S210 网关。STM32W108 无线协调器、蓝牙模块套件、WiFi 模块套件、调试转接板、STM32 无线开发板若干、USB mini 线、JLink 仿真器和 PC 机。软件环境为 Windows 10 下安装 IAR 集成开发环境、仿真器驱动和下载工具、串口调试助手等。

9.1.1　工作原理

IPv6 智能物联网综合系统软件工作框架：四种移植 Contiki 操作系统类型的无线节点，支持 IPv6 协议，通过 CoAP 协议传输传感器的采集信息或执行器的控制信息。智能网关集成 802.15.4 路由、WiFi 热点、蓝牙主模块等模组，这些模组支持四种类型无线节点的数据接入，再把数据传输给 Linux 系统的 IPv6 协议处理，同时提供对外应用服务接口。上层应用可以基于 CoAP 库进行 Windows、Android 和 Web 的物联网应用开发。多网融合系统软件工作框架如图 9.1 所示。

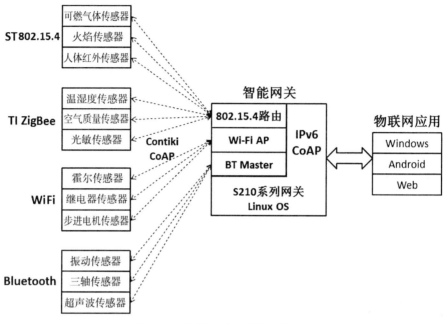

图 9.1　多网融合系统软件工作框架

9.1.2　项目主要内容

基于 IPv6 的下一代物联网技术平台，以 IPv6、ZigBee、WiFi、蓝牙无线技术、ARM 接口以及传感器的接口技术为基础，进行物联网通信技术及相关协议的应用开发，即构建一个完整的 IPv6 多网融合网络，同时可以在无线节点的 LCD 屏上显示网络信息和传感器信息。

图 9.2 的平台为每个无线节点移植了 Contiki 系统，包含 STM32W108 ST802.15.4 节点、Zigbee TI CC2530 节点、HF-LPA WiFi 节点、HC05 蓝牙节点，网络层采用标准的 IPv6 协议进行数据通信，通过 S210 智能网关实现应用的一体化，达到多种无线模块网络融合的目的。

图 9.2 可以用于开发基于多种网络的组网控制应用，其中 STM32W108、WiFi、蓝牙三种无线模块已固化 IPv6 协议的 Contiki 操作系统，而 TI ZigBee 固化的是 Z-Stack 协议，网络构建成功后，可以在无线节点的 LCD 屏上显示出网络的信息。

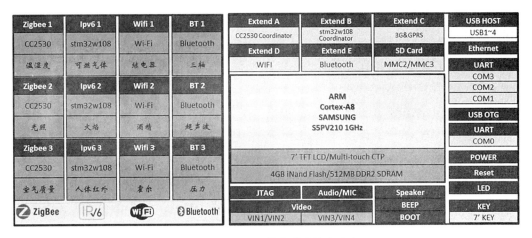

图 9.2　Ipv6 下一代物联网技术平台

9.1.3　多网融合原型系统

1. 准备工作

（1）准备 S210 网关和 12 种无线节点及配套传感器：STM32W108 无线节点（可燃气体、火焰、人体红外线）、CC2530 无线节点（温湿度、空气质量、光敏）、WiFi 无线节点（霍尔、继电器、步进电机）、蓝牙无线节点（振动、三轴、超声波），每个无线节点都由 STM32 控制主板及对应无线核心模组构成，其中 Contiki 操作系统是烧写到 STM32 控制主板中，无线核心模组烧写相应的透传无线固件。

（2）确保网关已经安装好 Android 系统，检查调试转接板、JLink 仿真器、CC2530 仿真器是否正确连接并工作；对应无线节点跳线设置是否正确。

（3）编译工程源代码获得节点镜像文件，或者采用已经编译好的镜像文件如下所示：

sensor-802.15.4　# 802.15.4 节点传感器镜像文件夹

sensor-bt　　#蓝牙节点传感器镜像文件夹（固化到 STM32F103 处理器）

sensor-wifi　　#WiFi 节点传感器镜像文件夹（固化到 STM32F103 处理器）

rpl-border-router. hex　# 802.15.4 边界路由器镜像文件

slip-radio-cc2530-rf-uart. hex　# CC2530 射频模块镜像文件

slip-radio-zxw108-rf-uart. hex　# stm32w108 射频模块镜像文件

2. 修改无线节点网络信息

对于 ZigBee、WiFi 网络，为了避免多台实验箱进行实验时造成网络冲突，必须对源码相应的网络信息进行修改。

步骤 1：准备 Contiki IPv6 源码包，尽量避免中文路径，此处示例选择放在 D 盘根目录下，前面实例如果已经拷贝此处可略过。

步骤 2：先将例程 iar-mesh-top 文件夹拷贝到系统 \ contiki-2. 6 \ zonesion \ example \ iar 目录，用 IAR for ARM 打开 zx103. eww 工程文件，修改 contiki-conf. h 文件中 802. 15. 4 网络的 PANID 和 Channel，确保当前实验环境这两个参数唯一，RF_CONF_CHANNEL 可以不修改。

#define IEEE802154_CONF_PANID 2023　// 后四位修改为学号，比如 2023

#define RF_CONF_CHANNEL 16　　　//根据需要酌情修改，取值范围为 11～26

步骤 3：修改 wifi-lpa. c 文件中 WiFi 网络的 AP 属性，将 CFG_SSID 的名称定义后面增加三位数字，同理确保 AP 名称在当前环境唯一，其他相关密钥信息宏定义也可根据需要修改。

#define CFG_SSID" AndroidAP008"　//将 WiFi 热点名称设置成"AndroidAP008"

#define CFG_AUTH AUTH_OPEN　//开放式

#define CFG_ENCRY ENCRY_NONE //无密码

#define CFG_KEY" "　　　　　　//无密码即将密码设置成空

如果修改了节点 AP 名称，在 S210 网关 Android 系统中对应热点名称也要修改，依次单击"设置"→"无线和网络设置"→"绑定与便携式热点"→"便携式 WiFi 热点设置"→"配置 WiFi 热点"。

图 9.3　修改 S210 网关中对应热点名称

步骤 4：在 Workspace 窗口下拉菜单选择你需要编译的工程，比如 rpl 工程，编译无线节点 Contiki 工程源代码。其中，rpl 表示带路由功能的 802. 15. 4 节点工程，normal-wifi 表示 WiFi 节点工程，normal-bt 表示蓝牙节点工程，rpl-border-router 表示 802. 15. 4 网关工程，rpl-leaf 表示不带路由功能的 802. 15. 4 节点工程。

步骤 5：根据节点所携带的传感器不同，需要修改 D：\ zx103 \ zonesion \ proj \ user \ misc_sensor. h 文件中传感器定义。

#define SENSOR_HumiTemp 11　　　　/*温湿度传感器*/

```c
#define SENSOR_AirGas 12                    /* 空气质量传感器 */
#define SENSOR_Photoresistance 13           /* 光敏传感器传感器 */
#define SENSOR_CombustibleGas 21            /* 可燃气体传感器 */
#define SENSOR_Flame 22                     /* 火焰传感器 */
#define SENSOR_Infrared 23                  /* 人体红外传感器 */
#define SENSOR_Acceleration 31              /* 三轴加速度传感器 */
#define SENSOR_Ultrasonic 32                /* 超声波测距传感器 */
#define SENSOR_Pressure 33                  /* 气压传感器 */
#define SENSOR_Relay 41                     /* 继电器传感器 */
#define SENSOR_AlcoholGas 42                /* 酒精传感器 */
#define SENSOR_Hall 43                      /* 霍尔传感器 */
#define SENSOR_StepMotor 51                 /* 步进电机传感器 */
#define SENSOR_Vibration 52                 /* 振动传感器 */
#define SENSOR_RFID135 53                   /* 高频 RFID 传感器 */
#define SENSOR_Rain 61                      /* 雨滴传感器 */
#define SENSOR_InfObstacle 62               /* 红外避障传感器 */
#define SENSOR_Touch 63                     /* 触摸传感器 */
#define SENSOR_WaterproofTemp 64            /* 防水型温度传感器 */
#define SENSOR_Noise 65                     /* 噪声传感器 */
#define SENSOR_ResistivePressure 66         /* 电阻式压力传感器 */
#define SENSOR_Flow 67                      /* 流量计数传感器 */
#define SENSOR_Alarm 68                     /* 声光报警传感器 */
#define SENSOR_Fanner 69                    /* 风扇传感器 */
#define SENSOR_IR350 70                     /* 红外遥控传感器 */
#define SENSOR_SpeechSynthesis 71           /* 语音合成传感器 */
#define SENSOR_SpeechRecognition 72         /* 语音识别传感器 */
#define SENSOR_FingerPrint 73               /* 指纹识别传感器 */
#define SENSOR_RFID125 74                   /* 低频 RFID 传感器 */
#define SENSOR_Button 75                    /* 紧急按钮传感器 */
#define SENSOR_DCMotor 76                   /* 直流电机传感器 */
#define SENSOR_DigitalTube 77               /* 数码管传感器 */
#define SENSOR_SoilMoisture 78              /* 土壤湿度传感器 */
#define CONFIG_SENSORSENSOR_Relay  /* 修改此处来确定使用的传感器类型 */
#if CONFIG_SENSOR = = SENSOR_HumiTemp
```

//#define SENSOR_TemperatureAndhumidity_DHT11/ * 选择 DHT11 温湿度传感器 * /

#define SENSOR_TemperatureAndhumidity_SHT11 / * 选择 SHT11 温湿度传感器 * /

……

步骤 6：选择菜单 Project 下 Rebuild All 进行编译，若没有错误，即可在 iar-mesh-top \ rpl \ Exe 目录生成 zx103. hex 镜像文件，将该文件命名为可理解的名称，其他工程编译类似。

3. 固化无线节点镜像

如果修改了网络信息，重新编译了无线节点镜像，需要将新的镜像固化到无线节点的 STM32 控制主板的 ARM 芯片内。CC2530 无线核心模组默认固化 Zigbee ZStack，如果要运行 Contiki IPv6 协议，需要固化相应透传固件 slip-radio-cc2530-rf-uart. hex。

步骤 1：确保无线节点跳线和无线协调器板跳线连接正确，平台开机上电，如果配置的无线节点部分是单独供电，需要接上 5V3A 电源适配器供电，将调试转接板接到协调器/无线节点的对应接口上，接上 JLink 仿真器，将协调器/无线节点的电源开关打开，此时 Power LED 指示灯会点亮。连接 JLink 仿真器到电脑时，系统会自动识别仿真器，如果不能识别，需要安装驱动，驱动默认位置 C：\ Program Files（x86）\ SEGGER \ JLinkARM_V426 \ USBDriver。

步骤 2：运行 J-Flash ARM 程序，在菜单栏单击 Options 选择 Project settings，弹出窗口的 Target Interface 选项中选择 SWD 调试模式，SWD speed before init 中选择 5kHz，在 CPU 选项卡的 Device 中选择 ST STM32W103CB，设置好后单击"确认"退出。

步骤 3：在 J-Flash ARM 菜单栏中单击 File，选择 Open data file，选择需要固化的镜像文件，比如蓝牙节点的超声波传感器镜像"超声波测距 . hex"，主菜单 Target 中依次执行 Connect、Erase chip 和 Program&Verify 操作即可将程序烧写到无线节点的 STM32F103CB 处理器中。

步骤 4：重复步骤 2 和 3，固化其他 11 个无线节点的镜像。

4. 查看组网及信息

步骤 1：启动 S210 网关 Android 操作系统，单击"设置"—"无线和网络"—"蓝牙"，将蓝牙打开，运行"网关设置"应用程序，将四项服务选项都勾选上，如图 9.4 所示，设置完成后在通知栏会出现 WiFi 热点和蓝牙图标。

图 9.4　设置网关参数

步骤 2：将 STM32W108 平台无线协调器电源打开，此时节点 LCD 屏上显示组建 802.15.4 rpl 网络的信息，组网成功后，节点 LCD 上会显示节点级别 RANK 为 0.0。

步骤 3：依次将 STM32W108 无线节点、运行 Contiki IPv6 协议时的 CC2530 无线节点、WiFi 无线节点和蓝牙无线节点电源打开。此时 STM32W108 和 CC2530 无线节点加入 802.15.4 rpl 网络，节点 LCD 上会显示节点组网信息，当节点级别稳定在 10 内则入网成功。WiFi 无线节点加入 WiFi IPv6 网络，连接成功后 WiFi 无线核心板 D10 灯会长亮。蓝牙无线节点连接到蓝牙 IPv6 网络中，连接成功后蓝牙无线板 D5 灯会长亮，这里需要事先在网关配置上添加需要入网的蓝牙节点 ID，即组网前先完成配对操作。每个无线节点都集成一个 1.8 寸 LCD 屏，屏上会显示节点的信息，如图 9.5 所示。

ipv6 node for rpl border-router	ipv6 node for rpl
Contiki 2.6	Contiki 2.6
PANID:2023　CH:16　RANK:0.0	PANID:2023　CH:16　RANK:1.0
上行	上行　46:38
下行 57:FD　802.15.4 边界路由	下行　　802.15.4 无线节点
	传感器　火焰检测
	当前值　{A0=0}
M　　00:80:E1:02:00:1D:46:38	M　　00:80:E1:02:00:1D:57:FD

ipv6 node for wifi	ipv6 node for bluetooth
Contiki 2.6	Contiki 2.6
接入点:AndroidAP	名称: HC-05　　匹配码:1234
LINK: on	LINK: on
WiFi 无线节点	蓝牙无线节点
传感器　继电器	传感器　三轴加速度
当前值　{D1=3}	当前值　{A0=1, A1=-1, A2=21}
M　　AC:CF:23:27:49:F6	M　　00:13:04:07:00:70

图 9.5　无线节点 LCD 上显示的信息

9.2 传感器数据通信协议

在后续内容中，构建了基于 rpl、蓝牙、WiFi 网络的无线节点传感器信息采集以及外设控制，由于传感器种类较多，以及外设种类也多样化，若为每一套传感器或外设控制都设置相应的数据，通信格式将变得尤为复杂，也不利于理解源代码，因此设计一套通用传感器数据通信协议，这些也兼容第 8 章的智云物联平台。

9.2.1 通信协议数据格式

传感器节点通信协议定义物联网项目从底层到上层数据段的定义，通信协议内容如下：

1. 通信协议数据格式

通信协议数据格式：{[参数] = [值],{[参数] = [值],……}。

(1)每条数据以"{}"作为起始字符。

(2)"{}"内参数多个条目以","分隔。

(3)示例：{CD0 = 1,D0 = ?}。

2. 通信协议参数说明

(1)参数名称定义为：

变量：A0 ~ A7、D0、D1、V0 ~ V3；

命令：CD0、OD0、CD1、OD1。

(2)变量可以对值进行查询，示例：{A0 = ?}。

(3)变量 A0 ~ A7 在物联网云数据中心可以存储为历史数据。

(4)命令是对位进行操作。

3. 通信协议解析

(1)A0 ~ A7：用于传递传感器数值或者携带的信息量，权限为只读，支持上传到物联网云数据中心存储，示例如下：

温湿度传感器采用 A0 表示温度值，A1 表示湿度值，数值类型为浮点型，精度 0.1；火焰报警传感器采用 A0 表示警报状态，数值类型为整型，固定为 0(未检测火焰)或 1(检测到火焰)；高频 RFID 模块采用 A0 表示卡片 ID 号，数值类型为字符串。

(2)D0：D0 的 Bit0 ~ Bit7 分别对应 A0 ~ A7，表示当前位是否主动上传的状态，权限为只读，0 表示禁止主动上传，1 表示允许主动上传，示例如下：

温湿度传感器采用 A0 表示温度值，A1 表示湿度值，D0 = 0 表示不上传温度和湿度信息，D0 = 1 表示主动上传温度值，D0 = 2 表示主动上传湿度值，D0 = 3 表示主动上传温度和湿度值；火焰报警传感器采用 A0 表示警报状态，D0 = 0 表示不检测火焰，D0 = 1 表示实时检测火焰；高频 RFID 模块采用 A0 表示卡片 ID 号，D0 = 0 表示不上报卡号，D0 = 1 表示运行刷卡响应上报 ID 卡号。

（3）OD0/CD0：对 D0 的位进行操作，权限为只写，CD0 表示"位清 0"操作，OD0 表示"位置 1"操作，示例如下：

温湿度传感器，A0 表示温度值，A1 表示湿度值，CD0 = 1 表示关闭 A0 温度值的主动上报；火焰报警传感器采用 A0 表示警报状态，OD0 = 1 表示开启火焰报警监测，当有火焰报警时，会主动上报 A0 的数值。

（4）D1：D1 表示控制编码，根据传感器属性来自定义功能，权限为只读，示例如下：

温湿度传感器，D1 的 Bit0 表示电源开关状态，例如：D1 = 0 表示电源处于关闭状态，D1 = 1 表示电源处于打开状态；继电器 D1 的 Bit 表示各路继电器开关，例如：D1 = 0 表示关闭两路继电器 S1 和 S2，D1 = 1 开启继电器 S1，D1 = 2 开启继电器 S2，D1 = 3 开启两路继电器 S1 和 S2；风扇 D1 的 Bit0 表示电源开关状态，Bit1 表示正转或反转，例如 D1 = 0 或者 D1 = 2 风扇停止转动（电源断开），D1 = 1 风扇处于正转状态，D1 = 3 风扇处于反转状态；红外电器遥控 D1 的 Bit0 表示电源开关状态，Bit1 表示工作模式或学习模式，例如：D1 = 0 或者 D1 = 2 表示电源处于关闭状态，D1 = 1 表示电源处于开启状态且为工作模式，D1 = 3 表示电源处于开启状态且为学习模式。

（5）OD1/CD1：对 D1 的位进行操作，权限为只写，CD1 表示"位清零"操作，OD1 表示"位置 1"操作。

（6）V0 ~ V3 表示传感器参数，根据传感器属性自定义功能，权限为可读写，示例如下：

温湿度传感器 V0 表示自动上传数据的时间间隔；风扇 V0 表示风扇转速；红外电器遥控 V0 表示红外学习的键值；语音合成 V0 表示需要合成的语音字符。

9.2.2　通信协议数据通信示例

1. 复杂数据通信示例

在实际应用中可能硬件接口会比较复杂，一个无线节点携带多种不同类型传感器数据。例如，某个设备具备以下特性：一个燃气检测传感器、一个声光报警装置、一个排风扇；功能要求：设备可以开关电源；可以实时上报燃气浓度值；当燃气达到一定峰值，声光报警器会报警，同时排风扇会工作；根据燃气浓度不同，报警声波频率和排风扇转速会不同。根据上述需求，定义协议如表 9.1 所示。

表 9.1　复杂设备数据通信协议

传感器	属性	参数	权限	说明
复杂设备	燃气浓度值	A0	R	燃气浓度值，浮点型：精度 0.1
	上报状态	D0（OD0/CD0）	R（W）	D0 的 Bit0 表示燃气浓度上传状态，OD0/CD0 进行状态控制
	开关状态	D1（OD1/CD1）	R（W）	D1 的 Bit0 表示设备电源状态，Bit1 表示声光报警状态，Bit2 表示排风扇状态，OD1/CD1 进行状态控制
	上报间隔	V0	RW	修改主动上报的时间间隔
	声光报警声波频率	V1	RW	修改声光报警声波频率
	排风扇转速	V2	RW	修改排风扇转速

2. 平台设计的通信示例

平台设计定义传感器数据通信协议如表 9.2 所示。

表 9.2　平台传感器数据通信协议

传感器	属性	参数	权限	说明
温湿度	温度值	A0	R	温度值
	湿度值	A1	R	湿度值
	上报状态	D0（OD0/CD0）	R（W）	D0 的 Bit0 表示温度上传状态，Bit1 表示湿度上传状态
	上报间隔	V0	RW	修改主动上报的时间间隔
光敏/空气质量/可燃气体/超声波/大气压力/酒精/雨滴/防水温度/流量计数	数值	A0	R	数值
	上报状态	D0（OD0/CD0）	R（W）	D0 的 Bit0 表示上传状态
	上报间隔	V0	RW	修改主动上报的时间间隔

续　表

传感器	属性	参数	权限	说明
三轴	X 值	A0	R	X 值
	Y 值	A1	R	Y 值
	Z 值	A2	R	Z 值
	上报状态	D0(OD0/CD0)	R(W)	D0 的 Bit0 表示 X 值上传状态，Bit1 表示 Y 值上传状态，Bit2 表示 Z 值上传状态
	上报间隔	V0	RW	修改主动上报的时间间隔
火焰/霍尔/人体红外/噪声/振动/触摸/紧急按钮/红外避障/土壤湿度	数值	A0	R	数值，0 或者 1 变化
	上报状态	D0(OD0/CD0)	R(W)	D0 的 Bit0 表示上传状态
继电器	继电器开关	D1(OD1/CD1)	R(W)	D1 的 Bit 表示各路继电器开关状态，OD1 为开，CD1 为关(Bit0 为继电器 1，Bit1 为继电器 2)
风扇	电源开关	D1(OD1/CD1)	R(W)	D1 的 Bit0 表示电源状态，OD1 为开，CD1 为关
	转速	V0	RW	表示转速
声光报警	电源开关	D1(OD1/CD1)	R(W)	D1 的 Bit0 表示电源状态，OD1 为开，CD1 为关
	频率	V0	RW	表示发声频率
步进电机	转动状态	D1(OD1/CD1)	R(W)	D1 的 Bit0 表示转动状态，Bit1 表示正转/反转 X0 表示不转，01 表示正转，11 表示反转
	角度	V0	RW	表示转动角度，0 表示一直转动
直流电机	转动状态	D1(OD1/CD1)	R(W)	D1 的 Bit0 表示转动状态，Bit1 表示正转/反转 X0 表示不转，01 表示正转，11 表示反转
	转速	V0	RW	表示转速
红外电器遥控	状态开关	D1(OD1/CD1)	R(W)	D1 的 Bit0 表示工作模式/学习模式，OD1 = 1 为学习模式、CD1 = 1 为工作模式
	键值	V0	RW	表示红外键值
高频 RFID/低频 RFID	ID 卡号	A0	R	ID 卡号，字符串
	上报状态	D0(OD0/CD0)	R(W)	D0 的 Bit0 表示允许识别并上报

续　表

传感器	属性	参数	权限	说明
语音识别	语音指令	A0	R	语音指令，字符串，不能主动去读取
	上报状态	D0(OD0/CD0)	R(W)	D0 的 Bit0 表示允许识别并发送读取的语音指令
数码管	显示开关	D1(OD1/CD1)	R(W)	D1 的 Bit0 表示是否显示码值
	码值	V0	RW	表示数码管码值
语音合成	合成开关	D1(OD1/CD1)	R(W)	D1 的 Bit0 表示是否合成语音
	合成字符	V0	RW	表示需要合成的语音字符
指纹识别	指纹指令	A0	R	指纹指令，数值表示指纹编号，0 表示识别失败
	上报状态	D0(OD0/CD0)	R(W)	D0 的 Bit0 表示允许识别并上报

由于 IPv6 多网融合框架采用的是 CoAP 服务通信，当应用端开始建立 CoAP 会话后，无线节点才和应用端进行连接，此时数据上传或者控制才有效，所以上述传感器数据通信协议中的主动上报和主动上报时间间隔的设定无效，见表 9.2 灰色部分。

9.3　传感器信息 UDP 采集及控制

9.3.1　项目主要内容

在 PC 服务器端与两个 STM32W108 无线节点建立连接，实现三者通信，一个无线节点充当按键功能，另外一个节点充当 LED 显示的功能，即通过按键节点控制 LED 节点 D4 灯亮灭过程。在实例中，PC 服务器端与无线节点的通信采用 UDP 方式，而按键客户端控制 LED 客户端灯的开关命令采用传感器数据通信协议。

9.3.2　项目实施

1. 通信协议参数说明

通信协议参数分为两种：一种是变量参数，变量可以对值进行查询；一种是命令参数，命令参数可以对位进行操作。通信协议参数说明如下：

变量：D1 变量可以对值进行查询，示例：{D1 = ?}；

命令：CD1、OD1 命令是对位进行操作。

（1）变量参数。

D1：D1 表示控制编码，根据传感器属性来自定义功能，权限为只读，在实例中用 D1

的 Bit0 数据位来控制无线节点的 D4 LED 灯的点亮或者熄灭。示例：D1 = 0 表示 Bit0 为 0，意为 D4 关闭；D1 = 1 表示 Bit0 为 1，意为 D4 打开；{D1 = ?} 表示查询 D4 的状态。

（2）命令参数。

用{OD1 = 1}命令和{CD1 = 1}来控制无线节点的 D4 LED 灯的点亮和熄灭。示例：{OD1 = 1}表示打开 D4；{CD1 = 1}表示关闭 D4；{TD1 = 1}表示对 D4 灯进行反转控制。

2. 按键客户端编程

按键客户端通过 3000 端口号、服务器端网络地址与 PC 服务器端建立 UDP 连接，并监听无线节点板的按键触发事件：一旦无线节点板的 K1 键被按下，向 PC 服务器端发送 A0 = 0 命令；K1 键松开，向服务器发送 A1 = 1 命令。此过程的核心源码如下：

```
//sensor-udp\iar-udp\user\ client-key. c
PROCESS_THREAD( udp_ctrl_process,ev,data) {
static struct etimer et;
uip_ipaddr_t ipaddr;
PROCESS_BEGIN( );
PRINTF(" UDP client key process started\n" );
Display_ASCII6X12_EX(0,LINE_EX(4)," udp key client" ,0);
    //在屏幕上显示" udp key client"
Display_ASCII6X12_EX(0,LINE_EX(5)," S:" ,0);//在屏幕上显示" S:"
Display_ASCII6X12_EX(0,LINE_EX(6)," R:" ,0);//在屏幕上显示" R:"
key_init( );//按键初始化
print_local_addresses( );//打印本地地址
if( uiplib_ipaddrconv(QUOTEME(UDP_SERVER_ADDR),&ipaddr) == 0) {
PRINTF(" UDP client failed to parse address '%s '\n" ,QUOTEME( UDP_
    CONNECTION_ADDR) );}
printf(" connect to " );
PRINT6ADDR( &ipaddr);
printf(" \r\n" );
/* new connection with remote host */
client_conn = udp_new( &ipaddr,UIP_HTONS(3000),NULL);
    //连接到服务器的 3000 端口
PRINTF(" Created a connection with the server " );
PRINT6ADDR( &client_conn- > ripaddr);
PRINTF(" local/remote port %u/%u\n\r" ;
UIP_HTONS( client_conn- > lport),UIP_HTONS( client_conn- > rport));
```

```
etimer_set(&et,CLOCK_SECOND/10);//设置定时器
while(1){
PROCESS_YIELD();//等待定时器超时或网络事件
if(etimer_expired(&et)){//定时器超时
timeout_handler();//处理定时器超时事件
etimer_restart(&et);} else if(ev = = tcpip_event)tcpip_handler();
    //如果是网络事件,处理网络事件
}}
PROCESS_END();
}
static void tcpip_handler(void){   //处理网络事件
char *str;
if(uip_newdata()){//检查是否收到新数据
str = uip_appdata;
str[uip_datalen()] = '\0';
printf("Response from the server:'%s '\n\r",str);//显示收到的数据
Display_ASCII6X12_EX(12,LINE_EX(6),str,0);
    //"R:"后显示接收到的服务器端发送的信息
}}
static char buf[MAX_PAYLOAD_LEN];
static void timeout_handler(void){   //处理定时器超时事件
static int st = -1;
int cv;
cv = GPIO_ReadInputDataBit(GPIOA,GPIO_Pin_0);
if (cv ! = st){
sprintf(buf,"{A0 = %u}",cv);
Display_ASCII6X12_EX(12,LINE_EX(5),buf,0);
    //在屏幕上显示"S:",显示客户端发送的信息
  uip_udp_packet_send(client_conn,buf,strlen(buf));}
st = cv;
}
```

3. LED 客户端编程

LED 客户端通过 3000 端口号与 PC 服务器端建立 UDP 连接,并不断向服务器端发送
D1 = ?"消息(? 的值表示 D4 灯的开、关状态信息,0 表示关、1 表示开),返回无线节点

板 D4 灯的开、关状态信息，同时接收服务器端发送过来 TD1 = 1 的消息，控制 D4 灯的反转。此过程的核心源码实现如下：

```
//sensor-udp\iar-udp\user\ client-led. c
PROCESS_THREAD(udp_ctrl_process,ev,data)
static struct etimer et;
uip_ipaddr_t ipaddr;
PROCESS_BEGIN();
PRINTF(" UDP client led process started\n");
Display_ASCII6X12_EX(0,LINE_EX(4)," udp led client" ,0);
     // 屏幕上显示" udp led client"
Display_ASCII6X12_EX(0,LINE_EX(5)," S:" ,0);//在屏幕上显示" S:"
Display_ASCII6X12_EX(0,LINE_EX(6)," R:" ,0);//在屏幕上显示" R:"
print_local_addresses();//打印本地地址
if(uiplib_ipaddrconv(QUOTEME(UDP_SERVER_ADDR),&ipaddr) = = 0){
PRINTF(" UDP client failed to parse address '%s '\n" ,QUOTEME(UDP_
     CONNECTION_ADDR));}
printf(" connect to ");
PRINT6ADDR(&ipaddr);
client_conn = udp_new(&ipaddr,UIP_HTONS(3000),NULL);
     //连接到服务器的 3000 端口
PRINTF(" Created a connection with the server ");
PRINT6ADDR(&client_conn- > ripaddr);
PRINTF(" local/remote port %u/%u\n\r" ,
UIP_HTONS(client_conn- > lport),UIP_HTONS(client_conn- > rport));
etimer_set(&et,CLOCK_SECOND);//设置定时器为 1 秒
while(1){
PROCESS_YIELD();
if(etimer_expired(&et)){//如果是定时器超时事件
timeout_handler();//处理定时器超时事件
etimer_restart(&et);} else if(ev = = tcpip_event)tcpip_handler();} }
     //如果是网络事件,处理网络事件
   PROCESS_END();
}
static void tcpip_handler(void){   //处理网络事件
```

```
char *str;
if( uip_newdata( ) ){
str = uip_appdata;
str[ uip_datalen( ) ] = '\0 ';
printf(" Response from the server:'%s '\n\r" ,str);
Display_ASCII6X12_EX(12,LINE_EX(6),str,0);
        //" R:" 后显示接收到的服务器端发送的信息
if ( strcmp( str," {TD1 = 1}" ) = = 0)leds_toggle(1);
        //如果接收到{TD1 = 1}命令,对 D4 灯进行反转控制
}}
static char buf[ MAX_PAYLOAD_LEN];
static void timeout_handler( void) {//处理定时器超时事件
int st;st = leds_get( );//获取 D4 灯的状态
sprintf( buf," {D1 = %d}" ,st&0x01);
Display_ASCII6X12_EX(12,LINE_EX(5),buf,0);
        //在屏幕信息" S:" 后显示发送的 D1 状态信息
uip_udp_packet_send( client_conn,buf,strlen( buf));//发送 D1 的状态信息
}
```

4. PC 服务器端编程

PC 服务器端开启 3000 端口号与按键客户端、LED 客户端建立连接,并不断接收客户端发送过来的 A1 消息和 D1 消息,通过 A1 消息获取按键客户端的网络地址和端口号,通过 D1 消息获取 LED 客户端的网络地址和端口号,获取客户端的网络地址和端口号之后,一旦接收到按键客户端发送过来的按键被按下的消息(A1 = 0),立即向 LED 客户端发送 TD1 = 1 命令,按键客户端接收到 TD1 = 1 消息后执行 D4 灯的反转,同时返回 D4 的状态信息给服务器端。此过程的核心源码实现如下

```
//sensor-udp/pc-udp\UDPServer. java
class UDPServer{
public static void main( String[ ] args) throws IOException{
InetAddress led_a = null;
int led_port = 0;
InetAddress key_a = null;
int key_port;
System. out. println(" UDP Server start at port 3000");
DatagramSocket server = new DatagramSocket(3000);//服务器开启 3000 端口
```

```
byte[ ] recvBuf = new byte[100];
DatagramPacket recvPacket = new DatagramPacket( recvBuf ,recvBuf. length);
while ( true) {
server. receive( recvPacket);
String recvStr = new String( recvPacket. getData( ),0 ,recvPacket. getLength( ));
InetAddress addr = recvPacket. getAddress( );
int port = recvPacket. getPort( );
System. out. println( addr +" > > > " + recvStr);//在控制台打印接收到的消息
if ( recvStr. contains(" D1" )) {
    //处理 LED 客户端发送过来的 LED 灯状态消息,即 D1 消息
    led_a = addr;      //获取 LED 客户端的网络地址
    led_port = port;}    //获取 LED 客户端的端口号
if ( recvStr. contains(" A0" )) {//处理按键客户端发送过来的 A0 消息
    key_a = addr;   //获取按键客户端的网络地址
key_port = port;   }   //获取按键客户端的端口号
if ( recvStr. equals(" {A0 =0}" )) {
if ( led_a !  = null) {
  String sendStr = " {TD1 =1}";//控制灯的反转命令
  byte[ ] sendBuf;
sendBuf = sendStr. getBytes( );
System. out. println( led_a +" < < < " + sendStr);//在控制台打印发送的消息
DatagramPacket sendPacket = new DatagramPacket( sendBuf,sendBuf. length,
    led_a,led_port);
//接收到按键客户端发送过来的 A0 消息后,控制 LED 客户端的 D4 灯反转
server. send( sendPacket);} } } }
}
```

5. 实例测试

传感器信息 UDP 采集及控制实例需要两块 STM32W108 无线节点作为客户端节点,一块作为按键端,一块作为 LED 端,PC 作为服务器端,实验也可选择其他无线节点通信。

步骤 1:部署 802.15.4 子网网关环境,保证 PC 端能与 802.15.4 子网网关以及 802.15.4 边界路由器进行正常通信。

步骤 2:准备 pc-udp 例程,在 PC 打开 CMD 命令行终端,执行如下命令:

(1)设置当前目录。

C:\ Users \ Administrator > D: //此处示例假设选择放在 D 盘根目录下

D：\ ＞ cd pc-udp

（2）编译当前目录下的 UDPServer. java 程序。

H：\ pc-udp ＞javac UDPServer. java

（3）运行编译后的 UDPServer. Java 程序。

D：\ pc-udp ＞ java UDPServer

UDP Server start at port 3000

……

步骤3：编译固化 LED 端 STM32W108 无线节点镜像，首先将 sensor-udp 目录的 iar-udp 实例源码包拷贝到 Contiki 源码对应的 contiki-2.6 \ zonesion \ example \ iar \ 目录。其次打开 iar-udp \ zx103-client-led. eww 工程文件，在 IAR Workspace 窗口下拉菜单选择 rpl 工程，修改 PANID 和 Channel，并保持与 STM32W108 无线协调器一致；修改 zx103-client-key-rpl \ zonesion \ proj \ user \ client-key. c 文件，将 UDP_SERVER_ADDR 修改为 PC 服务器端 IPv6 网络地址，即"#define UDP_SERVER_ADDR bbbb：：2"。然后单击菜单 Project 中 Rebuild All 选项，重新编译源码。

步骤4：通过5V 电源适配器给 STM32W108 无线节点通电，打开 J-Flash ARM 软件，在 J-Flash ARM 菜单栏 File 中选择 Open data file，选择固化 zx103-client-led. hex 镜像文件，然后在主菜单 Target 中依次执行 Connect、Erase chip 和 Program&Verify 操作即可将镜像烧写到无线节点的 STM32W108 无线节点中。同理，编译固化按键端 STM32W108 无线节点 zx103-client-key. hex 镜像文件，打开 J-Flash ARM 软件，将镜像烧写到无线节点的 STM32W108 无线节点中。

步骤5：测试 LED 端 STM32W108 无线节点、按键端以及 PC 客户端间的组网是否成功。

步骤6：观察 UDP 信息采集与控制执行结果。

（1）LED 端无线节点、按键端无线节点组网成功后，PC 服务器端不断接收到 LED 端 STM32W108 无线节点发送过来的 D4 灯状态信息，如下所示：

/aaaa：0：0：0：280：e102：1d：57fd ＞＞＞｛D1 =0｝

/aaaa：0：0：0：280：e102：1d：57fd ＞＞＞｛D1 =0｝

/aaaa：0：0：0：280：e102：1d：57fd ＞＞＞｛D1 =0｝

…………

（2）PC 服务器端接收 LED 端发送过来的 D4 灯状态信息｛D1 =0｝，即此时 LED 无线节点 D4 灯处于熄灭状态。按下按键端无线节点的 K1 键，按键端无线节点发送 A1 =0 命令给 PC 服务器端，服务器端接收到｛A0 =0｝消息，同时向 LED 端无线节点（aaaa：0：0：0：280：e102：1d：57fd）发送｛TD1 =1｝消息。LED 端无线节点执行完 D4 灯的反转后，返回｛D1 =1｝状态信息给服务器端，如下所示：

/aaaa:0:0:0:280:e102:1d:57fd ＞＞＞ {D1 = 0}

/aaaa:0:0:0:280:e102:1d:57ae ＞＞＞ {A0 = 0}

/aaaa:0:0:0:280:e102:1d:57fd ＜＜＜ {TD1 = 1}

/aaaa:0:0:0:280:e102:1d:57ae ＞＞＞ {A0 = 1}

/aaaa:0:0:0:280:e102:1d:57fd ＞＞＞ {D1 = 1}

....

（3）从客户端查看演示效果，当前 LED 端 D4 处于熄灭状态，LED 端无线节点屏幕显示"S：{D1 = 0} R：{TD1 = 1}"，如图 9.6 所示；按下按键端无线节点的 K1 键，其屏幕上显示"S：{A0 = 0}"，如图 9.7 所示，同时，LED 端 D4 灯被反转，且 LED 端无线节点屏幕显示"S：{D1 = 1} R：{TD1 = 1}"；松开按键端无线节点的 K1 键，其屏幕上显示"S：{A0 = 1}"。

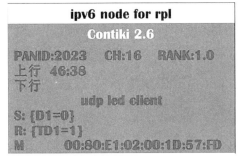

图 9.6　LED 端显示结果

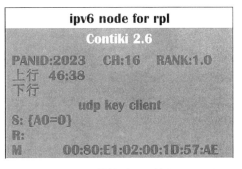

图 9.7　按键端显示结果

图 9.6 中，S 的 D1 表示 D4 灯的状态，0 表示灭，1 表示亮，客户端定时上报 D1 的值，R 表示接收服务器端发送的控制命令，TD1 表示状态反转；图 9.7 中，S 的 K1 按键表示 A0 的值，按下为 0，客户端定时发送 A0 的值。

★ 实例也可选择 WiFi、蓝牙等无线节点作为客户端，PC 作为服务器端，用户可以自行尝试。

9.4　传感器信息 CoAP 采集及控制

受限应用协议 CoAP（Constrained Application Protocol）是一种面向网络的协议，采用与 HTTP 类似的特征，核心内容为资源抽象、Rest 式交互以及可扩展的头选项等，应用程序通过 URI 标识来获取服务器端上的资源，即可以像 HTTP 协议对资源进行 Get、Put、Post 和 Delete 等操作，主要目标就是设计一个通用 Web 协议，满足受限环境的特殊需求。Co-

AP 也是 6LoWPAN 协议栈中的应用层协议。

9.4.1　CoAP 基本概述

1. CoAP 协议栈

CoAP 协议的传输层使用 UDP 协议。由于 UDP 传输的不可靠性，CoAP 协议采用双层结构，定义了带有重传的事务处理机制，并且提供资源发现和资源描述等功能。CoAP 采用尽可能小的载荷，从而限制了分片。

事务层用于处理节点之间的信息交换，同时提供组播和拥塞控制等功能。请求/响应层用于传输对资源进行操作的请求和响应信息。CoAP 协议的 REST 构架是基于该层的通信。CoAP 的双层处理方式，使得 CoAP 没有采用 TCP 协议，也可以提供可靠的传输机制。利用默认的定时器和指数增长的重传间隔时间实现可证实消息的重传，直到接收方发出确认消息。另外，CoAP 的双层处理方式支持异步通信，这是物联网和 M2M 应用的关键需求之一。

2. CoAP 的订阅机制

HTTP 的请求响应机制是假设事务都是由客户端发起的，通常叫作拉模型。这导致客户端效率很低，设备都是无线低功耗的，这些设备大部分时间是休眠状态，因此不能响应轮询请求。而 CoRE 认为支持本地的推送模型是一个重要的需求，也就是由服务器端初始化事务到客户端。推送模型需要一个订阅接口，用来请求响应关于特定资源的改变。由于 UDP 的传输是异步的，所以不需要特殊的通知消息。

3. CoAP 的交互模型

CoAP 使用类似于 HTTP 的请求响应模型，CoAP 终端节点作为客户端向服务器端发送一个或多个请求，服务器端回复客户端的 CoAP 请求。不同于 HTTP，CoAP 的请求和响应在发送之前不需要事先建立连接，而是通过 CoAP 信息来进行异步信息交换。CoAP 协议使用 UDP 进行传输。这是通过信息层选项的可靠性来实现的。CoAP 定义了四种类型的信息：可证实的信息，不可证实的信息，可确认的信息和重置信息。方法代码和响应代码包含在这些信息中，实现请求和响应功能。这四种类型信息对于请求响应的交互来说是透明的。

CoAP 的请求响应语义包含在 CoAP 信息中，其中分别包含方法代码和响应代码。CoAP 选项中包含可选的或默认的请求和响应信息，例如 URI 和负载内容类型。令牌选项用于独立匹配底层的请求到响应信息。

请求响应模型：请求包含在可证实的或不可证实的信息中，如果服务器端是立即可用的，它对请求的应答包含在可证实的确认信息中来进行应答。

虽然 CoAP 协议目前还在制定当中，但 Contik 嵌入式操作系统已经支持 CoAP 协议。

Contiki 是一个多任务操作系统，并带有 uIPv6 协议栈，适用于嵌入式系统和无线传感器网络，它占用系统资源小，适用于资源受限的网络和设备。目前，火狐浏览器已经集成了 Copper 插件，从而实现了 CoAP 协议。

4. CoAP 协议的 B/S 架构

浏览器和服务器架构(Browser/server，B/S)由用户浏览器、Web 服务器、IPv6 智能网关、IPv6 无线节点组成。浏览器通过 HTTP 协议访问 Web 服务器，IPv6 无线节点通过 Co-AP 协议和 IPv6 智能网关进行通信，从而实现用户在浏览器上访问节点上资源的功能，系统 B/S 架构如图 9.8 所示。

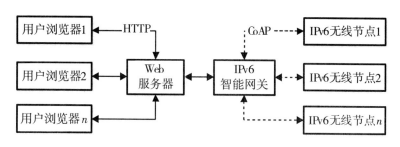

图 9.8　系统 B/S 架构图

图 9.8 中，实线表示有线连接，虚线表示无线连接。

9.4.2　项目实施

1. 项目主要内容

在 PC 端与 STM32W108 无线节点建立连接，STM32W108 无线节点作为服务器端，PC 或 Android 作为客户端，实现 CoAP 通信。

2. 无线节点 CoAP 服务端编程

步骤 1：构建 CoAP REST 引擎，该引擎的作用是将所有的网络对象，无线节点的 LED 资源抽象为网络资源，然后将这些网络资源提供给客户端，PC 端或者是 Android 端通过浏览器使用 CoAP 命令来访问或者控制这些网络资源，REST 服务进程的源码如下：

```
//sensor-coap\iar-coap\user\er-app. c
PROCESS( rest_server_er_app," Erbium Application Server" );
//AUTOSTART_PROCESSES( &rest_server_er_app);//定义 REST 服务进程
PROCESS_THREAD( rest_server_er_app,ev,data){
PRINTF(" Starting Erbium Application Server\n" );
Display_ASCII6X12_EX(0,LINE_EX(4)," coap server" ,0);
```

```
    //在 LCD 屏上显示 COAP server
er_poll_event = process_alloc_event( );
rest_init_engine( );//初始化 REST 引擎
rest_activate_resource( &resource_leds);//激活 LED 资源
  /*定义应用所需要的事件*/
while(1){
PROCESS_WAIT_EVENT( );
if ( ev = = er_poll_event){
#if REST_RES_SEPARATE && WITH_COAP >3
/* Also call the separate response example handler. */
separate_finalize_handler( );
#endif } }
PROCESS_END( );
  }
```

步骤 2：实现 LED 资源驱动，在上述源码中分析了 REST 引擎进程的实现，同时激活了 LED 资源，资源主要代码如下：

```
//iar-coap\user\rsleds. c
RESOURCE(leds,METHOD_GET I METHOD_POST ," control/led"," ");
//led 资源定义,赋予 POST、GET 方法
//LED 资源事件处理方法
void leds_handler( void* request,void* response,uint8_t *buffer,
    uint16_t preferred_size,int32_t *offset){
size_t len =0;
uint8_t led =1;
static char buf[64];
if (METHOD_GET = = coap_get_rest_method(request)){//处理 GET 请求
Display_ASCII6X12_EX(0,LINE_EX(5)," GET LED",0);//LCD 上显示 GET LED
snprintf( buf,sizeof( buf)," {D1 = %d}" ,leds_get( )&led);//获取 LED 的状态
REST. set_header_content_type( response,REST. type. TEXT_PLAIN);
REST. set_response_payload( response,buf,strlen( buf));
    //发送 LED 的状态给客户端
return;}
if (METHOD_POST = = coap_get_rest_method(request)){//处理 POST 请求
Display_ASCII6X12_EX(0,LINE_EX(5)," POST LED",0);
```

```
//在 LCD 上显示 POST LED
char  * payload = NULL;
len = REST. get_request_payload( request,&payload);
memcpy( buf,payload,len);
buf[ len] = 0;
Display_ASCII6X12_EX(0,LINE_EX(6),buf,0);//LCD 上显示接收的指令
//根据指令的内容判断执行相应的 LED 的控制方法
if ( len >0 && payload[0] = = '{' && payload[ len-1] = = '}'){
if ( memcmp( &payload[1]," OD1 =1" ,4) = = 0){//打开 LED
leds_on( led);} else if ( memcmp( &payload[1]," CD1 =1" ,4) = = 0){
    //关闭 LED
leds_off( led);
} else   if ( memcmp( &payload[1]," TD1 =1" ,4) = = 0){//翻转 LED
leds_toggle( led);
} else { REST. set_response_status( response,REST. status. BAD_REQUEST);
    return;}
snprintf( buf,sizeof( buf)," {D1 = %d}" ,leds_get( )&led);
REST. set_header_content_type( response,REST. type. TEXT_PLAIN);
REST. set_response_payload( response,buf,strlen( buf));
    //发送 LED 的状态给客户端
} else { REST. set_response_status( response,REST. status. BAD_REQUEST);
return;}
}
```

其中"RESOURCE(leds, METHOD_GET | METHOD_POST ,"control/led"，"")"语句定义了 leds 资源；leds 定义了资源名；METHOD_GET | METHOD_POST 定义了请求该 leds 资源的两种方式 POST 和 GET；"control/led"定义了 leds 资源的请求路径，且在处理 POST 请求的代码中实现了打开、关闭、翻转 LED 命令的解析和对 LED 灯的控制。

3. PC 端通过 CoAP 实现控制无线节点

CoapOP. java 程序实现了 PC 端通过 Coap 协议发送命令，控制无线节点 LED 灯的开与关，主要代码如下：

```
//sensor-coap\pc-coap\CoapOP. java
public class CoapOP {
public static void main( String[ ] argv)throws Exception {
if ( argv. length  < 2){
```

```
System. out. println(" Coap  < GET I POST >  [data]  < url >" );
    //Coap 命令运行参数格式
System. exit(1);}
Log. setLevel( Level. OFF);
Log. init();
Request r = null;
if ( argv[0]. equalsIgnoreCase(" GET" )){//处理 GET 请求
r = new GETRequest();} elseif ( argv[0]. equalsIgnoreCase(" POST" )){
    //处理 POST 请求
r = new POSTRequest();} else {System. out. println(" Unknow operator '" +
    argv[0] +"'" );
System. exit(1);}
String url = null;
if ( argv. length  > = 3){//获取命令的 URL 参数
r. setPayload( argv[1]);
url = argv[2];} else {url = argv[1];}
r. setURI( url);//设置请求的 URL 参数
r. enableResponseQueue( true);
r. execute();//执行请求的发送
Response response = r. receiveResponse();//获取无线节点返回的响应
if ( response = = null)throw new Exception(" sensor response time out" );
if ( response. getCode()!  = CodeRegistry. RESP_CONTENT)
throw new Exception( CodeRegistry. toString( response. getCode()));
System. out. println(" OK" );
System. out. println( response. getPayloadString());}//打印无线节点返回的响应
}
```

4. Android 端通过 CoAP 控制无线节点实现

MainActivity. java 实现了 Android 端通过 Coap 协议发送命令，控制无线节点 LED 灯的开与关，主要代码如下：

```
//sensor-coap\android-coap\src\com\zonesion\ipv6\ex77\ctrl\coap\
    MainActivity. java
public class MainActivity extends Activity implements OnClickListener {
String mDefServerAddress =" aaaa:2::02fe:accf:2320:7399" ;
Button mBtnOn;Button mBtnOff;Button mBtnSt;
```

```
TextView mTVInfo;EditText mETAddr;
/*发送命令实现单击事件*/
@ Override
public void onClick(View v) {
// TODO Auto-generated method stub
String msg = null;
Request request = null;
if (v = = mBtnOn) {//处理打开 LED 命令的单击事件
msg = "{OD1 = 1}";//打开 LED 命令
request = new POSTRequest();}
if (v = = mBtnOff) {//处理关闭 LED 命令的单击事件
msg = "{CD1 = 1}";//关闭 LED 命令
request = new POSTRequest();}
if (v = = mBtnSt) {//处理获取 LED 状态的单击事件
msg = "{D1 = ?}";//获取 LED 状态命令
request = new GETRequest();}
if (request = = null) return;
String uri = "coap://[" + mETAddr. getText(). toString() + "]/control/led";
    //拼接 URL 字符串
request. setURI(uri);//设置 Request 消息的 URL
request. setPayload(msg);//设置 Request 消息的命令参数
request. enableResponseQueue(true);
try {
request. execute();//发送 Request 消息
Response response = request. receiveResponse();//接收 Response 响应
if (response = = null) {throw new Exception("sensor response time out");}
if (response. getCode()! = CodeRegistry. RESP_CONTENT) {
throw new Exception(CodeRegistry. toString(response. getCode()));}
mTVInfo. setText("节点状态:" + response. getPayloadString());
    //打印 Response 消息
} catch (Exception e) {e. printStackTrace();}}
}
```

5. 实例测试

CoAP 采集及控制传感器实例，选择一块 STM32W108 无线节点作为服务器端，PC 或

Android 作为客户端，实验也可以选择其他无线节点通信。

步骤 1：部署 802.15.4 子网网关环境，保证 PC 端能与 802.15.4 子网网关以及 802.15.4 边界路由器进行正常通信。

步骤 2：编译固化服务器端 STM32W108 无线节点镜像，首先将 sensor-udp 目录的 iar-coap 实例源码包拷贝到 Contiki 源码对应的 contiki-2.6 \ zonesion \ example \ iar \ 目录，其次在 \ iar-coap \ zx103. eww 打开工程路径，在 IAR Workspace 窗口下拉菜单选择 rpl 工程，修改 PANID 和 Channel，保持与 STM32W108 无线协调器一致；然后单击菜单 Project 中 Rebuild All 编译源码。

步骤 3：通过 5V 电源适配器给 STM32W108 无线节点通电，打开 J-Flash ARM 软件，打开菜单 File，选择 Open data file 选项，选择固化 zx103. hex 镜像文件，然后在主菜单 Target 中依次执行 Connect、Erase chip 和 Program&Verify 操作即可将镜像烧写到无线节点的 STM32W108 无线节点中。

步骤 4：查看服务器端 STM32W108 无线节点网络地址，将 STM32W108 协调器、服务器端无线节点重新上电，通过屏幕显示可查看到服务器端无线节点的 MAC 地址是 00：80：E1：02：00：1D：57：AE；然后测试服务器端无线节点与 PC 客户端间的组网是否成功。

步骤 5：PC 客户端实验测试结果。

(1)准备 pc-coap 实例包，将 \ sensor-coap \ pc-coap 实例源码包拷贝到工作目录(此处设为 D 盘)。在 PC 端打开 CMD 命令行终端，执行如下命令：

①设置当前目录。

C：\ Users \ Administrator > D：

D：\ > cd pc-coap

②编译当前目录的 CoapOP. java 文件，其中-cp 参数选项指定编译所需的 Californium-coap-z. jar 包。

D：\ pc-coap >javac-cp Californium-coap-z. jar CoapOP. java

(2)运行编译后的 CoapOP. class，运行命令"java-cp . ；Californium-coap-z. jar Coap < GET | POST > [data] < url >"，其中-cp . ；Californium-coap-z. jar 指定运行 CoapOP. class 所需的 jar 文件；参数 < GET | POST > 指定发送 GET | POST 请求；[data]指定请求发送数据，例如{OD1 = 1}、{CD1 = 1}、{D1 = ?}等；< url > 指定请求目的地地址，例如 coap：//[aaaa：：0280：E102：001D：57AE]/control/led，其中[ ]内指定 STM32W108 无线节点的网络地址 aaaa：：0280：E102：001D：57AE，/control/led 指定所要打开的资源。

查看运行 CoapOP. class 文件所需的参数选项，命令如下：

D：\ pc-coap >java-cp . ；Californium-coap-z. jar CoapOP

Coap < GET | POST > [data] < url >

(3)点亮 STM32W108 无线节点的 D4 灯。开灯命令发送成功后，可看到无线节点板上的 D4 灯被点亮，同时命令窗口返回响应消息{D1 = 1}，表示 D4 灯的最新状态为开。特别注意 URL，即 coap：//〔aaaa：：0280：E102：001D：57AE〕/control/led 内的网络地址为服务器端无线节点的网络地址。

发送{OD1 = 1}命令执行点亮无线节点 D4 灯操作。

D：\ pc-coap > java-cp . ; Californium-coap-z. jar CoapOP POST {OD1 = 1}

coap：//〔aaaa：：0280：E102：001D：57AE〕/control/led

OK{D1 = 1}

（4）熄灭无线节点的 D4 灯。关灯命令发送成功后，可以看到无线节点板上的 D4 灯被熄灭，同时命令窗口返回响应消息 D1 = 0}，表示 D4 灯的最新状态为关。

发送{CD1 = 1}执行关闭无线节点 D4 灯操作。

D：\ pc-coap > java-cp . ; Californium-coap-z. jar CoapOP POST {CD1 = 1}

coap：//〔aaaa：：0280：E102：001D：57AE〕/control/led

OK {D1 = 0}

（5）查询无线节点 D4 灯的状态。查询命令发送成功后，窗口返回响应消息{D1 = 0}，表示当前 D4 灯的最新状态为关。

发送 GET 请求查询 D4 灯的状态。

D：\ pc-coap > java-cp . ; Californium-coap-z. jar CoapOP GET

coap：//〔aaaa：：0280：E102：001D：57AE〕/control/led

OK{D1 = 0}

步骤 6：Android 客户端实验测试结果。

（1）准备 android-coap 实例包和 Android 开发环境，将 \ sensor-coap \ 7.4.3-android-co-ap 实例源码包拷贝到工作目录。

（2）编译 android-coap 工程，生成 ctrl-coap. apk 并安装到 S210 网关。运行此应用程序，并在节点地址栏里输入服务器端无线节点的地址 aaaa：：0280：E102：001D：57AE，如图 9.9 所示。

图 9.9 Android 端测试显示页面

在图 9.9 中，单击"获取 LED 状态"按钮即可查询 D4 的状态，单击"打开 LED""关闭

LED"按钮就可以看到无线节点的 D4 灯点亮、熄灭。单击"获取 LED 状态"按钮，无线节点的 D5 不停闪烁，表示获取无线节点 LED D4 灯状态消息已发送到无线节点，同时接收到无线节点返回的响应消息{D1 = 0}，表示 D4 灯的最新状态为关；单击"打开 LED"按钮，无线节点的 D4 灯被点亮，同时接收到无线节点返回的响应消息{D1 = 1}，表示 D4 灯的最新状态为开；单击"关闭 LED"按钮，无线节点的 D4 灯熄灭，同时接收到无线节点返回的响应消息{D1 = 0}，表示 D4 灯的最新状态为关。

9.5 传感器综合应用实例

构建 RP、WiFi、蓝牙等 IPv6 多网融合实验环境，即构建底层无线节点拓扑图代码实现，无线节点信息采集与 LED 控制底层代码实现，构建 MeshTop 综合应用程序网络拓扑图、采集传感器数据、控制 LED 灯代码实现。

项目实施过程如下：

1. 无线节点信息采集与 LED 控制底层实现

(1)CoAP Rest 引擎。

CoAP Rest 的作用是将所有的网络对象，比如无线节点的 LED 资源和传感器信息采集资源，抽象为网络资源，然后将这些网络资源提供给客户端(PC 或者 Android)，客户端通过 Web 浏览器的 CoAP 命令来访问或者控制这些网络资源，REST 服务进程的源码参见配套资源 \ mesh-top \ iar-mesh-top \ user \ er-app. c。

(2)控制传感器 LED 资源驱动。

关于 LED 资源驱动的实现请参考 9.4 节。

(3)传感器信息采集资源驱动。

传感器信息采集资源驱动 rsmisc. c 通过定义一个 misc_app 线程完成传感器初始化配置，传感器信息采集和实时更新。该线程开始执行后，首先调用 sensor_misc. config()方法完成传感器初始化配置，通过定时器每隔 1s 调用 sensor_misc. getValue()方法对 LCD 显示屏信息进行实时更新以及调用 sensor_misc. poll(tick + +)方法对传感器数据的动态更新。此处 sensor_misc. config()、sensor_misc. getValue()、sensor_misc. poll(tick + +)方法为结构体定义的方法，其各个传感器均有上述方法的具体实现。rsmisc. c 驱动还实现了对信息采集资源的定义，以及对信息采集资源进行 CoAP 访问的详细处理，其中 EVENT_RESOURCE()方法定义了传感器信息采集资源，参数 misc 定义了资源名，METHOD_GET ｜ METHOD_POST 定义了请求 misc 资源的两种方式 POST 和 GET，"sensor/misc"定义了传感器信息采集资源的请求路径；且在处理上层发送过来的 GET 请求时，通过调用传感器信息采集资源的 getValue 方法返回当前传感器信息采集值，其源码参见配套资源 \ iar-coap \ user \ rsmisc. c。

（4）传感器信息采集资源定义。

上述源码中介绍了传感器信息采集驱动的实现，在处理上层发送过来的 GET 请求时，通过调用传感器信息采集资源的 getValue 方法返回当前传感器信息采集值，那么传感器信息采集资源是如何定义的？下面介绍传感器信息采集资源的定义。

misc_sensor. c 资源定义了 misc_sensor. h 头文件中所列出的所有传感器资源，例如温湿度传感器、空气质量传感器、光敏传感器等。下面以空气质量传感器为例介绍该传感器信息采集资源所定义方法的实现，其中主要方法说明如表 9. 3 所示。

表 9. 3　空气质量传感器定义的方法

方法名	说明
static void AirGas_Config(void)	空气质量传感器初始化
static char* AirGas_GetTextValue(void)	获取空气质量传感器信息采集值
static void AirGas_Poll(int tick)	监测空气质量传感器信息采集值的改变
static char* AirGas _ Execute (char* key，char* val)	响应上层发送的{A0 =?}命令查询空气传感器采集值

\ iar-coap \ usermisc_sensor. c 空气质量传感器核心代码如下：

```
#elif CONFIG_SENSOR = = SENSOR_AirGas  /*空气质量传感器*/
static void AirGas_Config( void){ ADC_Configuration( );}//空气质量传感器初始化
static char* AirGas_GetTextValue( void){  //获取空气质量传感器信息采集值
uint16_t v;
v = ADC_ReadValue( );//读取传感器采集值
snprintf( text_value_buf,sizeof( text_value_buf)," {A0 = %u}" ,v);
return text_value_buf;}
static void AirGas_Poll( int tick){  //监测空气质量传感器信息采集值的改变
if ( tick % 5 = = 0)  misc_sensor_notify( );}
//响应上层发送的{A0 =?}命令查询空气质量传感器信息采集值
static char* execute( char* key,char* val){
text_value_buf[0] =0;
if ( strcmp( key," A0" ) = =0 && val[0] = ='? ')
snprintf( text_value_buf,sizeof( text_value_buf)," A0 = %u" ,ADC_ReadValue( ));
return text_value_buf;}
MISC_SENSOR( CONFIG_SENSOR,&AirGas_Config,
```

&AirGas_GetTextValue,&AirGas_Poll,&execute);

…………

将上述4种方法封装到MISC_SENSOR宏，其他传感器定义类似。

misc_sensor.h实现了传感器资源的定义和MISC_SENSOR宏的定义，并将封装在MISC_SENSOR宏里的方法填充到sensor_t结构体中，方便在传感器信息采集资源实现中，通过统一的结构体方法调用相应的传感器资源实现方法。其中空气质量传感器资源实现方法与结构体定义方法对应关系如表9.4所示。

表9.4 空气质量传感器结构体定义与对应的方法

空气质量传感器资源实现方法	结构体定义方法
static void AirGas_Config(void)	void (*config)();
static char* AirGas_GetTextValue(void)	char* (*getValue)();
static void AirGas_Poll(int tick)	void (*poll)(int);
static char* AirGas_Execute(char* key, char* val)	char* (*execute)(char* key, char* val)

\iar-coap\user\misc_sensor.h核心代码如下：

```
#define SENSOR_HumiTemp 11              /*温湿度传感器*/
#define SENSOR_AirGas 12               /*空气质量传感器*/
#define SENSOR_Photoresistance 13      /*光敏传感器*/
#define SENSOR_CombustibleGas 21       /*可燃气体传感器*/
#define SENSOR_Flame 22                /*火焰传感器*/
#define SENSOR_Infrared 23             /*人体红外传感器*/
……
//以上是资源定义
#define CONFIG_SENSOR SENSOR_AirGas
    //配置当前工程为SENSOR_AirGAS传感器资源
typedef struct {//sensor_t结构体
void (*config)();
char* (*getValue)();
char* (*execute)(char* key,char* val);
void (*poll)(int);
} sensor_t;
extern void misc_sensor_notify(void);
```

```
extern sensor_t sensor_misc;
#define MISC_SENSOR(name,cg,gv,po,ex)
sensor_t sensor_misc = {. config = ##cg,. getValue = ##gv,. poll = ##po,. execute = ##ex
}
```

2. MeshTop 综合应用程序实现。

(1)综合应用程序拓扑图构建实现

资源 RPLNetTOPActivity. java 实现了 RPL 拓扑图的构建,WIFINetTOPActivity. java 实现了 WiFi 拓扑图的构建,BTNetTOPActivity. java 实现了 BT 拓扑图的构建,OPActivity. java 实现了 MeshTop 图的构建。以下介绍 RPL 拓扑图构建过程,其他网络的拓扑图构建方法类似,源码参见 \ android-mesh-top \ MeshTOP \ src \ com \ zonesion \ mesh \ top \ RPLNet-TOPActivity. java。

① RPLNetTOPActivity 界面 RPL 拓扑图。

RPLNetTOPActivity. java 通过 new ConnectThread(3000)开启 3000 端口与所有的无线节点建立连接。一旦某一无线节点与服务器端建立连接,则调用 onDataHandler(InetAddress a, byte[] b, int len)方法将该无线节点添加到 RPL 拓扑图中,其中 byte b[]为无线节点发送给服务器端的路由数据包,通过解析路由数据包数据,将该节点的上行、下行、邻居节点信息分别填充到对应集合中;最后调用 mTopManage. handlerNDR(ma, b[0], ln, ld, lr)方法,根据该节点的集合数据信息将该节点添加到 RPL 拓扑图中。

② RPLNetTOPActivity 界面节点单击事件。

通过 mTopHandler. setNodeClickListener(new OnClickListener())}方法实现了节点单击事件处理。在该方法中通过 intent. putExtra("mote", a. toString())方法将传感器 MoteAddress 信息封装到 intent;通过 intent. putExtra("type", st)方法将传感器 type 信息封装到 intent;通过 BTNetTOPActivity. this. startActivity(intent)方法跳转到 MiscActivity. class 的同时,将上述封装信息传递到了 MiscActivity. class,在 MiscActivity 中根据 intent 中封装的传感器 type 信息,动态生成标签(LED 标签、传感器标签),使得每次单击不同的节点进入 MiscActivity 看到的是特定节点的标签页面。

(2)LED 的控制。

LedCtrlView. java 资源实现对指定传感器资源的 LED 灯控制,其核心是 RunCoapThread 类,该类是一个发送 CoAP 请求线程,通过实例化 RunCoapThread(InetAddress addr, String uri, String method, String payload)构造方法,调用 CoapOP. moteControl(maddr, muri, mmethod, mpayload)方法向无线节点发送 CoAP 请求。

LedCtrlView. java 执行流程:LedCtrlView 启动后,通过 RunCoapThread 线程发送 GET 请求,获取 LED 灯当前的状态信息,在 RunCoapThread 中解析 LED 灯当前的状态信息,并通过 mHandler 改变 LED 图标反映 LED 当前状态。当单击开、关按钮触发按键事件,在

onClick（View arg0）方法中处理对 LED 灯的开关控制，实现方式是通过 RunCoapThread 线程向无线节点发送 CoAP POST 请求。LedCtrlView. java 资源源码参见 \ android-mesh-top \ MeshTOP \ src \ com \ zonesion \ mesh \ node \ misc \ LedCtrlView. java。

（3）信息采集图表的实现。

仅以空气质量传感器信息采集图表的实现为例进行说明，其他传感器信息采集实现方式类似，用户可自行分析其实现过程。AirGasView. java 实现空气质量传感器信息实时采集并动态更新到图表。核心实现是通过调用 registerMoteHandler（InetAddress a，String rs，ResponseHandler h）方法向无线节点的/sensor/misc 资源发送请求信息，获得相应消息后，解析响应消息得到传感器信息采集最新的值，通过 mHandler. obtainMessage（1，v1）. sendToTarget（）方法发送给 mHandler 进行更新图表处理。AirGasView. java 资源源码参见 \ android-mesh-top \ MeshTOP \ src \ com \ zonesion \ mesh \ node \ misc \ AirGasView. java。

（4）构建底层无线节点拓扑图。

Android 服务器端根据无线节点发送的路由数据包信息建立拓扑图。其中无线节点发出的路由数据包由节点类型（1byte）、父节点个数 np（1byte）、子节点个数（1byte）、邻居个数 nn（1byte）、地址 np*2 + nc*2 + nn*2bybe、传感器类型（1byte）组成。其中：节点类型值为 1 表示 board-router，值为 2 表示 rpl node，值为 3 表示 leaf node；地址表示"父节点、子节点、邻居节点"地址，每个地址为 MAC 地址最后 2 字节；传感器类型指明无线节点上所连接的传感器类型，例如温湿度传感器、光敏传感器等。

\ iar-mesh-top \ user \ upd-client. c 资源实现了路由数据包的封装，通过 3000 端口号和网络地址与服务器端建立连接后，不断向服务器端发送路由数据包。该数据包包含了网关、无线节点的节点类型、父节点个数、子节点个数、邻居节点个数、地址、传感器类型等信息，服务器端正是根据无线节点发送的路由数据包信息建立拓扑图。

```
PROCESS_THREAD(udp_client_process,ev,data){
uip_ipaddr_t ipaddr;
static struct etimer et;
int dlen;
PROCESS_BEGIN();
printf("UDP client process started\n");
#ifdef WITH_RPL
uip_ip6addr(&ipaddr,0xaaaa,0,0,0,0,0,0,1);
    //RPL 地址:指明其 RPL 网关地址为 aaaa:1
#endif
#ifdef WITH_BT_NET
uip_ip6addr(&ipaddr,0xaaaa,1,0,0,0,0,0,1);
```

```
    //BT 地址:指明其蓝牙网关地址为 aaaa:1::1
#endif
#ifdef WITH_WIFI_NET
uip_ip6addr( &ipaddr,0xaaaa,2,0,0,0,0,0,1);
    //WIFI 地址:指明其 WIFI 网关地址为 aaaa:2::1
#endif
//通过端 3000 口号与网络地址与服务器端建立连接
l_conn = udp_new( &ipaddr,UIP_HTONS(3000),NULL);
etimer_set( &et,CLOCK_SECOND * 10 + ( random_rand( )%10));
while(1){
PROCESS_YIELD( );}
//实现路由数据包封装(指明无线节点的类型、父节点、子节点、邻居节点、地址、
    传感器类型)
UDP_DATA_BUF[3] = n;
dlen + = 1 + n * 2;
#ifndef WITH_RPL_BORDER_ROUTER
UDP_DATA_BUF[dlen] = CONFIG_SENSOR;
dlen + = 1;
#endif
uip_udp_packet_send(l_conn,UDP_DATA_BUF,dlen);
etimer_set( &et,CLOCK_SECOND*6);}
PROCESS_END( );
}
```

3. 综合应用程序测试

步骤 1：查看无线节点端组网信息，请参考 9.1 实验步骤依次完成无线节点网络信息的修改；编译无线节点 Contiki 工程源代码；固化无线节点镜像；查看组网及信息。

步骤 2：查看 Android 端组网信息 MeshTOP 图。

(1)准备 MeshTop 实例包，将 \ mesh-top \ android-mesh-top \ MeshTop 实例源码拷贝到工作目录，在 Android 开发环境下编译 MeshTop 工程，生成 MeshTop. apk 并安装到 S210 网关。

(2)MeshTop 应用程序可查看 WiFi、蓝牙、802. 15. 4 三种网络拓扑图：WiFi TOP 应用程序查看 WiFi 网络拓扑图，BlueTooth 应用程序用于查看蓝牙网络拓扑图，RPL TOP 应用程序用于查看 802. 15. 4 网络拓扑图，如图 9. 10 所示。

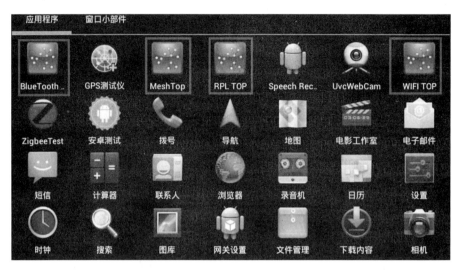

图 9.10 综合应用 MeshTop 程序

（3）无线节点组网成功后，分别单击 RPL TOP、WiFi TOP、BlueTooth 应用程序可查看相应网络拓扑图；若单击 MeshTop 应用程序，查看三种网络融合拓扑图，如图 9.11 所示。

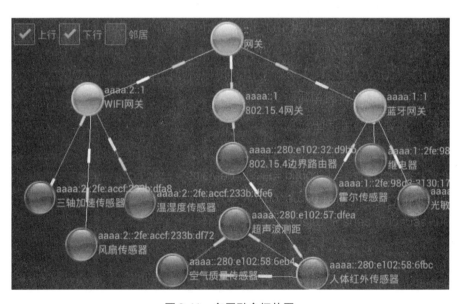

图 9.11 多网融合拓扑图

（4）单击图 9.11 中每个无线节点，都可以进入到节点信息界面，每个节点都包含两个选项卡，其中一个用于控制 STM32 节点板载的 D4 LED 灯，另一个控制节点板上的 D5 LED 灯，如图 9.12 所示。

图 9.12　板载的 D4 LED 灯的控制

（5）单击图 9.11 中 STM32W108 无线节点"空气质量传感器"。空气质量视图界面以曲线图的形式动态显示空气质量的历史值，并在右下角实时更新 STM32W108 无线节点采集的空气质量传感器的值，如图 9.13 所示。

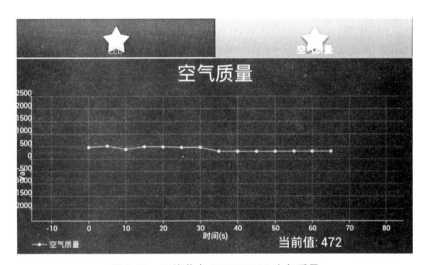

图 9.13　无线节点 STM32W108 空气质量

（6）单击图 9.11 中 WiFi 无线节点"风扇传感器"，在风扇传感器视图界面可通过 Spanner 控件的滑动控制风扇传感器的风速；单击图 9.11 中蓝牙无线节点"继电器"，在继电器视图界面可通过"开/关"按钮控制继电器的开合，可以看到对应的节点 LED 指示灯亮灭，继电器开合的"咔嚓"声音，如图 9.14 所示。

图 9.14　蓝牙无线节点继电器控制

9.6 添加自定义传感器实例

项目主要内容：以添加一个灯光传感器为例展现如何添加一个自定义传感器，即实现自定义传感器资源定义、实现自定义传感器无线节点信息采集与 LED 控制的底层代码、实现 Android 端自定义传感器应用层视图的代码。

项目实施主要过程如下：

1. 无线节点端定义新的传感器信息采集资源

（1）准备 Contiki IPv6 源码包，将 \ mesh-top \ iar-mesh-top \ 工程拷贝到源码对应工作目录 \ contiki-2.6 \ zonesion \ example \ iar \，在 \ iar-mesh-top \ user \ misc_sensor. h 文件中添加灯光传感器资源变量定义，修改后的代码如下所示，其中黑体部分为添加的内容。

```
……
#define SENSOR_Relay        41        /* 继电器 */
#define SENSOR_AlcoholGas   42        /* 酒精传感器 */
#define SENSOR_Hall         43        /* 霍尔传感器 */
//添加灯光传感器资源定义
#define SENSOR_Light        44        /* 灯光传感器 */
……
```

（2）修改 \ iar-mesh-top \ user \ misc_sensor. h 文件，指定灯光传感器资源名，修改后的代码如下所示，其中黑体部分为添加的内容。

```
……
#elif CONFIG_SENSOR = = SENSOR_DigitalTube
#define SENSOR_NAME "数码管传感器"
#elif CONFIG_SENSOR = = SENSOR_SoilMoisture
#define SENSOR_NAME "土壤湿度传感器"
#elif CONFIG_SENSOR = = SENSOR_Light
#define SENSOR_NAME "灯光传感器"
#else
#define SENSOR_NAME "未知"
#endif
……
```

（3）修改 \ iar-mesh-top \ user \ misc_sensor. c 文件，在文件代码末尾 #endif 之前添加灯光传感器资源方法实现，需要添加的内容参见对应源码。

2. Android 应用端定义新的传感器信息采集资源

（1）将 MeshTop 实例 \ mesh-top \ android-mesh-top \ MeshTop 源码包，拷贝到工作目录，在 \ MeshTOP \ src \ com \ zonesion \ mesh \ node \ misc 包中添加 LightView. java 文件。

（2）修改 MiscActivity. java 文件，添加资源类型和资源名称，修改后的代码如下，其中黑体部分为添加的内容。

int［］mSensorTypes =｛ 0,11,12,13,21,22,23,31,32,33,41,42,43,44,51,52,53,61, 62,63,64,65,66,67,68,69,70,71,72,73,74,75,76,77,78,79｝;

String［］mSensorNames =｛"LED","温湿度传感器","空气质量传感器","光敏传感器","可燃气体传感器","火焰传感器","人体红外传感器","三轴加速传感器","超声波测距传感器","压力检测传感器","继电器传感器","酒精传感器","霍尔传感器","**灯光传感器**","步进电机传感器","震动传感器","高频 RFID 传感器","雨滴传感器","红外避障传感器","触摸传感器","防水型温度传感器","噪声传感器","电阻式压力传感器","流量计数传感器","声光报警","风扇传感器","红外遥控传感器","语音合成传感器","语音识别传感器","指纹识别传感器","低频 RFID 传感器","紧急按钮传感器","直流电机传感器","数码管传感器","土壤湿度检测","颜色传感器"｝;

（3）修改 \ MeshTOP \ src \ com \ zonesion \ mesh \ top \ tool. java 文件，添加拓扑图中节点显示名称。修改后的代码如下，其中黑体部分为添加的内容。

final static int［］mSensorTypes =｛ 0,1,2,3,11,12,13,21,22,23,31,32,33,41,42,43, 44,51,52,53,61,62,63,64,65,66,67,68,69,70,71,72,73,74,75,76,77,78,79｝;

final static String［］mSensorNames =｛"网关","蓝牙网关","WIFI 网关","802. 15. 4 边界路由器","温湿度传感器","空气质量传感器","光敏传感器","可燃气体传感器","火焰传感器","人体红外传感器","三轴加速传感器","超声波测距传感器","气压传感器","继电器传感器","酒精传感器","霍尔传感器","**灯光传感器**","步进电机传感器","震动传感器","高频 RFID 传感器","雨滴传感器","红外避障传感器" ,"触摸传感器","防水型温度传感器","噪声传感器","电阻式压力传感器","流量计数传感器","声光报警传感器","风扇传感器","红外遥控传感器","语音合成传感器","语音识别传感器","指纹识别传感器","低频 RFID 传感器","紧急按钮传感器","直流电机传感器","数码管传感器","土壤湿度检测","颜色传感器"｝;

3. 灯光传感器无线节点实例测试

步骤 1：编译固化无线节点镜像，确保完成传感器应用综合实验。

步骤 2：修改 zx103 \ zonesion \ proj \ user \ misc_sensor. h 文件传感器定义，设定编译的传感器类型为自定义传感器 SENSOR_Light。

#define CONFIG_SENSOR SENSOR_Light   //修改此处代码来确定使用的传感器类型

步骤3：在 IAR 环境 wokspace 中选择 rpl 工程，单击菜单栏 Project 中的 Rebuild All，重新编译源码，编译成功后，将生成的 zx103. hex 重命名为 SENSOR_Light. hex，然后固化此镜像文件到连接灯光传感器的 STM32W108 无线节点。

步骤4：重启相关设备，组网成功后，灯光传感器屏幕显示信息如图 9.15 所示。

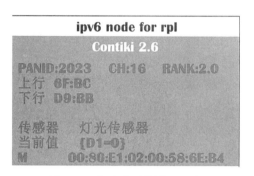

图 9.15　灯光传感器屏显信息

4. 编译 Android 端 MeshTop 工程

步骤1：打开 MeshTop 工程对应源码，编译生成 MeshTop. apk，用 Mini USB 线连接 PC 与 S210 网关，安装 MeshTop. apk 程序到网关平台 Android 系统。

步骤2：灯光传感器组网成功后，运行 RPL TOP 应用程序，界面如图 9.16 所示，可以看到灯光传感器已经成功加入 802.15.4 网络。

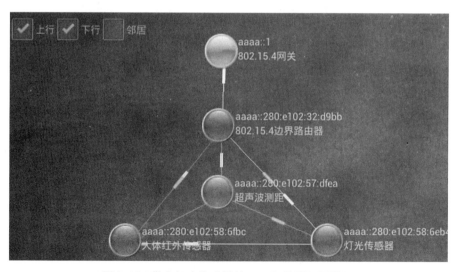

图 9.16　带有灯光传感器的 RPL 拓扑图组网界面

步骤3：单击灯光传感器节点，进入灯光传感器控制界面，选择 LED 标签卡，单击

"开/关"按钮，对 STM32 节点板载的 D4 灯进行开关控制，结果类似图 9.12；若在灯光传感器控制界面，选择灯光标签卡，单击第一组"开/关"按钮，对继电器的 D4 灯进行开关控制；单击第二组"开/关"按钮，对继电器的 D5 灯进行开关控制，结果类似图 9.14。

第 10 章 智云物联平台综合设计

前面章节介绍的基于 IPv6 智能物联网的综合实验，仅支持本地和局域网客户端对 IPv6 节点的采集、控制等操作，同时定义的应用层节点通信协议理解起来稍显复杂。为了能够实现远程客户端对物联网 IPv6 节点的远程控制，同时也为了能够让用户能够快速地开发出自定义的远程控制客户端程序，本章搭建一个智云物联平台，然后针对该平台设计出一套简单易懂无线节点通信协议，并在该协议上开发出一套 API，这些 API 主要包括无线节点的实时数据采集、历史数据查询和视频监控。

智云物联平台系统框架结构图如图 10.1 所示。

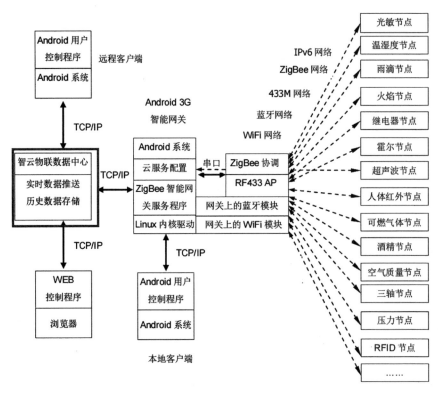

图 10.1 智云物联平台系统框架结构图

通过图 10.1 我们可以得知，智能网关、Android 客户端程序、WEB 客户端服务通过数据中心就可以实现对传感器的远程操作，包括实时数据采集、传感器控制和历史数据查询。

10.1　智云物联应用开发基础

一个典型意义的物联网应用，一般要完成传感器数据的采集、存储和数据的加工这三项工作。举例来说，对于驾驶员，希望获取去往目的地路途上的路况，为了完成这个目标，就需要有大量的交通流量传感器对几个可能路线上的车流和天气状况进行实时的采集，并存储到路况集中处理服务器端，服务器端通过适当的算法计算，从而得出预计到达时间，并将处理的结果展示给驾驶员。所以，我们能得出大概的系统架构设计可以分为三部分：传感器硬件和接入互联网的通信网关负责将传感器数据采集起来，发送到互联网服务器；高性能的数据接入服务器和海量存储；特定应用，负责处理结果展现服务。

要解决上述物联网系统架构的设计，需要有一个基于云计算与互联网的平台加以支撑，而这个平台的稳定性、可靠性、易用性，对该物联网项目的成功实施，有着非常关键的作用。智云物联公共服务平台就是这样的一个开放平台，实现了物联网服务平台的主要基础开发功能，提供开放的程序接口，为用户提供基于互联网的物联网应用服务。

10.1.1　智云物联平台概述

智云物联是一个开放的公共物联网接入平台，目的是为服务所有的爱好者和开发者，使物联网传感器数据的接入、存储和展现变得轻松简单，让开发者能够快速开发出专业的物联网应用系统。使用智云物联平台进行项目开发，具备以下优势：

(1)让无线传感器网快速接入互联网，支持手机和 Web 远程访问及控制。

(2)解决多用户对单一设备访问的互斥问题，数据对多用户的主动推送等技术难题。

(3)提供免费物联网大数据存储服务，支持海量数据的存储、查询、分析、获取等服务。

(4)开源稳定的底层工业级传感器网络协议栈，轻量级的数据通信格式，易学易用。

(5)开源的海量传感器硬件驱动库，开源的海量应用项目资源。

(6)免应用编程的 BS 项目发布系统，Android 组态系统，LabView 数据接入系统。

(7)物联网分析工具能够跟踪传感网络层、网关层、数据中心层、应用层的数据包信息，快速定位故障点。

10.1.2　智云物联平台基本框架

智云物联平台在嵌入式/移动互联/物联网项目架构中框架如图 10.2 所示。

主要构成有：

图 10.2　智云物联平台框架

1. 全面感知

全系列无线智能硬件有多达 10 种无线核心板、40 多种教学传感器/执行器、100 多种工业传感器/执行器支持定制。

2. 网络传输

支持 ZigBee、WiFi、Bluetooth、RF433M、IPv6、RS485 等无线/有线通信技术；采用易懂、易学的 JSON 数据通信格式轻量级通信协议；多种智能 M2M 网关，集成 WiFi/3G/1000M 以太网等接口，支持本地数据推送及远程数据中心接入，采用 AES 加密认证。

3. 数据中心

高性能工业级物联网数据集群服务器，支持海量物联网数据的接入、分类存储、数据决策、数据分析及数据挖掘；分布式大数据技术，具备数据即时消息推送处理，数据仓库存储与数据挖掘等功能；云存储采用多处备份，数据永久保存，数据丢失概率小于 0.1%；基于 B/S 架构的后台分析管理系统，支持 Web 对数据中心进行管理和系统运营监控；主要功能模块：消息推送、数据存储、数据分析、触发逻辑、应用数据、位置服务、短信通知、视频传输等。

4. 应用服务

智云物联开放平台应用程序编程接口，提供 SensorHAL 层、Android 库、Web JavaScript 库等 API 二次开发编程接口，具有互联网/物联网应用所需的采集、控制、传输、显示、数据库访问、数据分析、自动辅助决策、手机/Web 应用等功能，可以基于该 API 开发一套完整的互联网/物联网应用系统；提供实时数据(即时消息)、历史数据(表格/曲线)、视频监控(可操作云台转动、抓拍、录像等)、自动控制、短信/GPS 等编程接口；提供 Android 和 Windows 平台下无线节点数据分析测试工具，方便程序的调试及测试；提供基于开源的 JSP 框架的 B/S 应用服务，支持用户注册及管理、后台登录管理等基本功能，支持项目属性和前端页面的修改，能够根据项目需求定制各个行业应用服务，比如智能家居管理平台、智能农业管理平台、智能家庭用电管理平台、工业自动化专家系统等。

Android 应用组态软件，支持各种自定义设备，包括传感器、执行器、摄像头等的动态添加，删除和管理，无需编程即可完成不同应用项目的构建；支持与 LabView 仿真软件的数据接入，快速设计物联网组态项目原型。

智云物联平台支持各种智能设备的接入，常用硬件如下：

(1)传感器：主要用于采集物理世界中发生的物理事件和数据，包括各类物理量、标识、音频、视频数据。

(2)智云节点：采用单片机/ARM 等微控制器，具备物联网传感器数据的采集、传输、组网能力，能够构建传感器网络。

(3)智云网关：实现传感器网络与电信网/互联网的数据联通，支持 ZigBee、WiFi、BT、RF433、IPv6 等多种传感协议的数据解析，支持网络路由转发，实现 M2M 数据交互。

(4)云服务器：负责对物联网海量数据进行集中处理，运用云计算大数据技术实现对数据的存储、分析、计算、挖掘和推送功能，并采用统一的开放接口为上层应用提供数据服务。

(5)应用终端：运行物联网应用的移动终端，比如 Android 手机/平板等设备。

10.1.3　开发前准备工作

基于智云物联公共服务平台快速开发移动互联/物联网的综合项目。在使用平台学习前，要求读者预先学习以下基本知识和技能。

(1)基于 STM32F103/STM32W108 的单片机 ARM 接口技术/传感器接口技术。

(2)IPv6、RF433、ZigBee、BLE、WiFi 等无线传感器网络基础知识及无线协议栈组网原理。

(3)JAVA 编程和 Android 应用程序开发。

（4）HTML、JavaScript、CSS、Ajax 开发，熟练使用 DIV + CSS 进行网页设计。

（5）JDK + Apache Tomcat + Eclipse 环境搭建及网站开发。

10.2　智云物联平台基本使用

通过构建一个完整物联网项目来学习智云物联平台的使用，系统模型如图 10.3 所示。

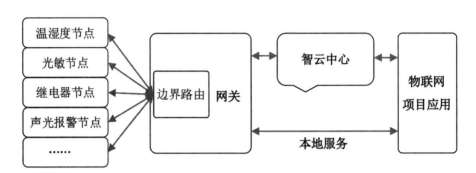

图 10.3　智云平台系统模型

图 10.3 中，边界路由、温湿度节点、光敏节点、继电器节点、声光报警节点通过 IPv6 无线传感器网络联系在一起，其中边界路由作为整个网络的汇集中心；边界路由与实验箱网关进行交互，通过实验箱网关上运行的服务程序，将传感器网与互联网进行连接，同时将数据推送给智云中心，也支持数据推送到本地局域网；智云中心提供数据的存储服务、数据推送服务、自动控制服务等深度的项目接口，本地服务仅支持数据的推送服务；物联网应用项目通过智云 API 进行具体应用开发，能够实现对传感器网内节点进行采集、控制、决策等。

10.2.1　项目部署基本步骤

1. 部署传感/执行设备

智云平台硬件系统包括无线传感器节点和智云网关，无线传感器节点通过 IPv6 协议与智云网关的边界路由构建无线传感器网络，然后通过智云网关内置的智云服务与移动网/电信网进行连接，通过上层应用进行采集与控制。无线传感器节点硬件部署步骤如下：

根据 IPv6 无线节点类型，固化无线节点驱动镜像；根据边界路由节点所携带的传感器类型固化镜像；更新智云网关镜像为最新版本；更新智云网关上的边界路由镜像，即 802.15.4 网关的镜像；给智云网关和边界路由节点上电，观察 LED 的状态，建立无线传感器网络。

2. 配置网关服务

智云网关通过"智云服务配置工具"的配置接入电信网和移动网，配置步骤如下：

将实验箱网关通过 3G WiFi 及以太网任意一种方式接入互联网，若仅在局域网内使用，可不用连接到互联网，在智云网关的 Android 系统运行程序"智云服务配置工具"；在用户账号、用户密钥栏输入正确的智云 ID/KEY，也可单击"扫一扫二维码"按钮，用手机摄像头扫描智云 ID/KEY 所提供的二维码图片，自动填写 ID/KEY，若数据仅在局域网使用可任意填写；服务地址为 zhiyun360.com，若使用本地搭建的智云数据中心服务，则填写正确的本地服务地址；单击"开启远程服务"按钮，成功连接智云服务后则支持数据传输到智云数据中心；单击"开启本地服务"按钮，成功连接后智云服务将向本地进行数据推送。

（1）在智云服务配置工具主界面，按下 MENU 按键，弹出"无线接入设置"菜单，单击进入菜单，如图 10.4 所示。在弹出的界面勾选"IPv6 接入配置"选项，默认该服务会自动判别智云网关的串口设置，若需要更改则单击其他配置选项，在弹出的菜单选择串口，设置成功后，会提示服务已启动。

图 10.4　智云网关无线接入设置

图 10.5　物联智能网关设置

（2）智云网关默认兼容早期 IPv6 演示程序，在使用智云服务时，需要确保串口未被占用，在"无线接入设置"的界面，按下 MENU 按键，弹出"其他设置"菜单，单击进入菜单，在弹出的界面将"启用 ZigBee 网关"选项关闭，如图 10.5 所示。

3. 测试数据通信

智云物联开发平台提供了智云综合应用于项目的演示及数据调试，安装 ZCloudTools 应用程序并对硬件设备进行演示及调试。

ZCloudTools 应用程序包含四大功能：网络拓扑及硬件控制、节点数据分析与调试、节点传感器历史数据查询、ZigBee 网络信息远程更新等。

4. 在线体验

智云物联开发平台提供了针对 Android 的应用组态程序，支持设备的动态添加、删除和管理。项目信息的导入，能够自动为设备生成特有属性功能：传感器进行历史数据曲线展示及实时数据的自动更新展示，执行器通过动作按钮进行远程控制且可对执行动作进行消息跟踪。无需编程即可完成不同应用项目的构建，比如智能家居、智能农业、智能家庭用电、工业自动化专家系统等。

安装 ZCloudDemo 应用程序后可以对硬件设备进行演示及调试，步骤如下：

步骤 1：导入配置文件，查看设备信息，运行 ZCloudDemo 程序，按下菜单按键，在弹出的菜单项选择导入 ZCloudDemoV2. xml 文件，导入成功后将自动生成所有设备列表模块，单击设备图标即可展示该设备的信息。

步骤 2：添加/删除设备，单击" + "图标可添加新的设备，长按图标弹出对话框提示是否编辑/删除设备。

5. 智云网站及 App 发布

智云物联平台为开发者提供一个应用项目分享的网站 http：//www. zhiyun360. com，通过注册，开发者可以轻松发布自己的应用项目。用户应用项目可以展示节点采集的实时在线数据，查询历史数据，并且以曲线的方式进行展示；对执行设备，用户可以编辑控制命令，对设备进行远程控制；同时可以在线查阅视频图像，并且支持远程控制摄像头云台的转动，支持设置自动控制逻辑进行摄像头图片的抓拍并展示。

10.2.2 项目实施

项目内容：搭建自己的智云硬件环境，并安装应用进行演示，掌握智云平台的使用。

步骤 1：准备硬件环境。

（1）准备一套 S210 平台，将边界路由节点插入对应的主板插槽，准备无线节点板，将无线节点板和对应的传感器接到节点扩展板上。

（2）根据已选购好的传感器，通过 J-Flash ARM 将对应镜像固化到对应节点中，如温湿度、继电器等节点。在多组实验时，为了避免多台设备之间的干扰，请修改打开工程源码的 PANID 的值确保每组唯一，重新编译生成 hex 文件之后再进行固化。

（3）将边界路由和无线节点的电源开关设置为 OFF 状态，给 S210 平台接上 12V2A 的电源适配器，长按 Power 按键开机进入 Android 系统。

（4）根据实验的需要，选用 WiFi、以太网接口、5G 网络将实验箱连接至互联网。注意：若需要将传感器数据上传到智云数据中心，或客户端程序远程操作则必须将平台接入互联网。

（5）先拨动边界路由节点的电源开关至 ON 状态，判断是否组网成功；当边界路由建立好网络后，拨动无线节点的电源开关至 ON 状态，此时每个无线节点屏幕的 RANK 值将显示出来，边界路由节点的 RANK 值为 0.0。无线节点出厂默认设置为终端类型，可通过按键修改节点类型：K4 按键修改为路由节点，K5 按键修改为终端节点。

（6）当有数据包进行收发时，边界路由节点和无线节点的 D5 灯会闪烁。

步骤 2：按照 10.2.1 节配置网关的方法，配置网关服务。

步骤 3：功能演示。

运行 ZCloudTools 用户控制程序，运行后就会进入程序主界面。

（1）服务器地址和网关的设置。

在主界面，单击 MENU 菜单，选择"配置网关"菜单选项，输入服务地址 zhiyun360.com，输入用户账号和密钥，即智云项目 ID/KEY，单击"确定"按钮保存。

（2）综合演示。

在主界面，单击"综合演示"图标，进入节点拓扑图综合演示界面，等待一段时间后，就会形成所有传感器节点的拓扑结构图，包括智云网关（红色）、路由节点（橘黄色）和终端节点（浅蓝色或紫色），如图 10.6 所示。

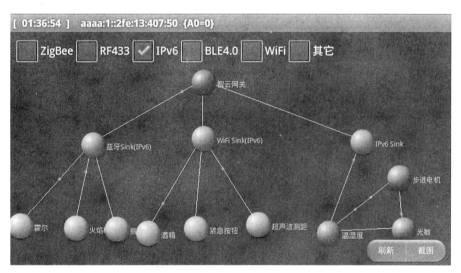

图 10.6　智云物联平台节点拓扑结构图

单击图 10.6 中节点的图标就可以进入相应的节点控制页面，用户可以自行操作。

★ 智云物联平台节点采集类传感器以曲线形式显示采集到的值，安防类传感器检测到变化后会做出警报声并提示相关消息，控制类传感器可以直接控制相关节点的操作。

步骤4：数据分析。

在主界面，单击"数据分析"图标，进入数据分析界面，在此以温湿度节点为例介绍调试过程。单击节点列表中的"温湿度"节点，进入温湿度节点调试界面。输入调试指令"{A0＝?，A1＝?}"并发送，查询当前温湿度值，如图10.7所示。

图10.7　智云平台查询温湿度节点值

在图10.7中，若输入调试指令"{V0＝3}"并发送，即修改主动上报时间间隔为3秒，则"调试信息"窗口每隔3秒显示一次采集的数据；若输入调试指令"{CD0＝1}"，发送指令后，将禁止温度值上报，"调试信息"窗口只显示当前湿度值。

步骤5：历史数据查询。

历史数据模块实现获取指定设备节点某时间段的历史数据。单击"历史数据"图标进入查询功能模块，选择"温湿度"节点，通道选择A0，时间范围选在"2022－04－01"至"2022－05－01"时间段，单击"查询"按钮，历史数据查询成功后会以曲线的形式显示在页面中。

★ 只有当智云网关接入互联网，并且在智云数据中心存储有该传感器采集到的值时，才能够查询到历史数据。

10.3　智云无线节点通信协议

智云物联平台支持物联网无线传感器网络数据的接入，并定义了物联网数据通信的规范，即无线节点数据通信协议。

无线节点数据通信协议对物联网整个项目从底层到上层的数据段作出了规定,该协议有以下特点:数据格式的语法简单,语义清晰,参数少而精;参数命名合乎逻辑,见名知义,变量和命令的分工明确;参数读写权限分配合理,可以有效减少不合理的操作,能够在最大程度上确保数据安全;变量能对值进行查询,可以方便应用程序调试;命令是直接对位进行操作,能够避免浪费内存资源。该协议在物联网无线传感器网络中值得应用和推广,读者也容易在其基础上根据需求进行定制、扩展和创新。

10.3.1　智云通信协议详解

1. 通信协议数据格式

通信协议数据格式:{[参数]=[值],{[参数]=[值],……},即用一对大括号"{}"包含每条数据,"{}"内参数如果有多个条目,则用英文半角符号","进行分隔,例如:{CD0 = 1,D0 = ?}。

每条数据以"{}"作为起始字符;"{}"内参数多个条目以","分隔;比如:{CD0 = 1,D0 = ?}

2. 通信协议参数说明

通信协议参数名称定义为:变量为 A0 ~ A7、D0、D1、V0 ~ V3;命令为 CD0、OD0、CD1、OD1;特殊参数为 ECHO、TYPE、PN、PANID、CHANNEL。

其中,变量可以对值进行查询,例如:{A0 = ?}。在物联网云数据中心变量 A0 ~ A7可以存储保存为历史数据;命令是对位进行操作。具体参数解释如下。

(1)A0 ~ A7。

用于传递传感器数值或者携带的信息,权限为只能通过赋值"?"来进行查询当前变量的数值,支持上传到物联网云数据中心进行存储。比如:温湿度传感器采用 A0 表示温度值,A1 表示湿度值,数值类型为浮点型 0.1 精度;火焰报警传感器采用 A0 表示警报状态,数值类型为整型,固定为 0(未检测到火焰)或者 1(检测到火焰);高频 RFID 模块采用 A0 表示卡片 ID 号,数值类型为字符串。

(2)D0。

D0 的 Bit0 ~ Bit7 分别对应 A0 ~ A7 的状态,是否主动上传状态,权限为只能通过赋值"?"来进行查询当前变量的数值,0 表示禁止上传,1 表示允许主动上传。比如:温湿度传感器 A0 表示温度值,A1 表示湿度值,D0 = 0 表示不主动上传温度和湿度信息,D0 = 1 表示主动上传温度值,D0 = 2 表示主动上传湿度值,D0 = 3 表示主动上传温度和湿度值;火焰报警传感器采用 A0 表示警报状态,D0 = 0 表示不检测火焰,D0 = 1 表示实时检测火焰;高频 RFID 模块采用 A0 表示卡片 ID 号,D0 = 0 表示不上报卡号,D0 = 1 表示运行刷卡响应上报 ID 卡号。

（3）CD0/OD0。

对 D0 的位进行操作，CD0 表示"位清零"操作，OD0 表示"位置 1"操作。比如：温湿度传感器 A0 表示温度值，A1 表示湿度值，CD0＝1 表示关闭 A0 温度值的主动上报；火焰报警传感器采用 A0 表示警报状态，OD0＝1 表示开启火焰报警监测，当有火焰报警时，会主动上报 A0 的数值。

（4）D1。

D1 表示控制编码，权限为只能通过赋值"？"来进行查询当前变量的数值，用户根据传感器属性来自定义功能。比如温湿度传感器：D1 的 Bit0 表示电源开关状态，例如：D1＝0 表示电源处于关闭状态，D1＝1 表示电源处于打开状态；继电器：D1 的 Bit0 表示各路继电器动作，例如：D1＝0 关闭两路继电器 S1 和 S2，D1＝1 开启继电器 S1，D1＝2 开启继电器 S2，D1＝3 开启两路继电器 S1 和 S2；风扇：D1 的 Bit0 表示电源开关状态，Bit1 表示正转或反转，例如：D1＝0 或者 D1＝2 风扇停止转动（电源断开），D1＝1 风扇处于正转状态，D1＝3 风扇处于反转状态；红外电器遥控：D1 的 Bit0 表示电源开关状态，Bit1 表示工作模式或学习模式，例如：D1＝0 或者 D1＝2 表示电源处于关闭状态，D1＝1 表示电源处于开启状态且为工作模式，D1＝3 表示电源处于开启状态且为学习模式。

（5）CD1/OD1。

对 D1 的位进行操作，CD1 表示"位清零"操作，OD1 表示"位置 1"操作。

（6）V0～V3。

用于表示传感器的参数，用户根据传感器属性自定义功能，权限为可读写，示例如下：

温湿度传感器：V0 表示自动上传数据的时间间隔；风扇：V0 表示风扇转速；红外电器遥控：V0 表示红外学习的键值；语音合成：V0 表示需要合成的语音字符。

（7）特殊参数：ECHO、TYPE、PN、PANID、CHANNEL。

ECHO 用于检测节点在线的指令，将发送的值进行回显，比如发送｛ECHO＝test｝，若节点在线则回复数据：｛ECHO＝test｝。

TYPE 信息包含了节点类别、节点类型、节点名称，权限为只能通过赋值"？"来进行查询当前值。TYPE 的值由 5 个 ASCII 字节表示，例如：1 1 001，第 1 字节表示节点类别（1：ZigBee；2：RF433；3：WiFi；4：BLE；5：IPv6；9：其他）；第 2 字节表示节点类型（0：汇集节点；1：路由/中继节点；2：终端节点）；第 3、4、5 字节合起来表示节点名称（编码用户自定义），传感器的参数标识列表如表 10.1 所示。

表 10.1　传感器的参数标识

节点编码	节点名称	节点编码	节点名称
000	协调器	020	直流电机传感器
001	光敏传感器	021	紧急按钮传感器
002	温湿度传感器	022	数码管传感器
003	继电器传感器	023	低频 RFID 传感器
004	人体红外检测	024	防水温度传感器
005	可燃气体检测	025	红外避障传感器
006	步进电机传感器	026	干簧门磁传感器
007	风扇传感器	027	红外对射传感器
008	声光报警传感器	028	二氧化碳传感器
009	空气质量传感器	029	颜色识别传感器
010	振动传感器	030	九轴自由度传感器
011	高频 RFID 传感器	031	一氧化碳传感器
012	三轴加速度传感器	100	红外遥控传感器
013	噪声传感器	101	流量计数传感器
014	超声波测距传感器	102	粉尘传感器
015	酒精传感器	103	土壤湿度传感器
016	触摸感应传感器	104	火焰识别传感器
017	雨滴/凝露传感器	105	语音识别传感器
018	霍尔传感器	106	语音合成传感器
019	压力传感器	107	指纹识别传感器

PN 仅针对 ZigBee/802.15.4 IPv6 节点，权限为只能通过赋值"?"来进行查询当前值。PN 的值为上行节点地址和所有邻居节点地址的组合。其中每 4 个字节表示 1 个节点地址后 4 位，第 1 个 4 字节表示该节点上行节点后 4 位，第 2~n 个 4 字节表示其所有邻居节点地址后 4 位。

PANID 表示节点组网标志 ID，权限为可读写，此处 PANID 值为 10 进制，而底层代码定义的 PANID 的值为 16 进制，需要自行转换。例如：8200（10 进制）= 0x2008（16 进制），通过{PANID = 8200}命令将节点的 PANID 修改为 0x2008。PANID 取值范围为 1~16383。

CHANNEL 表示节点组网的通信通道，权限为可读写，此处 CHANNEL 的取值范围为

10 进制数 11~26。例如：通过命令{CHANNEL=11}将节点的 CHANNEL 修改为 11。

在实际应用中可能硬件接口会比较复杂，比如一个无线节点携带多种不同类型传感器数据，下面以一个示例来进行简单的说明。

例如某个设备具备以下特性：一个燃气检测传感器、一个声光报警装置、一个排风扇，要求有如下功能：设备可以开关电源；可以实时上报燃气浓度值；当燃气达到一定峰值，声光报警器会报警，同时排风扇会工作；根据燃气浓度的不同，报警声波频率和排风扇转速会不同。根据该需求，定义协议可参见表 9.1。

复杂的应用都是在简单的基础上进行一系列的组合和叠加。一个传感器可以作为一个简单的应用，不同传感器的配合使用可以实现复杂的功能，其无线节点的通信协议参数定义可参见表 9.2。

10.3.2 通信协议使用的实例

智云物联云服务平台的 ZCloudTools 软件提供了通信协议测试工具，进入程序的"数据分析"功能模块就可以测试无线节点的通信协议。数据分析模块实现了获取指定设备节点上传的数据信息，并通过发送指令实现对节点状态的获取以及控制。进入数据分析模块，左侧列表会依次列出网关下组网成功的节点设备，如图 10.7 所示。

单击节点列表中的某个节点，例如"步进电机"，软件自动将该节点的 MAC 地址填充到节点地址文本框中，并获取该节点所上传的数据信息显示在调试信息文本框中，还可以通过输入命令{D1=?}查询步进电机的状态、控制步进电机转动等。例如：输入调试指令"{OD1=3，D1=?}"或"{CD1=2，OD1=1，D1=?}"或"{CD1=1，D1=?}"并发送，修改步进电机状态值，并查询当前电机状态值，执行结束后可看到电机正转或反转或停。

下面将以温湿度传感器和步进电机传感器为例学习无线节点通信协议的使用，根据表 9.2 的内容，节点温湿度传感器和步进电机传感器协议定义如表 10.2 所示。

表 10.2 传感器参数定义及说明

传感器	属性	参数	权限	说明
温湿度	温度	A0	R	温度值，浮点型：0.1 精度
	湿度	A1	R	湿度值，浮点型：0.1 精度
	上报状态	D0(OD0/CD0)	R(W)	D0 的 Bit0 表示温度上传状态、Bit1 表示湿度上传状态
	上报间隔	V0	RW	修改主动上报的时间间隔
步进电机	步进电机转停	D1(OD1/CD1)	R(W)	D1 的 Bit 表示各路步进电机转停状态，OD1 为开、CD1 为合

步骤 1：搭建实例环境，将温湿度节点、步进电机节点、智云网关板载边界路由节点的出厂镜像文件固化到节点中；准备一台智云网关，并确保网关为最新镜像；给硬件上电，并构建形成无线传感网络；对智云网关进行配置，确保智云网络连接成功。

步骤 2：运行 ZCloudTools 工具对节点进行调试，单击"数据分析"图标，进入数据分析界面。单击节点列表中的"温湿度"节点，进入温湿度节点调试界面。输入调试指令"{A0 =?, A1=?}"并发送，查询当前温湿度值，运行结果类似图 10.7 所示。若输入调试指令"{V0=3}"并发送，修改主动上报时间间隔为 3 秒，则调试信息窗口每隔 3 秒显示一次采集的温湿度数据；若输入调试指令"{CD0=1}"，发送指令后，禁止温度值上报，调试信息窗口只显示当前湿度值。

步骤 3：单击步进电机节点图标，进入步进电机节点控制界面。单击"开关"按钮，控制步进电机转动，返回主界面，单击"数据分析"图标，进入数据分析界面，单击节点列表中的"步进电机"节点，进入步进电机节点调试界面。若输入调试指令"{D1=?}"并发送，可查询当前步进电机状态值；若输入调试指令"{OD1=3, D1=?}"或"{CD1=2, OD1=1, D1=?}"或"{CD1=1, D1=?}"并发送，修改步进电机状态值，并查询当前步进电机状态值，执行结束后，可看到步进电机正转或反转或停执行结果如图 10.8 所示。

图 10.8　智云平台查询步进电机状态值

根据以上方法，读者可以从表 9.2 传感器列表选择若干传感器/执行器，试试构建一套智能家居系统，并设计协议表格。

10.4　智云 IPv6 节点硬件驱动开发

无线节点按功能可划分为采集类节点、报警类节点和控制类节点。

（1）采集类传感器，主要包括光敏传感器、温湿度传感器、可燃气体传感器、空气质量传感器、酒精传感器、超声波测距传感器、三轴加速度传感器、压力传感器、雨滴传感器等。这类传感器主要是用于采集环境值。

（2）报警类传感器，主要包括触摸开关传感器、人体红外传感器、火焰传感器、霍尔传感器、红外避障传感器、RFID 传感器、语音识别传感器等。这类传感器主要用于检测外部环境的变化并报警。

（3）控制类传感器，主要包括继电器传感器、步进电机传感器、风扇传感器、红外遥控传感器等。这类传感器主要用于控制传感器。

10.4.1　采集类传感器编程

光敏传感器主要采集光照值，其参数定义及说明如表 10.3 所示。

表 10.3　光敏传感器参数定义及说明

传感器	属性	参数	权限	说明
光敏传感器	数值	A0	R	数值，浮点型：0.1 精度
	上报状态	D0（OD0/CD0）	R（W）	D0 的 Bit0 表示上传状态
	上报间隔	V0	RW	修改主动上报的时间间隔

光敏传感器程序逻辑驱动开发设计图如图 10.9 所示。

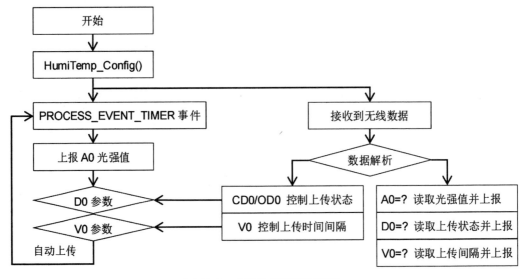

图 10.9　光敏传感器程序逻辑

程序实现过程如下：

步骤 1：在 msc_sensor. h 文件中，首先宏定义传感器标识号。

#define SENSOR_Photoresistance 13　/*光敏传感器*/

接着宏定义传感器，选中光敏传感器。

#define CONFIG_SENSOR SENSOR_Photoresistance

上述代码的宏定义只需要修改后面为 SENSOR_Photoresistance 的部分，而不是重新写一行上述代码。这个宏定义是一直存在的，处于选中的某一个传感器的状态。

最后宏定义传感器名称和类型等；

#elif CONFIG_SENSOR = = SENSOR_Photoresistance

#define SENSOR_NAME"光敏传感器"

#define SENSOR_TYPE" 001"

步骤 2：在 msc_sensor. c 文件中实现预编译选项和定义参数。

#elif CONFIG_SENSOR = = SENSOR_Photoresistance　//预编译选项

static uint16_t adc_v =0；　　//光照强度初值为 0

static uint8_t interval =30；　　//主动上报时间间隔,默认为 30s

static uint8_t report_enable =1；　//默认开启主动上报功能}

步骤 3：在 msc_sensor. c 文件中实现传感器初始化。

static void Photoresistance_Config(void) {

ADC_Configuration( ) ;}

上述代码调用 ADC_Configuration 作为子函数来配置 ADC 芯片功能。

步骤 4：在 msc_sensor. c 文件中实现轮询传感器任务函数，其代码如下：

static void Photoresistance_Poll(int tick) {//每 1s 读取一次光照强度值

if (tick % 1 = = 0) { adc_v = ADC_ReadValue( ) ;

adc_v = ((uint16_t) ((1-adc_v/256. 0) *3. 3*1000)-1680)/100;}

　//用于 MeshTOP 构建拓扑图

if (tick % 5 = = 0) { misc_sensor_notify( ) ;}　//定时上报数据

if (tick % interval = = 0) {

if (report_enable = = 0) {}//判断上报状态

else { ZXBee_report( ) ;} }

　}

作为参数的"tick"每秒钟增加 1，因此上述代码可实现每 1 秒钟采集一次数据，每 5 秒钟上传一次拓扑图信息，每"interval"秒上传一次数据。在上报前，需要将传感器的值读取到发送缓冲区，这一步调用了下列函数：

static char* Photoresistance_GetTextValue(void) {

```
snprintf(text_value_buf,sizeof(text_value_buf),"{A0 = %u}",adc_v);
return text_value_buf;}
```

步骤 5：当节点收到指令后，调用 Photoresistance_Execute 处理函数来处理用户命令，代码如下：

```
static char * Photoresistance_Execute(char* key,char* val){
int lval;
lval = atoi(val);// 将字符串变量 val 解析转换为整型变量赋值
text_value_buf[0] =0;
if (strcmp(key,"OD0") = = 0)   report_enable | = lval;//修改上报状态
if (strcmp(key,"CD0") = = 0)   report_enable & =  ~ lval;
if (strcmp(key,"A0") = =0 && val[0] = ='? ')
    sprintf(text_value_buf,"A0 = %u",adc_v);//返回光照值
if (strcmp(key,"D0") = = 0 && val[0] = = '? ')
    sprintf(text_value_buf,"D0 = %u",report_enable);//上报状态
if (strcmp(key,"V0") = = 0){
if (val[0] = = '? ')
    sprintf(text_value_buf,"V0 = %u",interval);//返回上报时间间隔
else interval = lval;}   //修改上报时间间隔
return text_value_buf;
}
```

步骤 6：最后将宏的定义代码和 misc_app 进程中的可变宏定义对应起来。

```
MISC_SENSOR(CONFIG_SENSOR,&Photoresistance_Config,&Photoresistance_
    GetTextValue,&Photoresistance_Poll,&Photoresistance_Execute);}
```

至此，光敏传感器节点的底层开发完成，由于不同传感器参数标识和类型不同，初始化传感器过程也不同，并且不同传感器采集数据方式不同，所以当需要开发其他采集类传感器时，需要修改 msc_seneor. h 文件中的宏定义和 msc_seneor. c 文件中的函数。

10.4.2　报警类传感器编程

人体红外传感器主要用于监测活动人的接近，当监测到活动人时，每隔 3 秒实时上报报警值"1"，当人离开后，每隔 30 秒上报解除报警值"0"，其参数定义及说明如表10.4 所示。

表 10.4　人体红外传感器参数定义及说明

传感器	属性	参数	权限	说明
人体红外传感器	数值	A0	R	人体红外报警状态，0 或 1
	上报状态	D0（OD0/CD0）	R（W）	D0 的 Bit0 表示上传状态
	上报间隔	V0	RW	修改主动上报的时间间隔

人体红外传感器程序逻辑驱动开发设计图如图 10.10 所示。

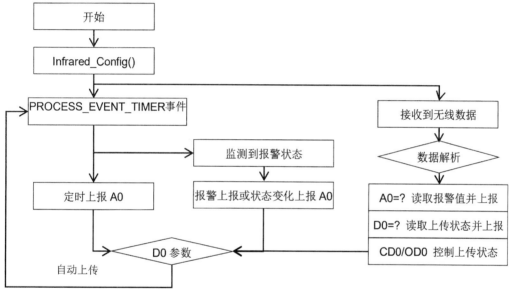

图 10.10　人体红外传感器监测程序逻辑

程序实现过程如下：

步骤 1：在 msc_sensor. h 文件中，首先宏定义传感器标识号。

#define SENSOR_Infrared　23　　/*人体红外传感器*/

接着宏定义传感器，选中人体红外传感器。

#define CONFIG_SENSOR SENSOR_Infrared

上述代码宏定义只需要修改后面的部分为 SENSOR_Infrared，而不是重新写一行上述代码。这个宏定义是一直存在的，处于选中的某一个传感器的状态。

最后宏定义传感器名称和类型等；

#elif CONFIG_SENSOR = = SENSOR_Infrared

#define SENSOR_NAME"人体红外传感器"

#define SENSOR_TYPE"004"

步骤 2：在 msc_sensor. c 文件中实现预编译选项和定义参数。

```
#elif CONFIG_SENSOR = = SENSOR_Infrared
static char io_status =0;//传感器报警初值为 0
static uint8_t interval =30;//主动上报时间间隔,默认为 30s
static uint8_t report_enable =1;//默认开启主动上报功能
```

步骤 3：在 msc_sensor. c 文件中实现传感器初始化代码。

```
static void Infrared_Config( void ) {
RCC_APB2PeriphClockCmd( RCC_APB2Periph_GPIOB,ENABLE);
GPIO_InitTypeDef GPIO_InitStructure;
GPIO_InitStructure. GPIO_Pin = GPIO_Pin_5;
GPIO_InitStructure. GPIO_Speed = GPIO_Speed_2MHz;
GPIO_InitStructure. GPIO_Mode = GPIO_Mode_IPU;
GPIO_Init( GPIOB,&GPIO_InitStructure);
GPIO_SetBits( GPIOB,GPIO_Pin_0); }
```

上述代码主要是配置了相应 IO 口的模式、方向等。

步骤 4：在 msc_sensor. c 文件中实现轮询传感器任务函数，其代码如下：

```
static void Infrared_Poll( int tick) {
static char last =0xff;//记录上次传感器的值
    if (tick % 1 = = 0) {//每 1s 读取一次人体红外检测值
    if ( GPIO_ReadInputDataBit( GPIOB,GPIO_Pin_5) )io_status =1;
    else io_status =0; }
//如果检测值改变则上报数据
if (io_status ! = last) {
misc_sensor_notify();
ZXBee_report();//上报
last = io_status;   }
//定时上报数据
if (tick % interval = = 0) {
if (report_enable = = 0) {}//判断上报状态
else { ZXBee_report(); }
} }
```

作为参数的"tick"每秒钟增加 1，因此上述代码可以实现每 1 秒钟采集 1 次数据；每"interval"秒上传一次数据。此外，当检测值变化后，即有人体靠近或者离开，会立即上报，这恰恰体现了安防报警的特点：一有异常，立即报警。在上报之前，需要将传感器的值读取到发送缓冲区，这一步调用了下列函数：

```
static char* Infrared_GetTextValue(void){
snprintf(text_value_buf,sizeof(text_value_buf),"{A0 = %u}",io_status);
return text_value_buf;}
```

步骤 5：当节点收到指令后，调用 Infrared_Execute 处理函数来处理用户命令。

```
static char* Infrared_Execute(char* key,char* val){
int lval;
lval = atoi(val);// 将字符串变量 val 解析转换为整型变量赋值
text_value_buf[0] = 0;
if(strcmp(key,"OD0") == 0)report_enable |= lval;//修改上报状态
if(strcmp(key,"CD0") == 0)report_enable &= ~lval;
if(strcmp(key,"A0") == 0 && val[0] == '?')
    sprintf(text_value_buf,"A0 = %u",io_status);//返回检测值
if(strcmp(key,"D0") == 0 && val[0] == '?')
    sprintf(text_value_buf,"D0 = %u",report_enable);//上报状态
if(strcmp(key,"V0") == 0){
if(val[0] == '?')
    sprintf(text_value_buf,"V0 = %u",interval);//返回上报时间间隔
else interval = lval;//修改上报时间间隔}
return text_value_buf;}
```

步骤 6：将上面的宏定义和 misc_app 进程中的可变宏定义对应起来，代码如下：

```
MISC_SENSOR(CONFIG_SENSOR,&Infrared_Config,
&Infrared_GetTextValue,&Infrared_Poll,&Infrared_Execute);
```

至此，人体红外传感器节点的底层开发完成。由于不同报警类传感器参数标识和类型不同，初始化传感器过程也不同，并且不同传感器报警类采集数据的方式不同，所以当需开发其他报警类传感器时，需要修改 msc_seneor.h 中的宏定义和 msc_seneor.c 中的函数。

10.4.3　控制类传感器编程

步进电机传感器属于典型的控制类传感器，可通过发送执行命令控制步进电机的转停，其参数定义及说明如表 10.5 所示。

表 10.5 步进电机传感器参数定义及说明

传感器	属性	参数	权限	说明
步进电机传感器	步进电机转停	D1(OD1/CD1)	R(W)	D1 的 Bito 表示各路步进电机转停状态，OD1 为转、CD1 为停

步进电机传感器程序逻辑驱动开发设计图如图 10.11 所示。

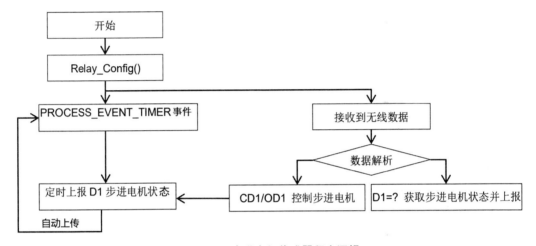

图 10.11 步进电机传感器程序逻辑

程序实现过程如下：

步骤 1：在 msc_sensor. h 文件中，首先宏定义传感器标识号。

#define SENSOR_StepMotor   06/*步进电机传感器*/

接着宏定义传感器，选中步进电机传感器。

#define CONFIG_SENSOR SENSOR_StepMotor

上述代码的宏定义只需要修改后面的 SENSOR_StepMotor 部分，而不是重新写一行上述代码。这个宏定义是一直存在的，处于选中的某一个传感器的状态。

最后宏定义传感器名称和类型等。

#elif CONFIG_SENSOR = = SENSOR_StepMotor

#define SENSOR_NAME"步进电机传感器"

#define SENSOR_TYPE"006"

步骤 2：在 msc_sensor. c 文件中实现预编译选项和定义参数。

#elif CONFIG_SENSOR = = SENSOR_StepMotor

#define ACTIVE 0

static uint8_t status = 0;//步进电机初始状态为停

static uint8_t interval = 30;//主动上报时间间隔,默认为 30s

static uint8_t report_enable = 1;//默认开启主动上报功能

步骤 3:在 msc_sensor.c 文件中实现传感器初始化代码。

```
static void StepMotor _Config( void) {
RCC_APB2PeriphClockCmd( RCC_APB2Periph_GPIOB,ENABLE) ;
GPIO_InitTypeDef GPIO_InitStructure ;
GPIO_InitStructure. GPIO_Pin = GPIO_Pin_0 | GPIO_Pin_5 ;
GPIO_InitStructure. GPIO_Speed = GPIO_Speed_2MHz ;
GPIO_InitStructure. GPIO_Mode = GPIO_Mode_Out_PP ;
GPIO_Init( GPIOB,&GPIO_InitStructure) ;
GPIO_WriteBit( GPIOB,GPIO_Pin_0,! ACTIVE) ;
GPIO_WriteBit( GPIOB,GPIO_Pin_5,! ACTIVE) ;}
```

上述代码主要是配置了相应 IO 口的模式、方向等。

步骤 4:在 msc_sensor.c 文件中实现轮询传感器任务函数,其代码如下:

```
static void StepMotor _Poll( int tick) {//每 1s 读取一次步进电机转停状态
if ( tick % 1 = = 0) {
status = ( GPIO_ReadOutputDataBit( GPIOB,GPIO_Pin_0) = = ACTIVE) |
( GPIO_ReadOutputDataBit( GPIOB,GPIO_Pin_5) = = ACTIVE) < <1 ;
}
//用于 MeshTOP 构建拓扑图
if ( tick % 5 = = 0)   misc_sensor_notify( ) ;
  //定时上报数据
if ( tick % interval = = 0) {
if ( report_enable = = 0) {}//判断上报状态
else   ZXBee_report( ) ;
} }
```

作为参数的"tick"每秒钟增加 1,因此上述代码可以实现每 1 秒钟采集一次数据;每 5 秒钟执行一次上报拓扑图信息;每"interval"秒上传一次数据。上报传感器状态之前,需要将传感器的状态拷贝到发送缓冲区,这一步骤调用了下列函数:

```
static char* StepMotor _GetTextValue( void) {
sprintf( text_value_buf," {D1 = %u}" ,status) ;
return text_value_buf;}
```

步骤 5:当节点收到指令后,会最终调用用户命令处理函数 StepMotor _Execute 来处理用户命令，其代码如下：

```
static char* StepMotor_Execute(char* key,char* val){
int lval;
lval = atoi(val);// 将字符串变量 val 解析转换为整型变量赋值
text_value_buf[0] = 0;
if (strcmp(key," OD0" ) = = 0)report_enable | = lval;//修改上报状态
if (strcmp(key," CD0" ) = = 0)report_enable & =  ~ lval;
if (strcmp(key," D0" ) = = 0 && val[0] = = '? ')
    sprintf(text_value_buf," D0 = %u" ,report_enable);//返回上报状态
if(strcmp(key," D1" ) = =0 && val[0] = ='? ')
sprintf(text_value_buf," D1 = %d" ,mode);//返回步进电机的工作模式
if (strcmp(key," V0" ) = = 0)
    if ( val[0] = = '? ')sprintf(text_value_buf," V0 = %u" ,interval);
        //返回上报时间间隔
else interval = lval;//修改上报时间间隔
if(strcmp(key," V1" ) = =0){
if ( val[0] = = '? ')   sprintf(text_value_buf," V1 = %d" ,degree);
    //返回转动角度
else {
degree = atoi(val);
if (mode = = 3){//反转
step_times = degree * 64/ 5. 625;
    } else if (mode = = 1){//正转
    step_times = -1 * degree * 64/ 5. 625;
} }
if(strcmp(key," OD1" ) = =0)mode | = lval;//修改步进电机的工作模式
if(strcmp(key," CD1" ) = =0){ mode & =  ~ lval;
if( lval & 0x01 )step_times =0;//停止转动 }
return text_value_buf;}
```

步进电机的控制是在上述代码中完成，当收到打开或者关闭步进电机命令后，程序会立即执行相应的操作。

步骤6：最后，将上面定义的代码和 misc_app 进程的可变宏定义对应起来，代码如下：

```
MISC_SENSOR(CONFIG_SENSOR,&StepMotor_Config,
```

&StepMotor_GetTextValue, &StepMotor_Poll, &StepMotor_Execute) ;

至此，步进电机传感器节点的底层开发完成，由于不同传感器参数标识和类型不同，初始化传感器过程也不同，并且不同传感器控制数据方式不同，所以当需要开发其他控制类的传感器时，需要修改 msc_seneor. h 文件中的宏定义和 msc_seneor. c 文件中的函数即可。

10.4.4 项目实施

IPv6 节点驱动开发项目以光敏节点、人体红外节点和步进电机节点为例进行协议实现。所需硬件为光敏传感器 1 个、人体红外传感器 1 个、步进电机传感器 1 个、智云 S210 网关 1 个、STM32 无线节点 3 个、JLink 仿真器 1 个、调试转接板 1 个。

步骤 1：准备实例测试环境。

将无线节点驱动镜像固化到无线节点中，对于 CC2530 和 stm32w108 无线模块，对应镜像分别为 slip-radio-cc2530-rf-uart. hex 和 slip-radio-zxw108-rf-uart. hex，将光敏节点、人体红外节点、步进电机节点、智云网关板载边界路由节点的镜像固化到节点中；准备一台智云网关，并确保网关为镜像最新；给硬件上电，构建无线传感网络；对智云网关进行配置，确保智云网络连接成功。

步骤 2：运行 ZCloudTools 工具对节点进行调试，以步进电机为例，部分测试步骤如下：

单击"综合演示"图标，进入节点拓扑图综合演示界面，等待一段时间后，就会形成所有传感节点的拓扑图结构(由于组网原因，有多余节点，可忽略)，包括红色的智云网关、黄色的路由节点和浅蓝色或紫色的终端节点，如图 10.6 所示。

单击步进电机节点图标，进入步进电机节点控制界面。单击"正转、反转"按钮，控制步进电机转动，如图 10.12 所示。

图 10.12 步进电机节点控制

返回主界面，单击"数据分析"图标，进入数据分析界面。单击节点列表中的"步进电机"节点，进入步进电机节点调试界面。输入调试指令"{D1 = ?}"并发送，可查询当前步进电机状态值；输入调试指令"{OD1 = 3, D1 = ?}"或"{CD1 = 2, OD1 = 1, D1 = ?}"或

"｛CD1＝1，D1＝?｝"并发送，修改步进电机状态值，并查询当前步进电机状态值，执行结束后，可看到步进电机正转或反转或停止运行。

10.5　智云 Android 应用接口

智云物联平台提供五大应用接口供开发者使用，包括实时连接（WSNRTConnect）、历史数据（WSNHistory）、摄像头（WSNCamera）、自动控制（WSNAutoctrl）、用户数据（WS-NProperty），详细逻辑如图 10.13 所示。

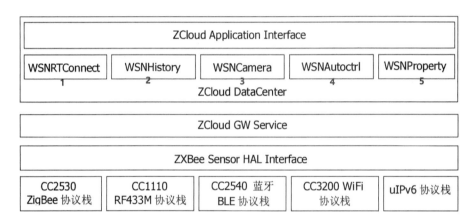

图 10.13　智云物联平台提供五大应用接口

针对 Android 移动应用程序开发，智云平台提供 libwsnDroid. jar 应用接口库，用户只需要在编写 Android 应用程序时，先导入该 jar 包，然后在代码中调用相应的方法即可。

10.5.1　实时连接接口

实时连接接口基于智云平台的消息推送服务，消息推送服务通过利用云端与客户端之间建立稳定、可靠的长连接，来为开发者提供向客户端应用推送实时消息的服务。智云消息推送服务针对物联网行业特征，支持多种推送类型：传感实时数据、执行控制命令、地理位置信息、SMS 短消息等。同时提供用户信息及通知消息统计，方便开发者进行后续开发及运营。

基于 Android 的接口如下：

（1）建立实时数据实例并初始化智云 ID 及密钥的函数 new WSNRTConnect（String myZ-CloudID，String myZCloudKey），参数 myZCloudID 表示智云账号，参数 myZCloudKey 表示智云密钥。

（2）建立实时数据服务连接的函数 connect( )，无参数。

（3）断开实时数据服务连接的函数 disconnect( )，无参数。

（4）设置监听，接收实时数据服务推送过来消息的函数 setRTConnectListener( ){ onConnect( ) onConnectLost(Throwable arg0) onMessageArrive（String mac，byte[ ] dat)}。mac 表示传感器的 MAC 地址；dat 表示发送的消息内容；返回值 onConnect 表示连接成功；onConnectLost 表示连接失败操作；onMessageArrive 表示数据接收操作。

（5）发送消息的函数 sendMessage（String mac，byte[ ] dat）。参数 mac 表示传感器的 MAC 地址；参数 dat 表示发送的消息内容。

（6）设置/改变数据中心服务器地址及端口号函数 setServerAddr(String sa)，参数 sa 表示数据中心服务器地址及端口。

（7）设置/改变智云 ID 及密钥函数 setIdKey（String myZCloudID，String myZCloudKey）；参数 myZCloudID 表示智云账号，参数 myZCloudKey 表示智云密钥，设置后需要断开再重新连接。

10.5.2　历史数据接口

历史数据基于智云数据中心提供的智云数据库接口开发，智云数据库采用 Hadoop 后端分布式数据库集群；并且多机房自动冗余备份，自动读写分离，开发者不需要关注后端机器及数据库的稳定性、网络问题、机房灾难、单库压力等各种风险。物联网传感器数据可以在智云数据库永久保存，通过提供的简单 API 编程接口可以完成与云存储服务器的数据访问、数据存储、数据使用等。基于 Android 的接口函数，如表 10.6 所示。

表 10.6　基于 Android 的历史数据接口函数

函数	参数说明	功能
new WSNHistory（String myZCloudID，String myZCloudKey）	myZCloudID：智云账号 myZCloudKey：智云密钥	初始化历史数据对象，并初始化智云 ID 及密钥
queryLast1H（String channel）	channel：传感器数据通道	查询最近 1 小时的历史数据
queryLast6H（String channel）	channel：传感器数据通道	查询最近 6 小时的历史数据
queryLast12H（String channel）	channel：传感器数据通道	查询最近 12 小时的历史数据
queryLast1D（String channel）	channel：传感器数据通道	查询最近 1 天的历史数据
queryLast5D（String channel）	channel：传感器数据通道	查询最近 5 天的历史数据
queryLast14D（String channel）	channel：传感器数据通道	查询最近 14 天的历史数据
queryLast1M（String channel）	channel：传感器数据通道	查询最近 1 个月（30 天）的历史数据

续　表

函数	参数说明	功能
queryLast3M（String channel）	channel：传感器数据通道	查询最近 3 个月（90 天）的历史数据
queryLast6M（String channel）	channel：传感器数据通道	查询最近 6 个月（180 天）的历史数据
queryLast1Y（String channel）	channel：传感器数据通道	查询最近 1 年（365 天）的历史数据
query（）；	无	获取所有通道最后一次数据
query（String channel）	channel：传感器数据通道	获取该通道下最后一次数
query（String channel，String start，String end）	channel：传感器数据通道 start：起始时间 end：结束时间 时间为 ISO 8601 格式，例如：2022 - 04 - 10T11：00：00Z	通过起止时间查询指定时间段的历史数据（根据时间范围默认选择采样间隔）
query（String channel，String start，String end，String interval）	channel：传感器数据通道 start：起始时间 end：结束时间 interval：采样点的时间间隔，详细情况见后续说明 时间为 ISO 8601 格式的日期	通过起止时间查询指定时间段指定时间间隔的历史数据
setServerAddr（String sa）	sa：数据中心服务器地址及端口	设置/改变数据中心服务器地址及端口号
setIdKey（String myZCloudID，String myZCloudKey）	myZCloudID：智云账号 myZCloudKey：智云密钥	设置/改变智云 ID 及密钥

其中，每次采样数据点最大个数为 1500；历史数据返回格式为压缩的 JSON 格式：{"current_value":"11.0","datapoints"：[{"at":"2022 - 03 - 30T14：30：14Z","value":"11.0"}，{"at":"2022 - 03 - 30T14：30：24Z","value":"11.0"}，{"at":"2022 - 03 - 30T14：30：34Z","value":"12.0"}，……{"at":"2022 - 03 - 30T15：29：54Z","value":"11.0"}，{"at":"2022 - 03 - 30T15：30：04Z","value":"11.0"}]，"id":"00：12：4B：00：02：37：7E：7A_A0"，"at":"2022 - 08 - 30T15：30：04Z"}；历史数据接口支

持动态调整的采样间隔，当查询函数没有赋值"interval"参数时，采样间隔遵循的原则如表10.7 所示。

表 10.7　采样间隔遵循原则

一次查询支持的最大查询范围	Interval 默认取值/s	描述
≤6 hours	0	提取存储的每个点
≤12 hours	30	每 30 秒取一个点
≤24 hours	60	每 1 分钟取一个点
≤5 days	300	每 5 分钟取一个点
≤14 days	900	每 15 分钟取一个点
≤30 days	1800	每 30 分钟取一个点
≤90 days	10800	每 3 小时取一个点
≤180 days	21600	每 6 小时取一个点
≤365 days	43200	每 12 小时取一个点
>365 days	86400	每 24 小时取一个点

其中，interval 取值必须为上述表格中的固定数值，例如 interval = 30；当根据定义获取历史数据的某个时间间隔点没有有效的数据时，遵循以下原则：

（1）查询前后相邻的数据作为本次采集的数据，查询范围为前后相邻各半个采集时间间隔点的一个采集周期。

（2）如果相邻的采集周期内没有有效的数据，则本次时间间隔点没有数据。

（3）采用相邻的数据作为本次采集时间间隔点的数据时，数据显示的时间仍然是数据点所在的真实时间。

10.5.3　摄像头接口

智云平台提供对 IP 摄像头远程采集控制的接口，支持远程对视频图像进行实时采集、图像抓拍、控制云台转动等操作。基于 Android 的摄像头接口，如表 10.8 所示。

表 10.8　基于 Android 的摄像头接口函数

函数	参数说明	功能
new WSNCamera（String myZCloud-ID，String myZCloudKey）	myZCloudID：智云账号 myZCloudKey：智云密钥	初始化历史数据对象，并初始化智云 ID 及密钥

续 表

函数	参数说明	功能
initCamera（String myCameraIP, String user, String pwd, String-type）	myCameraIP：摄像头外网域名 IP 地址；user：摄像头用户名；pwd：摄像头密码；type：摄像头类型（F-Series、F3-Series、H3-Series，从摄像头手册获取）	设置摄像头域名、用户名、密码、类型等参数
openVideo（）	无	打开摄像头
closeVideo（）	无	关闭摄像头
control(String cmd)	cmd，云台控制命令，参数如下。UP：向上移动一次 DOWN：向下移动一次；LEFT：向左移动一次；RIGHT：向右移动一次；HPATROL：水平循环转动 VPA-TROL：垂直循环转动 360PATROL：360 度循环转动	发指令控制摄像头云台转动
checkOnline（）	无	检测摄像头是否在线
snapshot（）	无	抓拍照片
setCameraListener （ ） ｛ onOnline （String myCameraIP, boolean on-line） onSnapshot （StringmyCameraIP, Bitmap bmp） onVideoCall-Back（String myCameraIP, Bitmap bmp）｝	myCameraIP：摄像头外网域名/IP 地址；online：摄像头在线状态（0/1）；bmp：图片资源	监测摄像头返回的数据，onOnline 返回摄像头在线状态；onSnapshot 返回摄像头截图；onVideoCallBack 返回实时的摄像头视频图像
freeCamera(String myCameraIP)	myCameraIP：摄像头外网域名/IP 地址	释放摄像头资源
setServerAddr(String sa)	sa：数据中心服务器地址及端口	设置/改变数据中心服务器地址及端口号
setIdKey(String myZCloudID, String myZCloudKey)	myZCloudID：智云账号 myZCloudKey：智云密钥	设置/改变智云 ID 及密钥

10.5.4 自动控制接口

智云物联平台内置了一个操作简单但功能强大的逻辑编辑器，为开发者的物联网系统编辑复杂的控制逻辑，可以实现数据更新、设备状态查询、定时硬件系统控制、定时发送短消息，根据各种变量触发某个复杂控制策略，实现复杂系统的控制等。智云自动控制接口基于触发逻辑单元的自动控制功能，触发器、执行器、执行策略、执行记录保存在智云数据中心。步骤如下：

（1）为每个传感器、执行器的关键数据和控制量创建一个个变量。

（2）新建基础控制策略，控制策略里可以运用上一步新建的变量。

（3）新建复杂控制策略，复杂控制策略可以使用运算符，可以无穷组合基础控制策略。

基于 Android 的自动控制接口，如表 10.9 所示。

表 10.9 基于 Android 的自动控制函数

函数	参数说明	功能
new WSNAutoctrl（String myZCloud-ID，String myZCloudKey）	myZCloudID：智云账号 myZCloudKey：智云密钥	初始化历史数据对象，并初始化智云 ID 及密钥
createTrigger（String name，String type，JSONObject param）	name：触发器名称 type：触发器类型 param：触发器内容	创建触发器
createActuator（String name，String type，JSONObject param）	name：执行器名称 type：执行器类型 param：执行器内容	创建执行器
createJob（String name，boolean enable，JSONObject param）	name：任务名称 enable：true（使能任务）、false（禁止任务） param：任务内容	创建任务
deleteTrigger（String id）	id：触发器 id	删除触发器
deleteActuator（String id）	id：执行器 id	删除执行器
deleteJob（String id）	id：任务 id	删除任务
setJob（String id，boolean enable）	id：任务 id enable：true（使能任务）、false（禁止任务）	设置任务使能开关

续 表

函数	参数说明	功能
deleteSchedudler(String id)	id：任务记录 id	删除任务记录
getTrigger( )；	无	查询当前智云 ID 下的所有触发器内容
getTrigger(String id)；	id：触发器 id	查询该触发器 id 内容
getTrigger(String type)；	type：触发器类型	查询当前智云 ID 下的所有该类型的触发器内容
getActuator( )；	无	查询当前智云 ID 下的所有执行器内容
getActuator(String id)；	id：执行器 id	查询该执行器 id 内容
getActuator(String type)；	type：执行器类型	查询当前智云 ID 下的所有该类型的执行器内容
getJob( )；	无	查询当前智云 ID 下的所有任务内容
getJob(String id)；	id：任务 id	查询该任务 id 内容
getSchedudler( )；	无	查询当前智云 ID 下的所有任务记录内容
getSchedudler(String jid，String duration)；	id：任务记录 id；duration：duration = x < year ｜ mo nth ｜ day ｜ hours ｜ minute >//默认返回 1 天的记录	查询该任务记录 id 某个时间段的内容
setServerAddr(String sa)	sa：数据中心服务器地址及端口	设置/改变数据中心服务器地址及端口号
setIdKey(String myZCloudID，String myZCloudKey)；	myZCloudID：智云账号 myZCloudKey：智云密钥	设置/改变智云 ID 及密钥

10.5.5 用户数据接口

智云用户数据接口提供私有的数据库使用权限，实现对多客户端间共享的私有数据进行存储、查询和使用。私有数据存储采用 key-value 型数据库服务，编程接口更简单高效。

基于 Android 的用户数据接口，如表 10.10 所示。

表 10.10　基于 Android 的用户数据函数

函数	参数说明	功能
new WSNProperty(String myZCloud-ID, String myZCloudKey)	myZCloudID：智云账号 myZCloudKey：智云密钥	初始化历史数据对象，并初始化智云 ID 及密钥
put(String key, String value)	key：名称；value：内容	创建用户应用数据
get()	无	获取所有的键值对
get(String key)	key：名称	获取指定 key 的 value 值
setServerAddr(String sa)	sa：数据中心服务器地址及端口	设置/改变数据中心服务器地址及端口号
setIdKey(String myZCloudID, String myZCloudKey)	myZCloudID：智云账号 myZCloudKey：智云密钥	设置/改变智云 ID 及密钥

10.5.6　项目实施

结合智云节点和无线通信协议，开发一套基于 Android 的简单 libwsnDroidDemo 程序，在该应用中实现的功能主要是传感器的读取与控制、历史数据查询与曲线显示、摄像头的控制、自动控制和应用数据存储与读取。为了让程序更有可读性，该应用使用 2 个包，每个包分为多个 Activity 类，使用接口实现控制与数据的存取。其中，在 com. zhiyun360. wsn. auto 包下是对自动控制接口中的方法进行调用与实现的 Activity 类。因此主 Activity 类只需要实现通过单击不同的按钮或多层次按钮跳转到其他 Activity 类中即可。DemoActivity 类即为主 Activity 类，作为一个引导用来跳转到不同的 Activity，也可在 DemoActivity. java 文件中定义静态变量，方便引用。每个 Activity 类都应有自己的布局，这里不详述布局文件的编写。

步骤 1：实时连接接口编程。

要实现传感器实时数据的发送需要在 SensorActivity. java 文件中调用类 WSNRTConnect 的几个方法，具体调用方法如下：

(1)连接服务器地址。外网服务器地址及端口默认为 zhiyun360. com：28081，如果用户需要修改，调用 setServerAddr(sa)方法进行设置即可。

wRTConnect. setServerAddr(zhiyun360. com：28081);//设置外网服务器地址及端口

(2)初始化智云 ID 及密钥。先定义序列号和密钥，然后初始化，本例中是在 DemoActivity 中设置 ID 与 Key，并在每个 Activity 中直接调用，后续不再陈述。

```
String myZCloudID = "12345678";//序列号
String myZCloudKey = "12345678";//密钥
wRTConnect = new WSNRTConnect(DemoActivity. myZCloudID,
DemoActivity. myZCloudKey);
```

特别注意：序列号和密钥为用户注册云平台账户时所需的传感器序列号和密钥。

（3）建立数据推送服务连接。

```
wRTConnect. connect();//调用 Connect 方法
```

（4）注册数据推送服务监测器。接收实时数据服务推送过来的消息。

```
wRTConnect. setRTConnectListener(new WSNRTConnectListener(){
@ Override
public void onConnect(){//连接服务器成功
// TODO Auto-generated method stub}
@ Override
public void onConnectLost(Throwable arg0){//连接服务器失败
// TODO Auto-generated method stub}
@ Override
public void onMessageArrive(String arg0,byte[] arg1){//数据到达
// TODO Auto-generated method stub
}});
```

（5）实现消息发送，调用 sendMessage 方法向指定的传感器发送消息。

```
String mac = "00:12:4B:00:03:A7:E1:17";//目的地地址
String dat = "{OD1 = 1,D1 = ?}"//数据指令格式
wRTConnect. sendMessage(mac,dat. getBytes());//发送消息
```

sendMessage 方法只有当数据推送服务连接成功后使用才有效。

（6）断开数据推送服务。

```
wRTConnect. disconnect();
```

（7）SensorActivity 完整示例源码参考 libwsnDroidDemo/src/SensorActivity. java 文件。

步骤 2：历史数据接口编程。

同理，要实现获取传感器的历史数据需要在 HistoryActivity. java 文件的程序中调用类 WSNHistory 的几个方法，具体调用方法如下：

（1）实例化历史数据对象。直接实例化并连接。

（2）连接服务器地址。外网服务器地址及端口默认为 zhiyun360. com：28081，如果用户需要修改，调用方法 setServerAddr(sa)进行设置即可。

wRTConnect. setServerAddr(zhiyun360. com:28081) ;//设置外网服务器地址及端口

（3）初始化智云 ID 及密钥。先定义序列号和密钥，然后初始化。

String myZCloudID = " 12345678" ;//序列号

String myZCloudKey = " 12345678" ;//密钥

wHistory = new WSNHistory（DemoActivity. myZCloudID,DemoActivity. myZCloudKey）;

//初始化智云 ID 及密钥

特别注意：序列号和密钥为用户注册云平台账户时所需的传感器序列号和密钥。

（4）查询历史数据。以下方法为查询自定义时段的历史数据，如需要查询其他时间段，例如最近 1 个小时或最近 1 个月等的历史数据，可调用对应接口函数。

wHistory. queryLast1H(String channel) ;

wHistory. queryLast1M(String channel) ;

（5）HistoryActivity 完整示例源码参考 libwsnDroidDemo/src/HistoryActivity. java 文件。

库里定义的查询函数可能出现异常，所以 HistoryActivity. java 在调用时需要用 try. . . catch 来捕获异常。此外，序列号、密钥为用户注册云平台账户时用到的传感器序列号和密钥；"数据流通道"为传感器的 MAC 地址与上传参数组成的一个字符串，例如："00：12：4B：00：02：3C：6F：29_A0"。

（6）实现历史数据的曲线显示。在 HistoryActivityEx. java 类中，调用同样的方法初始化并建立连接，后引用 java. text. SimpleDateFormat 包中方法进行 data 至 text 格式转换。

SimpleDateFormat outputDateFormat =
　　new SimpleDateFormat(" yyyy-MM-dd ' T ' HH:mm:ss");
JSONObject jsonObjs = new JSONObject(result) ;
JSONArray datapoints = jsonObjs. getJSONArray(" datapoints");
if (datapoints. length( ) = = 0){
Toast. makeText(getApplicationContext( ) ," 获取数据点为 0!" ,
Toast. LENGTH_SHORT). show( ) ;
return ;}
for (int i = 0;i < datapoints. length( );i + +){
JSONObject jsonObj = datapoints. getJSONObject(i) ;
String val = jsonObj. getString(" value") ;
String at = jsonObj. getString(" at") ;
Double dval = Double. parseDouble(val) ;
Date dat = outputDateFormat. parse(at) ;
xlist. add(dat) ;
ylist. add(dval) ;}

（7）引用 org. achartengine 中的子类，可以实现数据图表显示。同理，需要借助 try... catch 语句来处理查询失败情况。

步骤3：摄像头接口编程。

（1）实例化并初始化智云 ID 及密钥。

wCamera = new WSNCamera(" 12345678" ," 12345678");

　　//实例化,并初始化智云 ID 及密钥

（2）摄像头初始化并检测在线。

String myCameraIP = " ayari. easyn. hk" ;//摄像头 IP

String user = " admin" ;//用户名

String pwd = " admin" ;//密码

String type = " H3-Series" ;//摄像头类型

wCamera. initCamera(myCameraIP ,user ,pwd ,type) ;

mTVCamera. setText(myCameraIP + "正在检查是否在线 ... ");

wCamera. checkOnline( ) ;

（3）调用接口方法，实现摄像头的控制。

（4）通过回调函数，返回 Bitmap，获取拍摄到的图片。

（5）释放摄像头资源。

步骤4：应用数据接口编程。

（1）同样方法，初始化 ID、Key，并建立连接，连接服务器。

（2）调用 wsnProperty 的 put(key，value)方法保存键值对。

（3）调用 wsnProperty 的 get( )方法读取键值对。

步骤5：自动控制接口编程。

实例中单独一个包作为示例，AutoControlActivity. java 是包中的主 Activity 类，通过按钮跳转到四个不同的 Activity 类中。

（1）TriggerActivity 是触发器的处理界面，保存触发器基本信息，如 name、MAC 地址、通道名、条件等，当传感器达到触发条件时，执行命令。也可查询当前保存的触发器。

（2）ActuatorActivity 是执行器处理界面，保存执行器基本信息，用于相应触发器的条件处理事件，执行命令。也有查询的接口方法。处理执行器和处理触发器的方法类似，两者的主要区别在于方法的名称不同，调用 wsnAutoControl. createActuator(name，"sensor"，param)方法来保存执行器信息，wsnAutoControl. getActuator( )方法来查询保存的执行器信息。

（3）JobActivity 是执行策略处理界面，用于匹配触发器和执行器，实现自动控制。调用 wsnAutoControl. createJob(name，enable，param)方法创建执行策略，调用 wsnAutoControl. getJob( )方法来浏览所有执行策略。

（4）ScheudlerActivity 定义了用户查询执行记录的方法，用户查询分为两种：过滤查询和执行查询，调用 wsnAutoControl. getSchedudler(number, duration) 方法用来过滤查询，调用 wsnAutoControl. getSchedudler( )方法用来执行查询。

步骤 6：实例测试。

(1)部署智云硬件环境，将无线节点驱动镜像固化到无线节点中，即将温湿度节点或其他自己选择的传感器节点、智云网关板载边界路由节点镜像固化到节点中；准备一台智云网关，并确保网关为镜像最新；给硬件上电，并构建形成无线传感网络；对智云网关进行配置，确保智云网络连接成功。

(2)用 Android 集成开发环境打开 Android 例程，导入 libwsnDroidDemo 例程文件，也需要将 libwsnDroid2. jar 包拷贝到工程目录的 libs 文件夹下。

(3)正确填写智云 ID 密钥、服务器地址、摄像头信息，智云 ID 密钥和服务器地址为网关中用户自己设置，摄像头信息有摄像头 IP、用户名、密码、摄像头类型，摄像头 IP 为摄像头连接网关后映射出的 IP，其他三个信息摄像头均已给出。

(4)将程序运行在虚拟机中或其他 Android 终端并组网成功，单击按钮可查看运行结果。下面以实时连接接口和摄像头控制接口为例来显示运行结果。

在主界面中有多个模块，若单击"传感器读取与控制"按钮，跳转到传感器读取与控制界面，此 Activity 调用的是实时连接接口中的方法；单击开灯、关灯，显示实时控制的指令输出，如图 10.14 所示。若单击"摄像头控制"按钮，进入摄像头控制模块，当显示出摄像头 IP 在线后，就可以单击按钮控制摄像头，如图 10.15 所示。

图 10.14　传感器读取与控制模块

图 10.15　摄像头控制模块

10.6　Web 应用接口

针对 Web 应用开发，智云平台提供 JavaScript 接口库，用户直接调用相应的接口即可完成简单 Web 应用的开发。

基于 Web JavaScript 的五个接口函数与 Android 应用接口类似，具体参见智云平台手册。

10.6.1 基本任务

1. 曲线的设计

曲线图实现是采用 Highchart 公司提供的一个图表库,用户在使用的时候,只需要在超文本标记语言(HTWL)中包含相关库文件,然后调用相关方法即可。

2. 仪表的设计

表盘设计采用 Highchart 公司提供的一个仪表库,使用时只需要在 HTML 中包含相应的库文件,然后调用相应的方法即可。

3. 实时数据的接收与发送

智云物联云平台提供了实时数据推送服务的 API,用户根据这些 API 可以实现与底层传感器的信息交互,只有理解了这些 API 后,用户就可以在底层自定义一些协议,然后根据 API 和协议就可以实现底层传感器的控制、数据采集等功能。

10.6.2 项目实施

1. 基于 API 的 Web 页面实现

结合表盘实现和实时数据的发送与接收,例程的流程是 Web 页面向底层硬件设备发送数据获取命令,底层设备成功收到命令后就上传相关数据,Web 页面接收到数据之后将数据进行解析之后就会在表盘中显示数据,同时在相应的标签中显示接收的原始数据。

例程中 realTimeData. html 页面的样式设计如图 10.16 所示,左侧的表盘显示温度值,右边通过文本框发送{A0 = ?}命令获取温度值,并将获取的温度值显示在表盘上,同时在下方显示接收的数据。

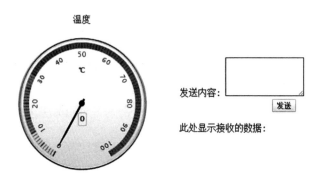

图 10.16　表盘显示

2. Web 页面样式实现

(1)构建 HTML 页面。在 Web/examples 目录新建项目文件夹,命名为 realTimeData,

然后打开记事本,在记事本中输入对应 HTML 语句,输入完后保存为 utf-8 格式,文件命名为 realTimeData. html,并将该文件保存到 Web/examples/ realTimeData 文件夹中。

(2)添加 HTML 内容。在 <body></body> 标签中添加 HTML 标签。

3. Web 逻辑代码实现

(1)引入 JavaScript(JS)脚本库,在 HTML 中添加 jQuery 语言库 jquery-1.11.0. min. js 和表盘实现的 highcharts. js 和 highcharts-more. js 库,然后再添加表盘控件绘制 API 的 drawcharts. js 文件以及实时数据推送服务的 WSNRTConnect. js 文件。

(2)添加表盘绘制 JS 函数,在 <head></head> 标签中添加表盘的绘制函数。

(3)添加实时数据连接的 JS 代码。实现实时数据的发送与接收功能,本实验例程以智云平台的一个测试案例的传感器进行测试,实现流程:创建数据服务对象→云服务初始化→发送命令数据→接收底层上传的数据→解析接收到的数据→数据显示。

4. 历史数据的获取与展示

结合第一个例程曲线的实现来完成,第一个例程只是简单地实现了曲线图的绘制,并初始化了一些曲线数据值,本例程中的所有数据来自服务器,因此本例程内容重点是实现如何从服务器获取数据,并将获取到的数据在曲线图上显示。

针对历史数据查询的需求,智云物联云平台提供了丰富的历史数据查询的 API,并将相应的方法封装到了 WSNHistory. js 文件中,用户只需要调用 WSNHistory. js 文件中的若干方法即可实现历史数据的查询。

(1)数据获取 API 使用示例。

```
//查询最近 3 个月的历史数据:
var myZCloudID = " xxxx" ;//用户注册时使用的 id
var myZCloudKey = " xxxx" ;//密钥
var channel = ' MAC 地址_参数';//数据通道
var WSNHistory = WSNHistory( myZCloudID, myZCloudKey) ;
        //新建对象并初始化智云 ID、KEY
//最近 3 个月历史数据查询
WSNHistory. queryLast3M( channel, function( data) {
    //data 参数为查询到的历史数据
} );
查询 2022 年 3 月 30 日 - 2022 年 5 月 30 日的历史数据:
var myZCloudID = " xxxx" ;//用户注册时使用的 id
var myZCloudKey = " xxxx" ;//密钥
var channel = ' MAC 地址_参数';//数据通道
```

```
var WSNHistory = new WSNHistory();//新建一个对象
WSNHistory. initZCloud(myZCloudID,myZCloudKey);//初始化
var startTime = "2022 - 03 - 30T15:52:28Z"
var endTime = "2022 - 05 - 30T15:52:28Z";
var interval = 1800;
WSNHistory. query(startTime,endTime,interval,channel,function(data){
//data 参数为查询到的历史数据/
```

（2）Web 页面的实现。

在本例程中 historyData. html 面的样式设计如图 10.17 所示，第 1 栏为历史数据曲线显示图，第 2 栏为所查询历史数据的原始数据显示栏。

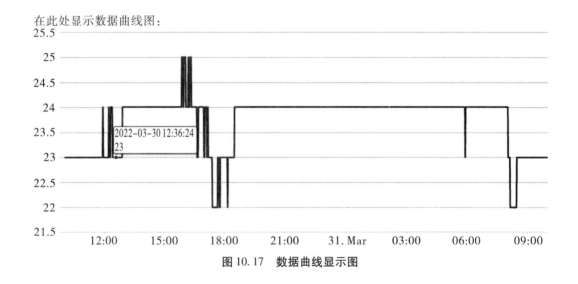

图 10.17　数据曲线显示图

图 10.17 的 Web 页面样式实现和 Web 逻辑代码实现可参见配套源码资源。

5. 摄像头的显示与控制

智云物联云平台提供了 IP 摄像头的若干 API，用户只要掌握这些 API 的使用便可轻松掌握 Web 端视频监控的开发实现。在视频监控的实现中需要用到 camera-1. 1. js 库文件、WSNCamera. js 文件，用户用到的一些 API 都封装在 WSNCamera. js 文件中，而 WSNCamera. js 文件中的 API 的功能是依赖于 camera-1. 0. js 库文件的，因此用户在进行 Web 端的视频监控开发时，需要引用这两个 js 文件。

摄像头初始化工程中 myCameraIP 参数支持"Camera：［IP：端口号］"或者"Camera：［域名］"两种赋值方式。如果摄像头做了端口映射，可以实现外网访问，则推荐读者将该参数赋值为"Camera：［域名］"的形式；若摄像头只能在局域网访问，则该参数应赋值为

"Camera：［IP：端口号］"的形式。

编写摄像头 JS 代码的流程：创建 WSNCamera 对象→云服务初始化→摄像头初始化→指定视频图像显示的位置→绑定摄像头的控制函数到控制按钮。

例程中 ipCamera. html 页面的样式设计如图 10.18 所示，左边按钮区域为摄像头的控制按钮，右边为视频监控的显示区域。

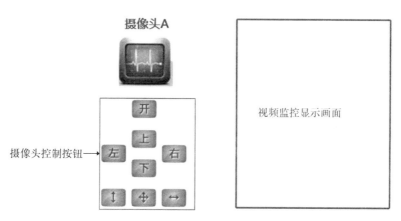

图 10.18　数据曲线显示图

有关 Web 端视频监控页面样式和 Web 逻辑代码的编写可参见配套源码资源。

6. 自动控制模块开发

智云物联云平台用户项目中的自动控制模块 API 包括触发器、执行器、执行任务、执行历史记录等，这些 API 全部封装在 WSNAutoctrl. js 文件中，使用时导入该包即可。

开发方法与湿度传感器和摄像头 Web 接口编程类似，可参见配套源码资源。

10.7　智云开发调试工具

为了方便开发者快速使用智云平台，平台提供了智云开发调试工具，能够跟踪应用数据包及学习 API 的运用，该工具采用 Web 静态页面方式提供，主要包含以下内容：

（1）实时推送测试工具：实时数据推送演示，通过消息推送接口，能够实时抓取项目上下行所有节点数据包；支持通过命令对节点进行操作，获取节点实时信息、控制节点状态等操作。

（2）历史数值或图片性历史数据获取测试工具：能够接入到数据中心的数据库，对项目任意时间段历史数据进行获取，支持数值型曲线图展示、JSON 数据格式展示，同时支持摄像头抓拍的照片在时间轴展示。

（3）IPv6 协议模式下网络拓扑图分析工具：能够实时接收并解析 IPv6 网络数据包，将接收到的网络信息通过拓扑图的形式展示，通过颜色对不同节点类型进行区分，显示节点的 IEEE 地址。

(4)视频监控测试工具：支持对项目中的摄像头进行管理，能够实时获取摄像头采集的画面，并支持对摄像头云台进行控制，支持上、下、左、右、水平巡航、垂直巡航等，同时支持截屏操作。

(5)用户应用数据存储与查询测试工具：通过用户数据库接口，支持在该项目下存取用户数据，以 key-value 键值对的形式保存到数据中心服务器上，同时支持通过 Key 获取到其对应的 Value。在界面可以对用户应用数据库进行查询、存储等操作。

(6)自动控制模块测试工具：通过内置的逻辑编辑器实现复杂的自动控制逻辑，包括触发器(传感器类型、定时器类型)、执行器(传感器类型、短信类型、摄像头类型、任务类型)、执行任务、执行记录四大模块，每个模块都具有查询、创建、删除功能。

10.8　上传智云应用项目

智云平台为开发者提供一个应用项目分享的应用网站 www.zhiyun360.com，通过注册开发者可以轻松发布自己的应用项目。

用户的应用项目可以展示节点采集的实时在线数据、查询的历史数据，并且以曲线的方式进行展示；对执行设备，用户可以编辑控制命令，对设备进行远程控制；同时可以在线查阅视频图像，并且支持远程控制摄像头云台的转动，支持设置自动控制逻辑，摄像头进行图片的抓拍并曲线展示。

上传智云应用项目基本步骤如下：

步骤 1：注册。新用户需要对应用项目进行注册，注册成功后，登录即可进入到应用项目后台可对应用项目进行配置，比如进入智云管理平台可以添加和管理传感器、摄像头等。

步骤 2：项目配置。智云物联网站后台提供设备管理、自动控制、系统通知、项目信息、账户信息、查看项目等板块内容，比如在"项目信息"页面中单击下面的"编辑项目信息"，需要填写正确的智云 ID/KEY。

步骤 3：项目发布。用户的项目配置好了，即完成了项目的发布，在用户项目后台可设置各种设备的公开权限，禁止公开的设备，普通用户在项目页面无法浏览。